中国
渔文化与休闲渔业

全国水产技术推广总站 ◎ 编

中国农业出版社

北京

编 委 会

编 写 人 员

据考古学研究，我国渔文化的起源可以追溯至距今 1.5 万～5 万年前的旧石器时期。原始社会的原始水面，丰富的鱼类吸引着先民进行生产开拓，进而对生产工具的发明、人类智力的开启及艺术创作产生重要的推动力。渔猎生产先是木石击鱼、徒手捕捉，之后作栅拦截、围堰竭泽，发展到钩钓矢射、叉刺网捞、镖投笼卡和舟桨驱取，渔业成为人类最早的经济形态之一。

随着人类对鱼类习性和捕捞技术的了解，随着生产力的发展和人类的进步，从简单到逐渐复杂的生产中，这种渔猎活动发展为有规模的渔业捕捞和养殖业，并形成了相对专业的从业人员和产业发展。渔民、渔业，以及渔业活动得以展开的渔场和渔民生活的渔村，构成了蕴含丰富、形态多样的中国渔文化系统，廓开了生动丰富、立体多元的中国渔文化灿烂画卷。

中国渔文化是中华文化的重要组成部分，对人类进步产生了重大促进作用。中国渔文化的发展史与中华文明史一脉相承，承载着中华民族的文化精神。

中国有 960 万千米² 的大陆国土，300 余万千米² 的海洋国土，3.2 万千米的海岸线。辽阔的大海和众多的江河湖泊滋养着丰富深厚的渔文化。中国渔文化既有广泛性、普遍性、丰富性等特点，又集多样性、典型性、地域性、集体群创性于一体，多姿多彩、蔚为大观。

中国渔文化是一个比较宽泛的概念。虽然目前还没有统一的定义，但是已经有比较普遍性的观点。一般都倾向于认为，中国渔文化的基本内涵主要包括渔业的渊源和发展，与渔业活动有关的文化遗址，不同时代传承而来的各种渔业生产的渔船、渔具和捕捞方法，各地渔村渔民的生活习性、风俗习惯，反映渔民生产、生活的典故、传说、故事、渔谚、渔民画、渔歌及各类海洋生物的加工、烹饪技艺等。它是物质文化和非物质文化的结合，是历史演变的结果。

从更宏观的文化史发展而言，中国渔文化具有以下特点和精神。

涉渔性：所有文化遗产都呈现出"渔"的特点，与渔业、渔村、渔岛、渔民紧紧相连。这是渔文化的重要依托，也是渔文化连接历史与现在的重要特点。

地域性：由于地理环境和民族等的差异，渔业的生产方式和生活方式也会有所区别，表现为强烈的地域性特征。这是渔文化中极具生命力的所在。

体验性： 渔业、渔村、渔岛、渔民的特点造就了渔文化广泛的民间性，是人类一种内心情节的显现。于是，在人类感情的释放过程中，文化的体验出现了、形成了，人们乐于亲水活动、乐于体验渔家风情。这是渔文化体现现代旅游特点的重要构成。

精神性： 中国渔文化蕴含了丰富的中华文化精神。许多中国渔文化的挖掘、整理和研究者，都注意到了"渔文化的精神"问题。他们总结为"舍己为人的牺牲精神""企盼吉祥的奉献精神""奋发向上的进取精神""协调相处的和谐精神"等。其实，这些渔文化精神从本质上说，与广义的中华文化精神是完全一致的。

渔文化的特征和特点既传承着中华民族的文化和精神，成为一种民族的共同审美，又体现着文化的传承和发展，对中国渔业的发展有着十分重要的意义。同样，对于新时期渔业结构调整、转型升级和休闲渔业的发展也有着重要作用。

休闲渔业于 20 世纪 60 年代在加勒比海沿岸兴起，随后逐步扩展到欧美和亚太地区。我国最早出现"休闲渔业"一词是在 20 世纪 80 年代的台湾。从"九五"渔业发展规划起，我国就把鼓励休闲娱乐型渔业发展作为产业结构调整的方向，该时期可以看作是我国现代休闲渔业的萌芽期。2000 年，农业部渔业局在做出关于调整渔业产业结构的部署时，首次提出"在有条件的地方积极发展休闲渔业"。之后，各地方政府相继出台了一系列支持政策，休闲渔业在全国范围内迅速崛起。"十二五"时期，休闲渔业正式被纳入渔业发展规划，成为我国现代渔业五大产业之一。"十三五"时期，休闲渔业成为推进渔业供给侧结构性改革的重要方向，是一、二、三产业融合发展的最佳结合点。

积极发展休闲渔业，有助于进一步拓展渔业功能、促进渔业增效和渔民增收、丰富城乡居民物质文化生活，对全面贯彻党的十九大精神、实施乡村振兴战略和全面建成小康社会具有重要意义。

休闲渔业发展提升的灵魂是文化，其建设和发展过程离不开文化元素的加入、渗透和呈现，通过对渔文化的挖掘和展现，休闲渔业将成为一个区域文化地标。休闲渔业建设的内涵在于走入文化、走近科技，休闲渔业品牌建设的价值在于组合诸种产业。以渔文化为媒介，在一、二产业结合基础上融合旅游文创设计和服务等诸多第三产业，努力拉长产业链，将渔业渔民的价值进行价格化呈现。努力建设休闲渔业品牌，形成休闲渔业高地，推进休闲渔业的产业发展。

在休闲渔业建设和提升的实践过程中，在渔文化与休闲渔业结合的手段上，笔者有以下几个方面的认识：

一、渔文化与渔村改造结合

在最美渔村建设中，自然要对旧村落进行一系列改造，以达到"环境优美、卫生洁净"的要求。但是，要保护好渔村建筑人居，完整保持传统村落格局和历史风貌。可以在村落的墙面上点缀一些当地的文化符号与文化记忆，在相关街道上适度恢复当年的店铺旗幡，展现历史文化的深邃感；还可以在渔村建设一系列的小品景观，甚至建设一个小型的"乡贤馆"等文化设施，从而既保持了渔村的原来风貌又优美整洁，还加深了文化内涵。

二、渔文化与渔事、节庆结合

休闲渔业的发展，许多是与当地的渔事、节庆活动联动发展的。而渔事、节庆本身就是一种极具文化内涵的文化符号，有其地域性、历史性的文化特点，通过展示、呈现和参与，显示渔事、节庆的文化特色。

三、渔文化与非物质文化遗产传承保护结合

渔业和渔村保留着大量的非物质文化遗产项目，如祭祀活动、社火、渔绳结、剪纸、渔民画等。在休闲渔业中，建立和建设相关的非物质文化遗产活动中心和传习所，既可以展示非物质文化遗产保护传承成果，又可以发展相关特色纪念品，体现乡风乡韵。

四、渔文化与民宿美食结合

民宿和美食是休闲渔业新兴的特色产业，也是吸引休闲渔业参与者的重要因素。通过对民宿和相关景观小品的设计，渗透当地的地域性、历史性文化特色，让民宿成为一种特色、一种文化景观。当地特色渔家风味美食总是让人流连忘返，可以借美食宣传本地、凸显文化，讲美食故事，品美食文化。

五、渔文化与"鱼"的结合

中国大量的鱼类在与人类相伴的历史中，被赋予了中国传统文化的内涵，成为一种文化符号。如鲤鱼、鳜鱼、龟鳖、刀鱼、大黄鱼等被古人在诗词歌赋中大量吟咏，已成为中国文化的一种表达。同样，有一系列区域性的鱼类在当地也极具文化特色。鱼文化内涵的展现和展示，同样可以体现休闲渔业的文化价值。

六、渔文化与现代审美、现代生活结合

传统的渔文化具有深厚的文化沉淀，在保持渔文化传统内核的基础上，研究现代人的审美需求和情感需要，进行形式上的创新和发展，让传统渔文化走进现代生活、走向现代审美。

七、渔文化与精神家园建设结合

随着新农村建设的不断深入，建设渔村精神家园十分重要。在建设中，要综合全部的历史文化资源，呈现健康文明的文化内涵，使渔文化成为百姓的精神家园。

总之，可以通过文化"激发传统中国村落、市镇的内在生命力"；同样，通过渔文化的渗透和参与，中国特色的休闲渔业必定能焕发出旺盛的生命力。

《中国渔文化与休闲渔业》是国内第一部详细阐述中国渔文化和休闲渔业关系的著作。希望该书的出版，能给在中华大地上从事休闲渔业建设和提升的研究者和实践工作者提供一定的启示和帮助。

编　者

2019 年 6 月

Contents 目 录

第三章　中国海洋渔文化 30

第八章　中国渔文化的当下状态

第九章　中国渔文化传统与休闲渔业发展

第十章　休闲渔业产业与中国渔文化　　143

第一章
中国渔文化的基本概念

/ /

渔文化是人类文明当中最为悠久的文化类型之一，自人类远古渔猎时代起就萌动、产生与发展，在某种意义上是人类文明和文化的重要源头之一。历经漫长的生产与生活实践，中华民族创造了历史悠久、内涵丰富、形式多样、表现独特的渔文化。在长期的历史演变中，中国渔文化不仅随着渔业的发展而不断代谢、更新和进步，成为中华文化一种重要的底色文化，深深根植于中华民族心中，而且其中不少内容已随着岁月逐渐渗透到各个类型文化当中，从古迄今对中国人的思想和行为发挥着潜移默化的影响。一定程度上而言，渔文化是人们已经习以为常到"熟视无睹"，却又是在时空分布上无比广泛而深刻的文化类型。渔业生生不息，渔文化也因此富有持久生命力，并随着时代发展不断衍生出新的形式和内容。

第一节　渔文化的概念和内涵

渔文化是人们由古至今的实践成果，凝聚着人们探索创造的伟大智慧。在人类进化史上，渔文化在一个相当长时期为人类智力和行为进化发挥了举足轻重的作用，是自然与人类、生存与实践、应用与创造、衍生与互动的多种关系的结晶。它既表现为人们为利用渔业资源而创造的鱼叉、鱼钩、网具、渔船等物质文化成果，也包括人们由此所形成的作业方式、生活习惯、民风民俗、诗词歌赋、文化符号等非物质文化成果。

因此，所谓渔文化，就是人类在渔业实践过程中所创造的物质与非物质文化的总称。狭义而言，渔文化主要指人类在渔业活动中所创造的精神财富总和，基本上以非物质文化形态存在；广义而言，渔文化是人类在渔业活动中所创造出来的人与渔业资源、人与渔业、人与人之间各种有形无形的关系与成果。比如有关渔船渔具、渔业信仰、渔歌渔号子、渔风渔俗、渔业伦理和禁忌、渔业法规与制度等文化事项。渔文化不仅包含很大一部分鱼文化（两者并非包含关系），也包括有关贝类、蟹类、虾类、藻类等其他渔业资源及渔业生产生活方面的文化事项。

一、"渔文化"与"鱼文化"

由于字形相近、读音相同，"渔文化"与"鱼文化"常常被混为一谈。实质上，二者是既有联系又相互区别的概念。著名民俗学家陶思炎认为，"鱼文化系指以人类有关鱼的认知、阐释、幻想、沟通等精神与心理活动为主的精神文化，具有突出的哲学的、审美的、信仰的成分。它不仅以无形的精神形态存在，例如鱼的神话、传说、巫术、禁忌等，而且以静态的物质形态和动态的风俗活动而显现出来，例如各种鱼的文化造物和社会习俗与仪典等。作为鱼的观念的再现，'鱼文化'超越了对食物资源的简单追求，鱼往往作为某种理念或信仰的符号，具有果腹之外的象征意义。"① 可见，鱼文化是人类创造并由此衍生的有关鱼类这一类生物的物质与非物质文化成果。它有一部分属于渔文化，却还有一部分已超然于渔文化之上，与渔业活动渐行渐远以致失去关联。

综合比较而言，渔文化与鱼文化之间存在一种交集关系。渔文化包含一部分鱼文化，以及大量与鱼无关，而与人们渔业实践及与其他水生生物相关的文化内容；反之，鱼文化也包含一部分渔文化，比如有关鱼的神话传说、宗教俗信、饮食料理、渔业伦理与禁忌等，以及那些进一步形而上，已经脱离渔业生产生活实践，不再属于渔文化，而与鱼有关的文学艺术、宗教信仰、民风习俗等内容，比如琴高乘鲤、鲤鱼跳龙门的传说，由鱼纹演化而来的三角纹案的广泛应用等。

然而，就普及应用的空间和维度而言，鱼文化比渔文化更为广泛。它已不再局限于渔业活动，而成为不论沿海内地、北方南方、哪个民族，都广泛应用的文化现象。因此，陶思炎认为，"凝聚着中华民族创造精神的各类鱼图、鱼物、鱼俗和鱼话，构成了我国文化史上历时最久、应用最广、民俗功能最多、艺术特征最强的一条文化长链。"② 对渔文化而言，一般只流行于沿海或滨水地区，且往往具有鲜明的地域与个性特征，与渔业活动仍存在紧密联系。换句话而言，渔文化是渔业活动的鲜明文化符号，而鱼文化却难以完全成为渔业活动的文化标识。

渔文化发端于远古渔猎时代，在无比漫长的历史演进中，逐步积淀为中华文化的一种底色文化——比如典型的龙凤文化就有渔文化的印迹，并通过这种底色默默而深远地影响着中华文化。然而正因为渔文化上溯远古，作为底色文化而"居庙堂之远"，古往今来的史籍文献对它的总结和梳理才寥寥无几，以至于就像人们欣赏油画一样，只知其最终完成的样貌，却不知油画布上最初的底色。记载的匮乏，研究的不足，总结的鲜寡，传承的断裂，使如今大多数人对渔文化的认知和了解尔尔，还停留于表观层面，甚至有的只知生猛海鲜等口舌之快。而今，随着城镇化进程的加快，很多渔村正面临转型，脱"渔"化镇，从事渔业的年轻人越来越少，渔文化遗产面临消失或后继乏人的窘境。

在日益重视中华优秀传统文化传承创新之际，笔者希望在社会快速转型期，对渔文化进行适时的总结与梳理：一则对中华文化的这一底色文化有个理所应当的介绍，还原其应有的历史地位，概括其丰富的形式和内涵；二则对渔文化进行及时反观和梳理，挖掘其创造性转化的价值和路径，为渔文化的传承与应用提供参考。

---

① 陶思炎.论鱼文化的应用［C］//嘉善县渔文化节组委会.2007中国·嘉善渔文化节——长三角渔文化汾湖论坛，41.
② 陶思炎.中国鱼文化［M］.南京：东南大学出版社，2008：2.

二、中国渔文化的基本构成

在人类社会史上，曾经经历过一个相当长时期的渔猎时代。《易经·系辞下》："作结绳而为网罟，以佃以渔。"随之产生和发展的渔文化，经过历史长河洗礼，成为渗入人们生活方方面面、时空分布广泛的文化类型。中国是一个渔业大国，渔文化历史十分悠久。渔，本义为捕鱼，是一种海边捕鱼者所进行或从事的生产劳动。根据《诗经》《尔雅》等的记载，当时已有网、九罭、罛、罾、汕、钓、笱、罶、罩、筌、梁、潜等十余种捕鱼工具。捕鱼作为一种生产方式，在中国形成了历史悠久的渔文化，它与渔民的生活紧密结合，并渗透到政治、经济、社会、文化、生产、生活的各个方面。极具中华民族特色的渔文化是非常宝贵的文化宝库和具有开发潜力的文化金矿[①]。渔文化的广泛性、深刻性、内隐性，使其成为中华民族文化当中的一朵奇葩，成为民族文化自信不可或缺的内容。习近平总书记指出："我们要坚持道路自信、理论自信、制度自信，最根本的还有一个文化自信。"其中，文化自信具有基础性、根本性和长远性。了解中国渔文化及其基本构成，有助于增强民族文化自信。

中国渔文化在数千年里呈现出精彩纷呈的面貌，虽然缺少专门著述，但涉及渔文化的文献却不胜枚举。《诗经》《离骚》《尔雅》《周礼》《本草纲目》等古籍，就有鱼名、渔父、渔具、渔法、水产品加工和利用等方面的记载。其中，比较著名的有春秋末期范蠡的《陶朱公养鱼经》，宋代傅肱的《蟹谱》，明朝屠本畯的《闽中海错疏》（1596 年）、黄省曾的《鱼经》（又名《养鱼经》）、残刻本《渔书》、杨慎的《异鱼图赞》，清朝乾隆年间的《官井洋讨鱼秘诀》（1743 年）、李调元的《然犀志》（1779 年）、郝懿行的《记海错》（1807 年）、郭柏苍的《海错百一录》（1886 年）等。这些著作都是中国渔文化方面的重要作品。此外，中国还有大量有关渔文化的诗歌、雕刻、绘画等艺术作品。从仰韶文化时期的彩陶、唐朝的鱼符到各种民风民俗，从徒手抓鱼、渔网捕鱼、工业捕鱼到现代化渔业捕捞与养殖技术，这些丰富的物质与非物质渔文化事象，使中国渔文化呈现出绮丽多姿、内涵隽永的文化形态。

及至近代，中国渔文化得到总结概括式提炼，在理论方面得到重视和发展。中国近代第一部有关渔文化的专著，是清光绪三十二年（1906 年）沈同芳著的《中国渔业历史》。该著作是他在江浙渔业公司任职期间，由张謇授意，为参加在意大利米兰举办的世界渔业博览会而作。1936 年，李世豪、屈若搴合著的《中国渔业史》出版，有学者认为"本书90％的篇幅放在 20 世纪 30 年代渔业现状上，只有 10％左右的内容是探求渔业发展历史的"。该书有不少涉及渔文化的内容。1983 年 4 月，张震东、杨金森编著的《中国海洋渔业简史》，是中华人民共和国成立以来关于中国海洋渔业史的第一部著作，也是目前内容较为全面的一部海洋渔业史方面的著作，从中可以大致领略中国渔文化的独特魅力。1993 年，丛子明、李挺主编《中国渔业史》[②]，其中有专门的渔文化版块，还总结了从古至今有趣的渔故事。这些著作是最为相关的一些文献。实际上，《诗经》、《离骚》、诸多地方

---

① 同春芬，刘悦．渔文化的变迁及其蕴涵的文化价值［J］．泰山学院学报，2014，36（1）：35-40.

② 李勇．百年中国渔文化研究特点评述［J］．甘肃社会科学，2009（6）：95-98.

志、汉乐府民歌、唐诗宋词等，都存在大量渔文化资源。中国渔文化是中国文化的重要组成部分，对文化传承具有重要价值。

渔文化按具体形态分，可以分为渔港、渔村、渔船、渔具、渔法、渔谣、渔祭、渔忌、渔号子、渔业信仰等文化，以及鱼文化、虾文化、蟹文化等。按管理类别分，有渔业制度文化、渔业生产文化、渔业生活文化、渔业文学艺术、渔业节庆文化等。按物质与非物质分可以分为物质文化、非物质文化和制度性渔文化三大类。其物质性渔文化资源体现在自然景观、生产工具、服饰饮食、文化场馆、信仰场所等；非物质性渔文化资源体现在风土人情、崇拜信仰、文学艺术、技能技巧等；制度性渔文化资源体现在渔区组织、渔区规范与制度[①]（表1、表2）。

表 1　渔文化结构类型

文化系	文化丛	文化特质
物质层面	为满足人类生存和发展需要所创造的物质产品及其所表现的一组文化特质，包括衣、食、住、行等方面	服饰文化：衣服以宽大松肥为主，上衣没有纽扣，腰上系一个活结等；饮食文化：各种鱼类烹饪法，喜食海鲜，海货等；建筑文化：住房就地取材，装饰多为珍珠贝类、海鱼海兽皮等；船俗文化：称渔船为"木龙"，船身每部分都有特别的称呼，新船下水有隆重仪式等
非物质层面	人类在社会历史实践过程中所创造的一组文化特质，包括习俗、艺术、信仰、心态等方面	习俗文化：渔船出海的拜祭仪式，开洋谢洋节，祭海习俗等；艺术文化：船工号子，渔歌戏曲，八仙过海、哪吒闹海、徐福东渡等传说；信仰文化：妈祖信仰、龙王信仰等；心态文化：不注重政治历史和个人志向、海纳百川勇立潮头的志向等
制度层面	人类为自身生存和社会发展的需要而主动创制出来的一组有组织的规范体系的文化特质，包括社会规范、社会组织等方面	社会规范：各种民俗禁忌，如在船上不能称"老板"，鱼死了叫"鱼条了"，在海中见了死尸要呼"元宝"等

表 2　渔文化按文化形态分类构成表

文化类型	文化表征
建筑文化	妈祖庙、渔师庙、如意娘娘庙等古庙建筑，渔村老街等古建筑
饮食文化	海鲜美食
渔业习俗	造船、开洋、谢洋、拜船龙、祭小海等生产习俗
艺术歌舞	渔歌、渔号子、渔家船鼓、渔灯舞、鱼龙舞等
民间文艺	木雕、竹根雕、剪纸等民间工艺，大量渔谚、神话、民间传说与渔故事
信仰文化	妈祖信仰、龙王信仰、王爷信仰、水仙尊神信仰、潮神信仰、渔师信仰、如意信仰等
伦理禁忌	妇女不许上船，开饭时船老大先动筷，双脚不得荡船外，头不枕膝，不吹口哨，不拍手，筷子不搁碗上，吃鱼先吃头，家有红白喜事未满月者不许上船等
社会组织	渔民协会、水产行业协会、渔文化研究会等有关行业协会

---

① 同春芬，刘悦. 渔文化的变迁及其蕴涵的文化价值 [J]. 泰山学院学报，2014，36（1）：35-40.

曲金良认为中国渔文化主体内容归类为：①渔船渔具等器物文化；②渔法加工、航海贸易等制度文化；③渔村渔港等社会文化；④衣食住行、婚丧嫁娶等生活文化；⑤祭祀庆典等节会文化；⑥文学艺术等审美文化。因此，也有学者把渔文化分为渔业生产、渔俗生活、渔俗文化、渔业组织、非物质文化遗产（以下简称"非遗"）五大主题文化。其中，渔业生产文化包含渔区的渔业捕捞、水产养殖、水产品交易、渔船渔具等主题内容；渔俗生活文化包含本渔区的宗教信仰、生活习俗、风土人情等内容；渔俗文化包含本渔区的自然景观、旅游设施、文学艺术、节日庆典等内容；渔业组织包含本渔区的资源环境、历史变迁、人口建制、渔业机构等内容；非物质文化遗产包含在国家、省、市、县非物质文化遗产名录中的渔文化项目。

综上所述，中国渔文化可以归纳为几个大类：①渔具渔船、渔港渔村等物态文化；②捕捞、养殖、加工、利用、贸易等生产文化；③衣食住行、婚丧嫁娶、祭祀庆典等民俗文化；④渔业管理与法律法规等制度文化；⑤神话传说、文学艺术等精神文化。

中国幅员辽阔，不同地区的文化及风俗习惯存在较大差异。不同地区的渔文化，存在有趣的渔文化空间分布特征。比如辽东半岛的海参、海胆、东珠文化，山东半岛的鲅鱼文化，黄河流域的鲤文化，长江水系的刀鱼、鲥、鮰、河豚、鳗鲡文化，舟山群岛的大黄鱼、带鱼文化，南海的石斑鱼、南珠文化等。

三、中国渔文化精髓

中国渔文化历史悠久，然而对其记载大多停留在经验层面，渔文化精髓却鲜有人提炼和总结。从古至今，除了史志方面的记载和描述，从文化学、社会学、民俗学等理论角度探讨渔文化的著作比较鲜见。20世纪中叶，闻一多曾写过一篇《说鱼》，比较系统地研究了鱼的生殖象征、渔俗情歌等，可算作渔文化理论研究的启蒙。李思忠、成庆泰曾一一考证《诗经》里面的鱼名，并逐一给出现代解释。显然，其分类学意义大于渔文化理论探讨。中国水产学会中国渔业史研究会办公室曾编著《渔史文选》第一辑，其中也有渔文化的内容。此外，许多专家也或多或少论述过渔文化，如中国科学院海洋研究所成庆泰，上海水产大学（现上海海洋大学）刘宠光、施鼎钧、蔡学廉、王武、纪成林等。渔文化的悠久历史与其分析研究极不协调。一方面"中国鱼文化作为我国民间最见习的行为模式和象征符号，体现在物质成果、礼仪制度和精神活动的诸多方面，几乎涵盖了生活的所有领域。"[①]另一方面其研究却相对滞后，在一个相当长的时间里产生了一种奇怪的表里分离现象。

然而，渔文化内在的历久弥新性终究会终结这种现象。1990年，陶思炎编著《中国鱼文化》（中国华侨出版公司，1990；2008年由东南大学出版社出版新一版），从功能文化学角度比较系统地阐释了鱼文化的功能，并概括出其演化规律，是中国第一本系统深入研究鱼文化的代表性著作，取得许多理论突破。1993年，丛子明、李挺出版《中国渔业史》，其中涉及很多渔文化内容，是中华人民共和国成立后有关渔文化比较权威的著作。2001年，赖春福等出版《鱼文化录》，将历史文献中散在的渔文化资料收集整理，编辑成

---

① 陶思炎.中国鱼文化［M］.南京：东南大学出版社，2008：2.

书，为渔文化研究提供了重要资料。2004 年 5 月 19 日，宁波市象山县成立渔文化研究会。2004 年，宁波发表了硕士学位论文《渔文化及其与我国水产业的关系》。2005 年，上海水产大学（现上海海洋大学）将水生生物科技馆与鲸馆合并组建成立上海水产大学中国鱼文化博物馆，并成立中国鱼文化研究所。2009 年，殷伟、任玫出版《中国鱼文化》（文物出版社，2009.5）。由于以上学者和机构的努力，中国渔文化的学科体系日益得到繁荣和重视，这在一定程度上展现出渔文化的内在生命力。

陶思炎认为，中国鱼文化能顺应历史发展，能自益，亦能自损。历史已经表明，其诸多功能有此起彼落现象，并导致鱼俗、鱼物、鱼信的量变与流传。鱼文化的自损是其旧体的离析与清理，其自益是新形式的增生、新结构的重建和新功用的开辟，其中包括对外来文化因子的吸收。① 中国渔文化的部分功能有其越时长效之性，特别是表喜庆吉祥与游乐赏玩的功能不会因物质文明的充分发展而迅速退隐，它将通过休闲渔业、创意产业等途径为未来生活继续服务，并借以张扬民族的审美趣味。物质型渔文化的应用范围将有所扩大，特别是在餐饮、器物、饰件、商标、装饰图案、小商品等方面将有所发展，展现文化材料或文化形式的新用途。精神文化领域中的渔文化将呈简约趋势，渔业习俗特别是渔业信仰将随现代文明的发展而趋于衰微，渔文化在整个社会文化中的比重将继续下降。高度发达的现代社会能唤起对民族传统与风格的重视，渔文化会因此受到进一步的关注和研究，其某些形态会作为未来生活的点缀或民族精神的象征，而得到夸张的应用。②

渔文化涉及水产、食品、美术、雕塑、影视、文学、诗歌、民谣、宗教、哲学等多个领域，其知识性、文化性、趣味性、民族性非常显见，有其独特的优势和市场吸引力。渔文化将通过休闲渔业、开渔节、水族馆、渔人码头、渔村旅游等载体，对中国文化产生持续影响，同时以其生活实践的应用潜力拉动水产业，以及文化、电影、旅游和轻工业等的发展。2004 年初，美国电影《海底总动员》中的小丑鱼"尼莫"成为麦当劳吸引顾客、创造利润的重要载体，而且至今仍是广大青少年非常喜欢的卡通形象。这是渔文化应用的一个典型例子。只要充分发挥想象力和创造力，中国一样可以突破烹调料理、玩具和工艺品制作等渔文化应用框架，创造出更富有活力和更具社会与经济价值的渔文化应用形态。2016 年上映的《大鱼海棠》可谓一个生动案例。该片讲述少女椿为报恩，在天神湫的帮助下，为努力复活人类男孩"鲲"而与彼此命运纠缠斗争的故事。该片在 2017 年获得第 15 届布达佩斯国际动画电影节最佳动画长片奖，2018 年获中国文化艺术政府奖第三届动漫奖。

中国渔文化的精髓体现在其多样的文化性、广泛的民间性、巧妙的寄寓性和淳朴的趣味性。渔文化像盐之于美味佳肴，渗入到诸多文化领域，但凡有文化之处，如哲学、宗教、建筑、艺术、民俗、节庆等，几乎都可以找到渔文化的影子。渔文化亦像空气无处不在，几乎有中国人的地方，大都知晓"鲤鱼跳龙门"等渔文化传说或典故，深刻地表现为民间传播的广泛性。渔文化既是文人墨客喜爱的风雅物事，也是黎民百姓津津乐道的风习。渔文化还是中国人借物言事的良好载体。人们通过娓娓而谈的渔文化，不知不觉地传递为人处世之道。在妙趣横生的渔故事中，传达基本的做人准则、生产生活智慧，以及人

---

① 陶思炎. 中国鱼文化 [M]. 北京：中国华侨出版公司，1990：199.

② 陶思炎. 中国鱼文化 [M]. 北京：中国华侨出版公司，1990：202.

与自然和谐相处的道理。中国的渔文化，还在淳朴中充满趣味性，这更加凸显其率真、质朴、感人、幽默的面相，从而为人们喜闻乐见，经久传唱。

第二节　影响中国渔文化形成的主要因素

渔文化是人与自然、时代、社会及人与人之间等多种因素交融互动的产物，其发展也受到不同因素的影响和制约，并反过来影响这些因素本身的历史特征。概括起来，影响渔文化的主要因素有时代、地理、科技水平和经济发展程度等因素。

一、时代因素

不同时代，由于思想观念、科技水平、社会习俗等历史差异，人们对渔业资源的认识不同，因而产生了与之相应的渔文化。过去一段时间，人们一度认为海里的渔业资源取之不尽用之不竭，而今渔业资源评估学、生态学等告诉我们，尽管海洋浩瀚无边，但海洋里的渔业资源也是有限的，过度捕捞不仅会加速渔业资源的衰退，甚至会造成很多物种灭绝。

古人认为鲤、鲂味道鲜美。如《诗经》曰，"岂其食鱼，必河之鲤"；《河洛记》载，"伊洛鲂鲤，天下最美"；古谚云，"洛鲤河鲂，贵于牛羊"。然而今天，人们餐桌上却以鳜、鲈、鲷、石斑鱼、金枪鱼等为上品。这是科技发展水平与时代认识局限造成的。在生物进化上，鲤科鱼类属于低等鱼类，是中国常见鱼类，也是中国人首先在世界上进行人工养殖的鱼类。范蠡的《养鱼经》对此有生动记述[①]。后来，人们在总结鲤鱼养殖技术的基础上，在唐朝开发出四大家鱼的人工养殖技术。

然而，由于中国古代对科学技术不够重视，长期奉行家庭小农经济，即使历代皇帝口口声声奉行"以农为本"，但自春秋战国至20世纪初叶2 000多年来，传统农具几乎没有改进，渔业科技进步更是乏善可陈，渔业生产技术自唐以降至清末，几乎处于停滞阶段。虽然早在唐代中国人就开发出富于生态理念的"四大家鱼"混合养殖技术，然而完全掌握"四大家鱼"的人工育种技术，即实现全人工养殖却是20世纪五六十年代的事。对于高等鱼类，如鳜鱼、鲈鱼、石斑鱼等鲭科鱼类养殖技术，直到近世才为人们掌握。

渔文化有时会表现出一定前瞻性。这是渔文化作为实践特征明显的文化内在动力使然，也是人类创造力的表征。不过，这前瞻性是以当时的时代背景为前提并受制于当时时代背景的。如远古的鱼塘、鱼网、鱼钩、养殖方式、捕鱼技巧与现代的网箱养鱼、陆基水产养殖、工业捕鱼等，虽然在很多方面存在相似之处，但在型制上已出现很大差距。正是这种差异，反映了人类社会渔业科技的发展与进步。

二、地理因素

中国北方及中西部地区，由于地理、水文、生态等原因，鱼种少，只有鲤、鲋、鳇等少数常见食用种类，受此影响其文化多以鲤、鲋、鳇等鱼种为对象，鱼种涉及少，形式和

---

① 中国水产学会中国渔业史研究会. 范蠡养鱼经［M］. 北京：中国农业出版社，1986.

内容也比东南沿海地区单一。比如在陕西、山西等一带民间剪纸中的鱼基本为鲤鱼。在新疆和内蒙古，草地非常多，而水源很少，人们主要消费家畜，水产就成为珍贵食品。在东南沿海之地，因为水多、鱼多，天天吃鱼，其渔文化所包容的生物种类也非常多，涉及鱼、虾、贝、蟹、藻等很多种类，而且衍生出多种捕鱼方法、烹调技术、神话传说、传统风俗，内容与形式都非常丰富。如广东的鲤鱼灯舞，至今仍保留浓郁的传统特色。五条鲤鱼，一雄四雌。雄鲤灯为绿色，象征化龙的鳌；雌鲤灯为红色。整个鲤鱼灯舞分群鲤嬉春、双鲤比美、喜跃龙门三段。①

受地理环境影响，世界不同国家和地区的人们形成了不同的吃鱼习惯。日本的例子比较典型。由于日本是岛国、耕地少、粮食少、草地少，周边是海，水产丰富，因此日本人的主要食品是水产品，对水产格外重视。据联合国粮食及农业组织（FAO）对世界水产品年均消费状况的统计，"像欧盟、美国、中国等国家和地区，人均水产品消费仅为 20 千克，而除了与日本消费水平接近的韩国之外，日本人均消费量为 60 千克左右，几乎可达以上国家的 3 倍水平。"② 日本的水产业与水产料理非常发达，水产业是其国民经济的支柱产业之一。对水产业的重视和持续地投资与开发，使日本形成以生鱼片、烤鳗、生鱼片寿司等为特色的日本料理。对水产的重视，还使日本培育出浓郁的渔文化，比如沿袭唐朝奉鲤为国鱼的影响，日本至今尊崇鲤，奉"锦鲤"为国鱼。

中国大陆海岸线长达 18 000 千米，地理环境迥异，因此造就了不同地域各具特色的渔文化。比如，江南地区处于长江入海口，少岩礁，多滩涂，为方便船舶在滩涂上停泊，人们发明了沙船；广西濒临北部湾，这里独特的海洋环境孕育了璀璨的海水珍珠，因而形成了"南珠"文化和品牌；在舟山由于海岛众多，营养物质丰富，形成了著名的舟山渔场，其渔文化历史悠久，丰富而多样。

此外，由于东亚沿海位于太平洋西岸，在太阳、地球自转和月球引力等作用下，太平洋西海岸多台风、风暴潮等海洋灾害，因此，这些沿岸带的渔文化有关祈福避灾的海洋神灵信仰十分发达。其中，妈祖是影响力最大的海神，此外还有观音、龙王、如意娘娘、王爷、水仙尊神、潮神等。人们之所以信奉这些神灵，主要是为了祈祷出海平安。此外，正因为太平洋西岸多大风大浪，因此东亚沿岸渔村民居多低矮建筑，选址也多选在避风处。

三、科技水平因素

科技水平是影响渔文化的重要因素。根据现代食品营养学研究成果，水产品富含优质蛋白和 DHA（二十二碳六烯酸）、EPA（二十碳五烯酸）等不饱和脂肪酸，有益人的身体健康和智力发育。因此，在如今的饮食结构中，越来越多的人逐步形成偏爱水产品的倾向。随着水产品加工工艺的不断进步，消费者不仅对生鲜水产品日益钟爱，对其加工和精加工产品如深海鱼油、甲壳素、螺旋藻、海洋药物等也日益青睐。与此同时，科技水平的进步也促使人们对生态、环保和水产品安全等问题的重视，进而促进了水产业安全、绿色与可持续发展。

随着渔业科技的进步，人们先后实现四大家鱼、大黄鱼、中华鲟、鳜、鲈、三文鱼、

---

① 邬尔沁. 民间喜事百事通 [M]. 北京：中国致公出版社，2002：68.

② 张琳. 世界人均水产品消费走势分析 [J]. 渔业致富指南，2016 (16)：4.

多宝鱼、金枪鱼、大闸蟹、海参、扇贝、海带、紫菜、珍珠等的规模化、现代化、生态化养殖。过去，由于冷链技术不发达，很多内陆省份只能吃到干制或腌制的海产品，而今在很多腹地省份也可吃到丰富的冰鲜海产品。技术的进步，还使水族缸化身为数千、数万平方米的水族馆，成为一个方兴未艾的旅游和休闲产业增长点，以无比生动的环境模拟和再造，让人领略千姿百态的海洋生物的魅力。科技还使人们更加深入地了解渔业资源，由组织器官深入到遗传因子，发现有益于医药产业发展的特效基因。随着石油资源的加速消耗，目前有不少科学家还致力于研发富含油脂的海藻，通过海藻养殖，使海藻变油成为人们未来解决能源问题的重要途径。此外，日本科学家对鹦鹉螺人工育苗的突破，使鹦鹉螺这一活化石得到更好的保护和利用。随着科技进步的日新月异，未来的渔文化会更加精彩纷呈。或许有朝一日，海洋会成为人们的海洋牧场、度假乐园、天然的水族馆，甚至工作生活的社区，渔文化也因此复兴其原初的影响力和独特魅力。

四、经济水平发展程度

水产品相对处于人类食品消费链的顶端，对于大多数人而言，消费水产品与收入水平有密切关系。一般而言，水产品越新鲜，味道越鲜美，价格也越高。清明之前的刀鱼高价难求。然而要获得鲜鱼，捕捞和物流成本都比较高，对于偏离水域的地区更是如此。有些国家和地区甚至借助空运获得鲜活水产品，其成本可想而知。因此，水产品消费量被国际上普遍认为是"一个国家的进步指标"。通过统计人均年水产品消费量，可以粗略知道某国某地的水产品消费情况。人均年水产品消费量的计算公式为：人均年水产品消费量＝（年渔获、养殖总量＋水产品全年进口量－水产品全年出口量－非食用水产品全年消费总量）/人口数。[①] 1960 年迄今，世界人均水产品消费量逐步增加。日本、韩国从 1970 年起，美国从 1980 年起，人均水产品消费量都出现一个快速增长阶段。1990 年以来，中国人均水产品消费量也进入一个快速增长期。[②] 由上可见，水产品消费量与经济快速增长期呈现出一定相关关系。根据联合国粮农组织 2014 年农业发展展望，到 2023 年，发展中国家人均水产品消费量将从 2011—2013 年的 18.4 千克增加到 20.4 千克，发达国家水产品消费量将从 2011—2013 年的 22.6 千克增加到 23.2 千克。[③] 这表明随着经济社会的发展，发达国家和发展中国家人均水产品消费量都在增长，同时由于发展程度不同，发达国家比发展中国家消费了更多水产品。

在 20 世纪 80 年代，内陆省份的居民逢年过节能吃到带鱼、海带等就已经很不错了。如今随着中国成为世界第二大经济体，越来越多的人选择消费新鲜或冰鲜水产品。由于有了更多可支配收入，大家也可以经常光顾海边渔家，甚至到海外，下榻渔村民宿，品尝渔家饭，体验渔风渔俗。以渔文化为主题的休闲基地、水族馆、博物馆、主题公园、渔家乐等蓬勃发展。清末皇宫延禧宫里曾经想建而未建成的水族馆，20 世纪初在青岛建设的水族馆，受限于当时的经济发展水平，不仅凤毛麟角，而且规模也不大，基本上是放大的水族缸；而今，

① 赖春福，庄棣华，张詠青. 鱼文化录 [M]. 台湾：水产出版社，2001.
② 张琳. 世界人均水产品消费走势分析 [M]. 渔业致富指南，2016（16）：4.
③ 李明爽，译. 世界渔业咨询 [J]. 中国水产，2015（7）：45.

大型、超大型水族馆在华夏大地遍地开花，不仅生物种类众多，不少有白鲸、海狮等大型海兽表演，甚至有的可以看到世界上最大的鱼——鲸鲨，俨然是缩微版的海洋。

此外，在观赏鱼渔业方面也表现比较突出。比如锦鲤、龙鱼等外形美观，雍容华贵，但因价格高昂，过去家庭养殖者极少。以前个人养殖锦鲤、龙鱼显示了主人殷实的家境，宾馆酒肆陈设则展示了等级与品位，现如今大家也都见多不怪了。

第三节 中国渔文化中的文化内核

渔文化本是一个文化现象，它与中华文化的诸多方面都有非常紧密的关系，下面着重就制度因素、民风民俗、宗教信仰、审美需要等方面进行论述。

一、渔文化的制度内核

制度因素是左右渔文化的主要因素。在唐朝，鲤鱼被认为是圣物，成为国鱼，倍受朝廷恩宠。唐朝国律禁止食用鲤鱼。《新唐书·玄宗纪》：开元九年（721年）正月己卯诏令"禁捕鲤鱼"。《酉阳杂俎》卷十七记载："国朝律，取得鲤鱼即宜放，仍不得吃，号赤鲜公。卖者杖六十。言鲤为李也。"[①]《旧唐书》卷八《玄宗纪上》记载开元三年"禁断天下采捕鲤鱼"。开元十九年，又"禁采捕鲤鱼"。[②]唐朝养鲤业受到制度影响，忌食鲤鱼成一时之传统。

毋庸讳言，社会政局亦关乎水产业兴衰。战乱时期渔业不可能兴盛，只有社会和平稳定，人民安居乐业，渔业才会繁荣。中华人民共和国成立前，国内局势动荡，纵有仁人志士大力发展水产业，但大多屡战屡败。中华人民共和国成立后，人民生活水平逐步提高，与此相适应的是水产业日益繁荣，1989年中国水产品总量达1 332.58万吨[③]，首次位居世界第一。至今不仅仍稳据世界第一，而且成为世界上第一个养殖产量超过捕捞产量的养殖大国。

中华人民共和国成立之初，为解决中国人"吃鱼难"问题，国家曾独立建制水产部。适时，水产业发展很快，先后攻克四大家鱼人工繁殖技术，开展东海、南海等海域生物资源调查，发明鱼探仪，发展机动渔业等，使中国水产业进入前所未有的繁荣时期。而今，中国人面临的已不是吃鱼难的问题了，而是要吃味道更加鲜美、种质更加优良、品质更加安全的水产品了。

二、渔文化与民风民俗

由于"鲤"与"利"谐音，中国人民向往美好生活的愿望比较集中体现在鲤鱼身上，形成对鲤鱼特别偏爱的心理。这种心理又反过来影响着渔文化。《家语》记载："孔子年十九，娶于宋之并官氏之女，一岁而生伯鱼，伯鱼之生，鲁昭公使人遗之鲤鱼。夫子荣君之赐，因以名其子也。"鲁昭公以鲤鱼馈赠孔子贺其得子，孔子因之为其子取名"孔鲤"。可见在2 000多年前，鲤鱼就被作为吉祥如意的象征和重要场合的馈赠佳品。

---

① 王维堤.龙凤文化［M］.上海：上海古籍出版社，2000：24-25.
② 王思时.唐代饮食［M］.济南：齐鲁书社，2003：81.
③ 农业部渔业局.2003中国渔业年鉴［M］.北京：中国农业出版社，2003：257.

被中国尊为"万世师表"的孔子，为其子取孔鲤之名，更加强了民间对鲤鱼的喜欢，于是在后世的吉祥图案、民风乡俗中，鲤鱼的艺术形象屡见不鲜。如今，以鲤鱼为形象的年画、雕刻、油画、国画、剪纸、泥塑等艺术品随处可见。爱鱼已深深沉淀于中国人的民族心理，成为一种约定俗成的生活习惯。逢年过节，连年有余、金鱼满堂等口彩为人津津乐道。鲤鱼寄寓着人们对幸福、健康、勇敢、多子等美好生活的向往。

受中华文化影响，日本、东南亚地区也有许多与鲤鱼有关的习俗。锦鲤最早被中国人培育，却在日本被发挥到极致，成为日本国鱼。日本人生了儿子，亲朋好友往往执鲤祝贺，或馈赠鲤形礼物，寄寓新生儿健壮如鲤，不怕艰险，搏浪成长，鲤鱼成为"弄璋之喜"的珍品。日本在每年一度的"男孩节"（阳历 5 月 5 日，由中国的端午节转化而来），有男孩的人家在院子里竖起竹竿，竿顶上高悬"鲤帜"，夜晚点上鲤形灯以示庆贺。在东南亚，华人闹元宵，鲤鱼灯笼是必不可少的吉祥之物。

风俗是长久形成的文化生活传统。由于文化传统，亦形成不同的吃鱼风俗。如中国的年夜饭须备鱼，意味着"年年有余"，祈望来年丰收和富足。受此风俗影响，春节前夕，水产商贩们就须多备水产品，以供应因春节而增加的鱼市需求。再比如，中国人特别喜爱红色，往往将红色与吉利喜庆相联系，因此人们一般不吃红鲤鱼而只用来观赏。

此外，个体成长环境差异，形成了不同饮食习惯。比如，有些人不吃水里游的，有的不吃天上飞的，有些不吃地上跑的。这些习惯都对水产品消费存在一定影响。

民风民俗中的宗教信仰文化，对于渔文化的形成和发展，也起到了特别的作用。中国道教推崇鲤鱼，认为鲤鱼与成仙有关，是神使和圣物，因此道教人士一般不食鲤鱼。由于宗教信仰的关系，在一些地方流行水葬，人去世后葬于河流、湖泊等水体中，于是形成了不吃鱼的风俗和习惯。值得指出的是，现在有人出于环境保护、健康美食、标新立异、彰显个性等方面需要，也会形成忌食水产品等特殊饮食偏好。如对素食主义者而言，会因为推崇素食而忌食水产品。

三、渔文化与审美习惯

人的审美需要是人类特有的情感体验，正是对美的向往滋生了斑驳陆离的渔文化。明朝的徐渭、刘节，清朝的高其佩、边寿民、李鱓、虚谷、任伯年，现代的齐白石，都留下了栩栩如生的水族国画。至今在中国剪纸、年画、瓷器、雕塑、绘画等领域，仍有大量鱼类形象。这些反映了中国人对自然、对水、对生物的热爱之情。鱼是中国人无比喜爱的艺术形象，渗透于生活的方方面面，甚至 2008 年北京奥运会五个福娃当中的老大贝贝就是个鱼娃娃。

由于地域、习俗等互不相同，不同地区、民族形成了不同的渔文化审美心理。比如北方剪纸、年画中的鱼，多粗犷豪放、古拙淳朴；南方瓷器、木雕中的鱼多细腻多姿、华丽精致。这与南、北方的气候、地理、地形、风俗等因素有关。天津杨柳青画社的彩色木版年画，线条质朴凝重，鱼体丰满圆浑，充满生活气息。20 世纪 70 年代，广东佛山一汉墓出土一只圆雕而成的陶渔船模型，舱内放两条陶鱼，船头坐一渔夫，场景细腻，生动再现了汉代珠江三角洲一带渔夫乘渔船满载而归的形象。①

---

① 吴诗池，邱志强. 文物民俗学 [M]. 哈尔滨：黑龙江人民出版社，2003：75.

审美心理是影响人们水产品消费的重要因素。鲤鱼一直受到古人钟爱，除其肉味鲜美外，其外观健硕丰满、形体美观、须似龙髯等外形特征也是重要原因。中国一些传统名菜，如武汉名菜"武昌鱼"用团头鲂、杭州名菜"西湖醋鱼"用草鱼、宁波名菜"丝瓜卤蒸黄鱼"用黄鱼、安徽名菜"毛峰熏鲥鱼"用鲥鱼、吉林名菜"镜泊鲤鱼丝"用鲤鱼等，除了当地特产因素外，与这些鱼的美观外形宜上台面亦存在一定关系。中国大宴尤其讲究鱼的外观。鮟鱼味道鲜美，营养丰富，为鱼中上品，但其外形比较丑陋，故在正式筵席中难觅踪影。

观赏渔业亦可佐证。色彩绚丽的热带鱼，因其外观美丽炫目、色彩华丽，为消费者所钟爱。中国宋代培育的金鱼，以其美丽优雅的外表、雍容华贵的外形，自古以来就成为中国人喜欢的观赏养殖品种。苏东坡在宋朝元祐四年（1089 年）出任杭州知州时，曾写有"我识南屏金鲫鱼，重来拊槛散斋馀"的诗句。1502 年金鱼传入日本，大约在 17 世纪末，金鱼传入欧洲，被西方人称为"水中牡丹""东方圣鱼""锦鳞仙子"等。瑞典生物学家林奈给金鱼命名 *Cyprinus auratus*，意思是金黄色的鲤鱼。后来动物学家将金鱼列入鲫属，因此现在一般称为 *Carassius auratus*。[①]

第四节　中国渔文化精神

文化是精神的外显，精神是文化的风骨。中国渔文化在繁荣多样的背后，凝聚着自身的精神主线。概括起来，主要有敬畏自然、勇于进取、拼搏合作、向美求善、开放睿智等几个方面。

一、敬畏自然

中国渔文化透露着敬畏自然的精神。在仰韶文化时期，已出现鱼崇拜与鱼祭祀。鱼崇拜属于自然崇拜、生殖崇拜，体现古人对自然世界启蒙的认知，认为万物有灵性，而鱼类更以其惊人的繁殖能力，得到祈望人丁兴旺的远古人的推崇和膜拜。在他们看来，鱼类不仅仅是一种食物来源，还是一种生殖力的神秘源泉，因此在利用时心怀敬畏，甚至还产生鱼祭祀等原始祀典和礼仪。在古代，渔业资源保护意识也已萌芽。《孔子家语》载渔者答巫马期曰："鱼之大者名为鱏鳣，吾大夫爱之，其小者名为鱦，吾大夫欲长之，是以得二者辄舍之。"《文子·上仁》载，"鱼不长一尺[②]不得取"。《荀子·王制》载，"鼋、鼍、鱼、鳖、鳅、鳝孕别之时，罔罟毒药不入泽，不夭其生，不绝其长也"。《礼记·王制》载，"禽兽鱼鳖不中杀，不鬻于市"。《吕氏春秋·义赏》载："竭泽而渔，岂不获得，而明年无鱼。"从古至今，历代渔民奉行开捕、谢洋等祭海仪式，崇拜的渔神多种多样，并通过种种渔业禁忌体现对大海的敬畏。在众多传统渔村，地道的渔民捕到小鱼小虾，或者超过常规规模的大鱼大虾，大都会放回江河湖海。他们认为自然有生息，捕捞要适当。这种敬畏自然的精神，成为中国传统渔文化的显著特点。

[①]　张仲葛. 金鱼史话//中国水产学会中国渔业史研究会办公室. 渔史文选第一辑 ［M］. 1984：257-261.

[②]　1 尺≈33.3 厘米。——编者注

二、勇于进取，拼搏合作

鲤鱼跳龙门的传说，折射了中国渔文化的进取精神。《太平广记》载："龙门山，在河东界，禹凿山断门阔一里余。黄河自中流下，两岸不通车马。每年季春，有黄鲤鱼，自海及渚川，争来赴之。一岁中，登龙门者，不过七十二。初登龙门，即有云雨随之，天火自后烧其尾，乃化为龙矣。"鲤鱼逆流而上，争跳龙门，正体现了奋发进取精神。长期的文化积淀，使鲤鱼衍生为一种吉祥动物，成为奋发进取的文化符号，在绘画、雕塑、玉器、文学、剪纸等艺术作品中反复出现、长盛不衰，受到中国老百姓的喜爱。在民间更是简化为"望子成龙"的美好愿望，反映长辈对晚辈通过科举或自我奋斗，实现人生梦想的美好祝福。

中国的渔文化，不仅体现在勇于进取，而且还非常强调合作精神。出海捕鱼，大家分工合作、各司其职，与恶劣天气抗争，与狂涛骇浪抗争，共同沐风栉雨、撒网捕鱼，并一同享受渔获成果。渔业活动充满风险，养成了渔民拼搏进取的精神。海明威的《老人与海》，通过一位古巴老渔民与旗鱼搏斗并征服旗鱼的故事，充分展示了渔民的拼搏精神。这种精神构成中外渔民的普遍特征。正因为渔业活动风险难测，渔民之间比较重视相互合作，通过合作发挥各自所长，共同实现出海效益最大化。在近代列强"侵渔"斗争中，中国渔民通过拼搏与合作，"护渔权，张海权"，努力发展民族水产业，创造了很多可歌可泣的事迹。在最近维护钓鱼岛、南海主权等海洋权益的过程中，中国渔民同样发挥了不可替代的聪明才智。在改革开放洪流中，一些传统渔村正是凭借所传承的拼搏合作精神，实现了渔村的城镇化甚至都市化，为地方的新生和腾飞提供了内在动力。

三、向美求善

中国渔文化，处处透着人们向美求善的心理。以鱼、虾、蟹、渔父等为形象的年画、雕刻、油画、国画、雕塑、项链、工艺品等随处可见。逢年过节，连年有余、金鱼满堂等为人津津乐道。中国人对金鱼的培育，可谓追求美好生活的例证之一。晋朝时，人们将野生鲫鱼选育出金鱼；到了南宋培育出宫廷金鱼；在明代，培育出双狮头、水泡眼、绒球、望天眼等品种。迄今，已有 500 多个品种。达尔文曾系统地描述了中国对金鱼人工选择的过程和原理。凡此种种，都鲜明地透射出中国渔文化推崇积极向上、乐观求善的文化样态。在西安半坡的鱼纹彩陶中，可以发现远古人由鱼纹到三角纹，由具象逐步过渡到抽象的美学追求印迹。从古迄今，人们在中国水族题材的绘画中，祈望"望子成龙"的，反映年年有余主题的，以鲤鱼、莲花和童子寄寓连年有余、子孙绵绵的，以荷花与河蟹祈福生活和谐，以金鱼寓意金玉满堂等向美求善主题的作品俯拾皆是。在中国古代四大名船之一的福船中，将渔船通体描绘成漂亮的鱼形图案，漂泊海上宛如一条条大鱼在碧海蓝天下畅游。流行于沿海渔村的众多渔传说、渔故事，生动反映了渔民不畏惊涛骇浪，在大海里追求美好生活和幸福的拼搏精神。"海上生明月，天涯共此时"等诗词歌赋，更以优美的文学意象，呈现了中国渔文化旷达高美的意境。

四、开放睿智

《庄子·逍遥游》载："北冥有鱼，其名曰鲲。鲲之大，不知其几千里也；化而为鸟，其名为鹏。鹏之背，不知其几千里也；怒而飞，其翼若垂天之云。"鲲鹏的想象，表现了渔文化的大气开放意象。及至今天，仍令人叹为观止。另，《庄子·秋水》对"鱼乐"的记载，《孟子·告子上》以鱼与熊掌对舍生取义的论述，均通过鱼表达了深刻哲理，再现了中国古代哲学的智慧。此外，寻常之沟无吞舟之鱼、川渊深而鱼鳖归之、吞舟之鱼不游支流、水至清则无鱼等成语，亦以简洁精短的语言反映了中国人的处世智慧。妈祖信仰在东南亚的广泛传播和流布，可从一个侧面鸟瞰渔文化对外开放交流的范围和历史。在东亚渔民当中流行的渔具和生活器物，存在很大相似性。因为渔业交流而使部分渔港声名远播海外，对促进这些渔港提升为海港，促进对外贸易和交流创造了条件。在中国古代，不少旷世高人是以渔人面貌出现的，比如辅佐周武王伐纣建立周朝的姜子牙，就是以渔父角色最先得到周文王的赏识。他不仅是武王伐纣的重要元勋，也是齐文化的创始人，被儒、法、兵、纵横等诸子百家尊为"百家宗师"。此外，屈原与渔父的对话，柳宗元的独钓寒江者，历代著名山水画里的渔父等，都以渔父喻指睿智高人。

五、热爱生活

中国渔文化洋溢着中国人民热爱生活的情趣。比如，各种水产品制作方法，就从一个侧面彰显了中国人民对美好生活的向往。西晋何曾（199—278 年）的《安平公食学》、南齐虞悰（435—499 年）的《食珍录》、北齐谢讽（生卒年不详）的《食经》、唐段文昌（773—835 年）的《邹平公食宪章》、唐韦巨源（631—710 年）的《烧尾宴食单》等文献中，对多种水产品加工方法的记载，处处体现着人们对生活的热爱。再比如，散布在唐诗宋词中的渔文化，多有反映人们热爱自然、热爱生活的诗句，如"西塞山前白鹭飞，桃花流水鳜鱼肥""莲叶团团杏花拆，长江鲤鱼鳍鬣赤""嫩碧才平水，圆阴已蔽鱼""风卷鱼龙暗楚关，白波沉却海门山"等。在民歌当中，热爱生活的渔文化词句更是俯拾皆是。如扬州清曲《八段景》"小小鱼儿粉红鳃，上江游到下江来。"安南民歌："好家门前有条沟，金盆打水喂鱼鳅，鱼鳅不吃金盆水，即打单身不害羞？"贵阳民歌："山歌好唱口难开，仙桃好吃树难栽，秘密痛苦实难说，鳞鱼好吃网难抬。"凤县民歌："贤妹长得白漂漂，清早下河洗围腰。鲤鱼吃了围腰水，不害相思也害痨。"陕南民歌："河边苇叶响索索，一对水鸭飞过河。水鸭想条鲜鱼吃，贤妹想个少年哥。"在众多文化类型中，将渔与乐相关联成为"渔乐"的并不多见。如龙凤文化凸显的是皇天后土、生平开泰、协和万邦，茶文化更多展现的是雅致和品味，酒文化彰显的是情与义主题，等等。而渔文化却活脱脱产生"渔乐"这一特定字词组合，彰显了渔与乐的独特联系。

渔文化是人们在日常生活中习以为常的文化，人们既熟悉它，却又在追问细节时感到陌生，甚至稍一追问就不知从何说起。渔文化产生于人类远古漫长的渔猎时代，可以说是人类所有文化的源头之一，也是人类迄今最悠久的文化类型之一。然而，对渔文化犹如人们对父母，既无比熟悉和亲近，却又鲜有人准确记得父母生日，真正了解父母的所思所想。因此，一些喜欢"渔乐"的学者和后生，本着文化传承创新的初心跃跃欲试，将渔文化进行一番整理和呈现，为大家做一个提纲挈领的介绍，希望唤起人们对渔文化的了解和关注，告慰渔文化的悠久历史，并期待抛砖引玉，促进渔文化的传承创新与创造性的转化和应用。

第二章
中国渔文化的历史形态

//

中华历史文化的体现是全方位的。渔文化的历史形态，也是中华文化历史形态的一个体现。对之的寻觅和梳理，有多种途径，但文物考古、文献搜辑和田野实证，不失为三种比较稳妥可靠的方法。由于中国国土的广博性和海陆二元结构的组成，中国渔文化的历史形态，还必须注意它的地域性。

第一节　中国渔文化历史形态的考古发现

自"鱼"而"渔"，进而"鱼—渔"复合，构成了中国渔文化历史发展的基本纹理。这从地下文物考古方面可以得到印证。仰韶文化鱼纹彩陶、庙底沟文化鱼纹彩陶等新石器时代彩陶鱼纹装饰品陆续被发现，证明了远古时代，鱼文化就是人类生活的核心组成。而中国沿海地区大量贝丘遗址被发现，则可以说明，海洋渔文化的第一笔，很可能是鱼、贝共同书写的。

一、陶抱鱼偶：中国渔文化崇信遗存的庄重符号

仰韶文化遗址位于河南省三门峡市渑池县及周围一带，范围虽然很广，但都属于内陆文明中心区域。该遗址中的文化信息是综合性的，其中就有大量的渔文化元素存在。

在同属于仰韶文化圈内的湖北峡江地区中堡岛、清水滩等文化遗址的挖掘中，发现了大量的鱼骨堆积和鱼骨坑。它的意义如同中国沿海地区发现的贝丘遗址一样重大。因为它可以充分证明，早在新石器时期这样的远古时代，人们就已经把鱼类视为主要的食物之一。由于该地区远离海洋，这里的鱼类当属于淡水鱼。这些骨堆积和鱼骨坑能在地下保存至今，一方面说明它们数量众多，另一方面也可以说明它们体型巨大。另外，古人把它们集中起来埋葬，隐隐然又体现出古人一种祭祀式的崇敬心理。

位于瞿塘峡东口，大宁河宽谷岸旁大溪镇一带的大溪文化遗址中，出现了随葬鱼。这是一处新石器时期的公共墓葬遗址。里面有比较丰富的随葬品，女性墓一般较男性丰富，最多有30余件，有的石镯、象牙镯，出土时还佩戴在死者臂骨上。但在几座墓里，竟然还发现整条的鱼骨，说明它不是被食用后遗弃的鱼骨，而是整条鱼与死者遗体一起放入墓中陪葬的。这种以鱼随葬的现象在中国新石器文化中虽然并不多见，但是足以证明鱼类在

新石器时代生活在长江上游一带古人中的崇高地位。

而湖北屈家岭—石家河文化遗址中的邓家湾祭祀遗址的考古发现，更可见古人对于鱼类的崇敬，曾经发展到了几乎是崇信的地步。因为在这个距离大溪文化遗址不远的文化遗址中，发现大量的抱鱼偶。石家河文化遗址的陶塑动物种类繁多，野生的飞禽走兽、家禽、陆生爬行动物、水生动物等，几乎无所不包，其中出现的抱鱼偶非常值得注意。

石家河文化遗址中发现的陶抱鱼偶，其造型意味深长：头顶有冠，多盘腿而坐，双臂下垂横抱一条鱼于腿上，神态虔诚。这几乎是一个母亲怀抱孩子在腿上休息的造型。这样的造型艺术品，不仅反映了生活在石家河文化遗址一带的古人杰出的技艺与才能，而且具有强烈的民间宗教色彩。正如有学者所指出，"它们的意义和价值不仅仅是在艺术方面，还应该是某种宗教活动的重要物品……大量的陶塑动物可能代表祭祀时用的牺牲。那些抱鱼跪坐的陶偶可能代表祭祀者，他们那种端庄肃穆和虔诚奉献的神态给人以深刻的印象。"①

需要着重指出的是，在这种庄严的祭祀仪式中，各种陶塑动物都是珍贵的用来敬献给神祇的贡品，而那条"鱼"被祭祀者抱在怀里再献出，或者说，在祭祀进行中，祭祀者需要一条"鱼"作为仪式的重要道具，无论是何种意思，都反映出"鱼"在这种庄重场合中独一无二的地位。

新石器时代萌芽的这种"鱼祭祀"和"鱼崇拜"文化，到了春秋时期，已经成为普遍性的文化现象，许多庄重的国家祭祀，都要用到鱼。鱼也是祭祀的重要贡物。因为那时候有"四时之祭"，要"荐"配不同的"时食"。根据《礼记》的记载，春天荐韭菜，夏天荐麦，秋天荐黍，冬天荐稻。其中，荐韭菜配以蛋，荐麦配以鱼，荐黍配以猪肉，荐稻配以雁。鱼作为一种重要的荐新之物，在夏季与新麦相配敬献祖庙。为了祭祀配鱼的需要，还有专管捕鱼的渔人进行捕捞。用于祭祀的鱼，还有专门的规定，春季必须用鲔（鲟）鱼，其他季节别的鱼可以代替，而且还有严格的数量规定，在宗庙祭祀中，要有十五条鱼。②

二、鱼纹彩陶：中国渔文化历史的绚丽起笔

如果说新石器时代文化遗址中出现的鱼骨堆积和鱼骨坑，反映了远古时代人们食鱼的事实，随葬鱼和抱鱼偶折射出古人对于鱼的崇信心理，那么"鱼纹彩陶"则是鱼文化中的一种艺术升华。

中国渔文化中的鱼纹彩陶，主要出现在庙底沟文化遗址和半坡文化遗址中，其中尤以半坡文化遗址中出土的鱼纹彩陶更为典型。

庙底沟文化遗址位于河南陕州古城南边一带。遗址中出土了大量彩陶。在庙底沟文化彩陶分类系统中，鱼纹彩陶占有非常重要的地位。庙底沟文化的鱼纹有少量为写实图案，其次是抽象的几何化纹饰，更多的是完全几何化的纹饰。庙底沟文化广泛流行的叶片纹、花瓣纹、西阴纹、菱形纹、圆盘形纹和带点圆圈等，大都是鱼纹拆解后重组而成，这些纹饰构成了一个"大鱼纹"象征系统。有学者指出，"庙底沟文化的鱼纹彩陶承自半坡文化

---

① 王劲. 浅议石家河文化陶塑艺术 [J]. 华夏考古，2011（4）：51-78.
② 熊飘逸. 鱼与先秦祭祀 [J]. 当代教育与理论，2013（3）：145-146.

传统，纹饰体系有了进一步的发展，最后完全图案化。"① 也就是说，从艺术史的角度来看，庙底沟鱼纹彩陶是对半坡鱼纹彩陶的传承。但是笔者认为，这不是简单的传承，而是一种发展。因为半坡文化的鱼纹彩陶，其功能主要是用于祭祀，是祭祀举行时的一种贡品，但庙底沟文化中的鱼纹彩陶，则基本上已经淡化了它的祭祀用品功能，而大幅度提高了它的艺术成分。可以说，庙底沟文化中的鱼纹彩陶，其纯粹的艺术性成分更高。

半坡文化遗址位于陕西省西安半坡村一带，它是新石器时代仰韶文化的有机组成。它的彩陶艺术震惊世界。其中有大量的"鱼纹彩陶"。主要体现为鱼纹器皿和鱼纹陶片两大类。鱼纹的具体形状有鱼头、鱼身、单体鱼、复体鱼及鱼纹变体的几何纹等。

从鱼纹彩陶被挖掘发现的地方来看，它们基本上都出现在半坡人常常举行宗教祭祀活动的场所，所以有学者认为，鱼纹彩陶是"祭鱼"仪式的反映。"在早期人类的社会生活中鱼类扮演着重要角色：一方面它为人类提供了重要的食物来源；另一方面它象征多子、丰收和富有，是原始人类对美好生活的寄托和向往。因此，原始人类十分崇拜鱼儿，认为鱼儿有灵，进而在宗教活动中会用鱼儿祭祀天地、日月、山川以及祖先等神灵，有时甚至也会对鱼儿进行隆重祭祀。"考古发现的墓葬中随葬的鱼说明，"葬鱼也是另一种形式的祭鱼"。②

但是也有学者认为，鱼纹彩陶不仅仅是用于"祭鱼"那么简单，它很可能是一种"图腾"式的祭祀。他们认为，"鱼"就是半坡部族的图腾，鱼纹彩陶是半坡人鱼崇拜所遗留下来的鲜明印记。

笔者认为，上述观点都是正确的。半坡等遗址的考古发现可以充分证明，在5 000多年前的新石器时代，生活在黄海和长江上游一带的祖先们，不但已经大量食用鱼类，而且还非常崇敬鱼类，进而又发展到崇信的地步。他们食鱼敬鱼，把鱼骨头埋入地下进行保存，将整条鱼与人类自己的遗体一起安葬，还把鱼描绘在陶器上进行永久的保存。

三、贝丘遗址：中国渔文化的海洋先声

当生活在黄海和长江边上的人们食用敬重（淡水）鱼的时候，几乎与此同时，生活在数千里外中国沿海地区的另外一些部落的人们（即所谓九夷人等），则开始向海洋索要食物，从而开始了中国渔文化海洋维度的培育和书写。

这种向海洋索要食物的历史，同样可以通过对文化遗址的挖掘考证得以证实和明晰化。

考古发现，辽宁、河北、山东、江苏、浙江、福建、广西、广东和台湾地区，也就是说，整个中国沿海地区，都有大量贝丘遗址存在。这些贝丘遗址的挖掘可以证明：

其一，新石器时代沿海部落食用贝类呈现广泛分布的形态。根据1995年的统计，至1995年，被发现的贝丘遗址，辽宁沿海有33处，山东半岛有21处，福建沿海有12处，广东有70处③它们刚好分别位于中国的北海、东海和南海，这说明食用贝类的历史是

① 王仁湘. 庙底沟文化鱼纹彩陶论（上）[J]. 四川文物，2009（2）：22-31.
② 袁广阔. 崔宗亮. 仰韶文化鱼纹研究 [J]. 中原文化研究，2018（2）：60-64.
③ 袁靖. 关于中国大陆沿海地区贝丘遗址研究的几个问题 [J]. 考古，1995（12）：1100-1109.

不分南北的，也就是说，南北方几乎是同步发展的。但是从具体分布来看，以辽宁半岛和山东半岛为代表的渤黄海地区，是中国远古时代海洋贝丘文明的主要聚集区。

其二，新石器时代沿海部落主要生活于海边海涂丰富和入海口江河两岸。如辽东半岛和山东半岛的浅海近海地区，适合贝类生长，贝丘遗存就非常丰富。珠江三角洲平原的西江、北江、东江由北向南入海时，这三条江夹带的泥沙在海湾内不断堆积，才逐渐形成三角洲平原，原来的一些岛屿成为平原上散布的山丘，而现在发现贝丘遗址最多的地域正好位于西江、北江流域，由此可知当时的人就在依河傍海的台地和丘岗上建立居住地，进行狩猎、捕鱼、捞贝等生存活动。[①]福建沿海的贝丘遗址可分为河岸型、河口型和海湾型，这可以充分说明，原始人类更喜欢栖息于河口和海湾等有大量贝类存在的地方。[①] 这同时也可以说明，逐水而居不仅是内陆地区的人文现象，也是沿海地区的普遍存在。

其三，古人在食用贝类的同时，还食用鱼和鳖等海洋生物。沿海地区有多物种的丰富食物，贝丘挖掘可以证明，古人在大量食用贝类的同时，还经常吃鱼和鳖等海洋生物。如福建大帽山贝丘遗址中发现了许多海生鱼类；福建壳饭头贝丘遗址中发现了海生的隆头鱼；福建县石山、溪头和庄边山贝丘遗址中发现龟等海洋爬行生物。[②]这说明远古时代，古人对于海洋食物的获得和辨别能力已经很强。

第二节　中国渔文化历史形态的文献体现

历史文明的记载和描述离不开文献，人们对于历史现象的认识和复原，更离不开文献的支持。中国渔文化的历史形态通过大量翔实可靠的古代文献得以体现。从历时性的角度而言，早期的源头性的渔文化文献主要体现在《诗经》和《山海经》中，它们可以说是内河渔文化和海洋渔文化的滥觞。先秦以降，涉及渔文化的古文献非常丰富。通过这些古文献的梳理，我们可以一窥中国渔文化的发展脉络。

一、《诗经》里的内河渔文化

《诗经》（原名《诗》或《诗三百》）是孔子亲手编订的经典历史文献。据《论语·阳货》说，孔子对《诗经》入选诗歌的标准之一，便是能"多识于鸟兽草木之名"，其中就蕴含了大量的鱼和渔的知识。它们包括鱼类名称、捕鱼方式和捕鱼工具。这些都是属于经典的渔文化范畴。

1.《诗经》中的鱼类

有学者对《诗经》里出现的淡水鱼类进行了非常仔细而认真的梳理，发现多达近 20 种，几乎淡水中主要的鱼类在《诗经》里都出现了。这项烦琐而又极有价值的工作，早在清代就开始了。清代徐鼎纂辑的《毛诗名物图说》列举了《诗经》所提及的鱼类共 19 种之多。主要有鲂鱼，见于《敝笱》《九罭》《鱼丽》及《采绿》；鲦鱼，即现代的鲢鱼，见

---

① 蔡保全. 从贝丘遗址看福建沿海先民的居住环境与资源开发 [J]. 厦门大学学报（哲学社会科学版），1998（3）：106-110.

于《敝笱》及《采绿》；鲍鱼，即现代的鳇鱼，见于《硕人》及《潜》；鲔鱼，指的是鲟鱼，见于《硕人》及《潜》；绘鱼，指的是现代的黄颡鱼，见于《鱼丽》及《潜》；鳢鱼，指的是鲇鱼（胡子鲇），见于《鱼丽》及《潜》；鳏鱼，有人认为指的就是鲩鱼，亦即草鱼，见于《敝笱》；鲨鱼，指的是淡水中一种体圆而带黑斑的小鱼，并非大海中的性情凶猛的鲨鱼，见于《鱼丽》；鳢鱼，指的是黑鱼，见于《鱼丽》；鳟鱼，指的是赤眼鱼，俗称红眼鱼或者红眼棒，见于《九罭》；还有一种分布极广数量极多的鲦鱼，见于《潜》。

2.《诗经》中出现的捕鱼方法

《诗经》中提到和描述了多种淡水鱼捕捞的方法。

其一是钓鱼法。它是《诗经》经常提到的捕鱼方法。《竹竿》提到了钓鱼用的竹竿；《何彼襛矣》里有"其钓维何？维丝伊缗"，指的是钓线。

其二是梁笱配合法。《谷风》"毋逝我梁，毋发我笱"，《小弁》也有"无逝我梁，无发我笱"，都是梁笱合称。根据朱熹《诗集传》："梁，堰石障水而空其中，以通鱼之往来者也。笱，以竹为器，而承梁之空以取鱼者也。"可见它们都是捕鱼的方式，而且往往还是配合使用。

其三是"罶"法。《鱼丽》"鱼丽于罶"。清代时有人解释为一种竹器捕鱼工具和方法，与筐笼相似，口阔颈狭，腹大而长，无底。里面倒置细竹条，鱼儿进去后就出不来了。这种捕鱼工具和方法，至今还在使用。

其四是"潜"法。《潜》"潜有多鱼"。"潜"是一种较为传统的捕鱼方法，也就是"椮"渔法。《说文·网部》："椮，积柴水中以聚鱼也"。意思就是往水中某些领域集中投入若干树枝、柴草等物，形成掩护体，等鱼来躲藏、觅食的时候，再用竹箔围拦而捕取之。[①]

总之，《诗经》中的鱼不只是一种生物学意义上的鱼，捕鱼也不仅仅体现为一种劳动方式，《诗经》已经积淀成为一种西周到春秋这一历史阶段的渔文化。

在早期的文化典籍中，除了《诗经》，《尔雅》专门列出了"释鱼"的条目，《礼记》《春秋》《左传》等也多有记载，这说明渔文化是中国文化最初构成的基础元素之一。

二、《山海经》里的海洋渔文化

如果说《诗经》形成了中国淡水渔文化的历史源头，那么《山海经》则是中国海洋渔文化的逻辑起点，它涉及海洋渔文化的各个方面。

首先，《山海经》构建了海洋"渔民"的最初形象。《山海经·海外南经》记载说："讙头国……其为人人面有翼，鸟喙，方捕鱼。"有趣的是，《大荒南经》里出现的渔民，也是这样。"有人焉，鸟喙，有翼，方捕鱼于海。"另外，《山海经·海外南经》还有记载："长臂国在其东，捕鱼水中，两手保操一鱼。一曰在周饶东，捕鱼海中。"

这些正在海中捕鱼的早期渔民，看起来似乎长相很奇特，人的脸，鸟的嘴，还长有翅膀，其实这些奇特的东西不妨理解为捕鱼人身上的捕鱼装备：嘴巴里含着（或许是头上绑缚着）可以刺鱼的锐利的工具，身上穿着可以漂浮水面不至于被海水冲走的某些东西，而"长臂国"捕鱼人的"长臂"，更接近于手里拿着的长柄"鱼叉"。他们的装备和形象，是

---

① 陈朝鲜.《诗经》中的渔文化研究［M］.农业考古，2010（1）：275-279.

符合早期渔业活动的简陋形态的。

其次，《山海经》提供了中国海洋渔业社区的最初雏形。《山海经·大荒南经》记载："有人名曰张宏，在海上捕鱼。海中有张宏之国，食鱼，使四鸟。"这条记载的信息量是非常大的。"张"为张开，可以理解为"张网捕捉"，中国沿海一带都有"张网"作业，这是一种最为古老的捕鱼形式之一。"宏"的本义是指"屋子宽大而深"。远古时代的房子，很多都是"棚"的形式，渔岛人称之为"厂"，这个"厂"字与草棚很像，是很形象的一种称呼。而张网的网具又深又长，前面用毛竹搭成的部分，渔民叫它为"窗"，有"三角窗"和"四角窗"等多种形式，"窗"显然与房子有关系，用数支毛竹搭成的张网框架，的确也很像棚屋。说明这个"张宏"很可能是在描述一种张网作业，所以这"张宏之国"，其实就是一个以从事张网为主要作业形式的海岛渔民群落。这是中国海洋渔业社区的雏形。

再次，《山海经》提供了大量海洋鱼类信息，有些是普通海鱼。《山海经·海外南经》等描述了"捕鱼海中"和食鱼，这里的鱼，显然是普通生物海洋鱼类。但除了这些纯生物意义上的海洋鱼类，《山海经》还描述了许多夸张性鱼类和变异性鱼类，它们不仅是对于海洋鱼类的自然性反映，而且是带有多种文化内涵的渔文化构建。如《山海经·海内北经》说的"大蟹在海中""大鳊居海中"；《山海经·大荒东经》说："女丑有大蟹。"这里的"大蟹"和"大鳊"，重点突出了一个"大"字，这是中国海洋渔文化"大鱼"书写系列的发轫之述。

三、明清渔文化的文献记载

中国古代文献中，涉及渔文化的记载很多，但以集中式记载和描述渔文化的著作而论，则是到了明清时期才有比较多的出现，如明代黄衷《海语》、屠本畯《闽中海错疏》和清屈大钧《广东新语》等。这与古人对于海洋和海洋生物的认识水平是相一致的。

《海语》作者黄衷，字子和，广东南海人。他做过一段时间的地方官，后来告老还乡，回到海边的故乡，经常听渔民和闯荡东南亚诸国从事海洋贸易的乡人说海洋故事，遂成《海语》一书。其中的中卷，为"物产"，记载的都是"南海生物"。《海语》对于海洋生物，有一个基本的判断，"天地万物，陆之所产，水必产焉。"正因为如此，《海语》的海洋生物书写，遵循着"海陆对应"的思路。在《海语》中出现的海洋生物，有海犀、海马、海驴、海狗、海鼠、海鸥、海鸡、海鹤、海鹦哥、海燕、海鲨、海龟、海鳇、海鳛、鳗鲡、印鱼、河豚等。这些海洋生物，基本上都是与陆地上的生物相对应的，其中绝大部分都是海洋鱼类，具有珍贵的海洋渔文化价值。[①]

屈大钧《广东新语》专列有"鳞部"卷，记载了许多海洋鱼类。但是它往往采用超现实的手法予以描述。如《怪鱼》："开洋时，随风鼓舞，往往飞入舶中，人不敢取。"从所描述的情形来看，说的可能就是飞鱼，一种普通的海洋鱼类现象，却被视为"怪鱼"，人都不敢取来食用。又如"有一鱼长数十丈，其首有二大孔，喷水上出，遇舶则昂首注水舶中，须臾而满。亟以钜瓮投之，连吞数瓮则逝"，这基本可以断定为鲸鱼，鲸鱼喷水是自然性的生理现象，却被描述成有意要加害海船。还有一些鱼类，更被赋予了海洋救难的秉

性，人性意味更为浓厚。如"有一鱼嘴长丈许，有齟刻如锯，能与力战而胜，以救海舶。又有鱼长二十余丈，性最良善。或渔人为恶鱼所困，此鱼辄为渔人解围"。这样的海鱼简直就是海洋渔民的保护神了。

屠本畯《闽中海错疏》是一部极有价值的海洋渔文化专著。它共分三卷，上中两卷为鳞部，下卷为介部，所记鱼类（包括部分淡水鱼类）共有 80 多种（分属于 40 个科，20 个目），两栖类十种（分属于 3 个科），有鲳鱼、鲨鱼、鲻鱼、石首鱼、鲥鱼、鲢鱼、黄梅鱼、比目鱼、鲽鱼、鳗鱼、鳍鱼、过腊（铜盆）鱼、墨鱼、马鲛鱼、带鱼等；另外，还有软骨动物的贝类，主要有蚶、蛤蜊、蛎房壳菜（淡菜）、江珧柱、海月、石华、沙箸、龟脚、石磷、海胆、蛏等，几乎囊括了至今人们所认识的所有贝类；还有，该书还记载了许多节肢动物的虾类，有虾魁（龙虾）、虾蛄、白虾、草虾、梅虾、金钩子、芦虾、稻虾、对虾、赤尾、涂苗、海蜈蚣等。该书对这些海洋生物的名称、形态、生活习性、地理分布等，都做了详细的描述。由于主要采用写实的手法，所以此书所包含的海洋渔文化信息非常有价值。

第三节　中国历史渔文化的实践性演变

渔文化是一种实践性很强的历史积累。中国渔文化的历史发展，实际上就是中国渔人开拓探索渔业捕捞、渔业养殖、渔业组织和渔村渔港形成的历史。实践性渔事既是渔文化形成的基础，也是渔文化存在的形态。

一、捕捞工具和方式的演变

渔业是渔文化形成的土壤和基础，也是渔文化所寄寓的主要母体。渔业活动中的渔文化无所不在。仅仅从捕捞工具和作业形式的演变而言，几乎就是一部渔文化的发展史。

先来说说捕捞工具的演变。虽然内河江湖的捕捞与海洋捕捞有很大的不同，但是基本的捕捞工具则是差不多的，无非就是渔船、渔网和其他作业工具。

1. 渔船的发展

渔船是渔文化的实体存在。从渔船的发展来看，经历了独木舟、木帆船、机帆船和钢质渔轮等不同的时期。在渔业捕捞的远古时代，造船技术还没有诞生，古人就利用挖空的大木头的浮力，做成独木舟，在江河湖泊和海岸近海处从事简单的捕捞活动。后来船体逐渐使用拼木合成技术，再加以简陋的风帆和橹，就有了木帆船的雏形，开始进入木帆船时代。这个时代非常漫长，从先秦到明清，数千年里都使用这种木帆船进行海上捕捞作业。如果有什么变化，也无非是船体、风帆和木橹变得越来越大，但是风帆和人摇动力这两个要素没有根本性的改变。

蒸汽机的广泛应用，使中国的渔船进入机船时代，这在海洋捕捞中体现得尤为突出。1949 年以后，渔民们开始在渔船上安装内燃机作为动力，使得渔船吨位和主机功率不断加大，到了后来，渔船上建起了驾驶台，配有机械舵和罗盘，有的还装定位仪，进入了真正的机船时代。在 20 世纪 80 年代前，机帆船是中国海洋捕捞的主力，曾经创造中国渔业的辉煌。进入 90 年代后，渔船开始进入钢质渔轮时代，一方面是由于科学技术的发展，另一方面也是为了适应远洋捕捞的需要。[①]

舟山渔场是中国最大的海洋渔场，拥有沈家门、嵊山等著名渔港，还有岱山东沙这样完全因渔而兴的渔镇。这些地方经常汇集全国沿海地区的渔船，如八闽的大福船、东莞的广船等，形状各异，各有特点。舟山群岛的传统渔船，也很有地方特色，称为"带角船"。渔船的船头有两个翘起的角，叫木龙角，角端尖锋。船角内部和船角横档处，俗称"鼻头梁"。带角显得威武，正如渔民在家庭生活中的地位，高高在上；更显现了舟山渔民闯荡四海、开拓海洋的非凡勇气和魄力。[②]

其实除了舟山的"带角船"，还有一种"鸟船"，又称浙船，也是著名的古船。据说也是发源自舟山群岛，是舟山特有的船种。这种船头尖小而身阔直，篷橹兼备，有风扬帆，无风摇橹，行驶灵活，而且篷长橹快，船行海上，有如飞鸟，因而得名为"鸟船"。它是明清时期舟山及宁波一带渔民的主要渔船之一。由于鸟船船头眼上方有条绿色眉毛，故又得名"绿眉毛"。

2. 渔网的改进

渔船之外，对于渔业和渔民来说，另外一项重要的东西就是渔网了。它号称是海洋捕捞的第二大主力工具。

渔网的质量与材质有直接的关系。在浙江沿海地区，曾经使用过用稻草编织的渔网，专门用来捕捞海蜇。由于稻草容易腐烂，所以一般只能捕捞一次废弃一次。在尼龙线发明之前，传统的渔网都是麻线网。为了延长麻线网的使用寿命，渔民们发明了"血网"煮栲技术。这种"血网"，在淡水捕捞和海洋捕捞中，都曾经得到了广泛的使用。

拖网是目前海洋捕捞中的"主力军"。它是一种移动过滤性的网具，它作业灵活性高，适应性强，在各种水层、水域、深度均能作业，所以生产效率较高，使用范围也较广。但是，拖网经常是大鱼小鱼一网打尽，所以现在对于网眼大小设置等都有所限制。

围网是一种将捕捞对象包围起来并封闭底部网口，使鱼群不能从水平和垂直两方向逃逸，从而达到捕捞目的的网具。相比于拖网，围网比较科学、高效，破坏性也较低。

流刺网是捕捞网渔具中结构最为简单的一种，它不受水深等渔场条件的限制，作业范围广，操作简便，设备简单，生产效益较好，又比较有利于资源保护，因此使用非常广泛。[③]

3. 捕捞作业方式的进步

渔船和渔网的改进，促进了捕捞方式的改变。古代海洋渔业，最早就是从"岸边"作业开始的。浙江嵊泗黄龙岛是一个历史非常悠久的古老渔村。老人们都说，他们的祖先都是从南宋时候开始，分别从温州、台州和宁波镇海一带移民而来。祖先使用的捕鱼工具，都是"捞网"。这种"捞网"的手柄是一根长竹子，竹子尽头装一顶三角形的小网兜。渔民站在礁石边上，手拿竹竿子，把三角网兜深放入海，然后紧靠岩石边缘，从下往上"掏"。由于那时候海洋渔业资源非常丰富，这种简单的捕捞方式也会捕捞到乌贼等各种喜

① 殷文伟，季超．舟山群岛·渔船文化［M］．杭州：杭州出版社，2009：9．
② 殷文伟，季超．舟山群岛·渔船文化［M］．杭州：杭州出版社，2009：15．
③ 刘元林．水产世界 水产卷［M］．济南：山东科学技术出版社，2007：215-217．

欢在礁石边上生活和繁殖的鱼类。

岸边作业的另外一种形式就是"扳罾"。"掏乌贼"是游动的，"扳罾"则是固定位置的。选择一处鱼类喜欢聚集、水底比较平缓的岸边海域（往往是码头边上），把罾网放下去，过几分钟再拉起来，往往也可以网到许多杂鱼。

简单的岸边作业，却有很丰富的渔文化含量。第一，岸边作业本身就是一道早期海洋社会的美丽风景，具有很大的审美价值。第二，这种沿着海岸活动的生活方式，具有自由自在、天人合一的文化美质。第三，三角捞网、罾网简单实用，充分反映了早期海洋渔民的聪明才智。

随着渔船和渔网的改进，捕捞渐渐从岸边、浅水向深海水发展。张网是一种定置式渔具，它可以几个月、几年甚至更久地固定布置在海域中，利用潮流的涨退迫使鱼类进入网囊。张网作业要求的水域不能太深，海底也不能过于起伏不平，更主要的是，它布置的海域都是鱼类资源非常丰富的地方，加上张网是大数量作业，一个海域可以布置数十乃至数百顶网具，而且能够每天重复使用，所以具有很高的生产效益。

张网作业所包含的海洋渔文化因素也非常丰富。其一，它需要多人合作多网，可以形成渔业的人气；其二，它需要清晨收网，渔获一到岸，需要立即进行处理，所以几乎是全家出动，全岛出动，可以形成非常热烈的海洋生产和生活气氛；其三，张网的形式多种多样，舟山群岛的张网有"三角窗""四角窗"等多种，形式多样而美丽，"窗"的说法也很富有生活情趣。

张网作业在南宋时期就已经形成，到了明清时期已经非常普及，至今在东海等浅海区域仍然大量存在，说明它是一种简单而实用、成本投入较低而收益却不错的海洋捕捞作业形式。

当然张网作业受海域地形和渔业资源的影响较大，所以现代化的捕捞还是向多人合作、多船协作的现代集团化方向发展。1906年春，江浙渔业公司首先成立；1908年广东和山东的渔业公司也先后成立。[①] 这些渔业公司纷纷从国外购进现代化的渔轮，组织渔民进行大规模的海洋捕捞，从而使中国的海洋渔业进入了更高的层次。

要进行现代化的捕捞，张网等作业形式显然无法适应。渔民们采用的主要捕捞方式有以下几种。

拖网作业：俗称大拖风、海底拖，由于网具网眼细密，杀伤力巨大，大小鱼通吃，民间有"海扫帚"的比喻。作业时，由渔船拖着网具，在海床上捕捞，主要捕捞鱼类有带鱼、小黄鱼、鲳鱼、海鳗、虾蟹等。拖网又分成单船拖和双船拖两种。

灯光围网作业：简称灯围。海里的很多鱼类都有趋光性，看到光亮时会向光源聚拢。当网船侦查到鱼群时，施放灯艇，使鱼群向渔船聚集，随后网船下网捕捞。灯光围网的捕捞对象主要是青占鱼、黄占鱼、沙丁鱼等。

流网作业：指靠网具粘缠鱼蟹的一种作业方式。网具一般都是用很细的尼龙线织成，很容易缠挂住鱼类的鳞或虾蟹的脚爪。流网种类很多，有专门捕梭子蟹的，有捕马鲛鱼的，有捕鲳鱼的。

---

① 丛子明，李挺. 中国渔业史［M］. 北京：中国科学技术出版社，1993：82.

二、渔场和渔村的形成

无论是淡水鱼还是海洋鱼类，都有比较固定的繁殖水域和洄游路线，这就形成了渔场。渔场的形成是渔业发展到比较成熟阶段的标志。

以海洋捕捞为例。北海的渔场主要集中在辽东湾、渤海湾和莱州湾一带。根据地方志记载，大概形成于明清时期。如明代万历年间的山东即墨的董家湾渔场："董家湾，即墨县南九十里。每三、四月捕鱼时，百筏丛集。"又如清末时期的山东文登五垒岛渔场："五垒岛，离城南六十里，即《齐乘》之五垒山，山西为海口。春夏之交，渔者云集，渔商多泊舟购之。"①

东海渔场的形成要早于北海，南宋时期就已经形成了。宋宝庆《四明志》记载："（石首鱼）三四月业海人每以潮汛竞往采之，曰洋山鱼"。这石首鱼即大黄鱼，大黄鱼渔汛在每年农历的三四月间，嵊泗大小洋山海面已经形成了大规模的渔场，并且竟然也有了品牌"洋山鱼"。

除了洋山渔场，南宋时期的石弄山（即今花鸟岛）渔场也开始形成，而且经济效益非常高，这从当时的渔业税"砂岸海租"的收入中可见一斑。宋宝庆《四明志》记载："石弄山砂岸（年）租钱五千二百贯文。"宋开庆《四明续志》记载："石弄山年纳二万六千七百八十六贯文。"宋开庆年为 1259 年，宋宝庆年间为 1225—1227 年，说明在短短的 30 多年中，仅仅石弄山砂岸一处，海租收入就从 5 000 多贯猛增到 26 000 多贯。可见这渔场的规模之大、效益之高。

南海的渔场形成于明清时期，主要在北部湾和海南岛周围。

进入民国时期，各渔场已经非常成熟。舟山的岱衢洋渔场主要捕捞大黄鱼，江苏的佘山渔场主要捕捞小黄鱼，嵊山渔场主要捕捞墨鱼和带鱼，都是全国性的著名渔场。

比较固定的渔场促进了渔民的定居，因此渔场附近开始有大量渔村形成。这在海洋地区的渔岛，体现得尤为显著。渔岛最初一批先民，基本上都是季节性上岛临时居住的渔民。这些渔民的家都在大陆。渔汛季节来临时，这些渔民三三两两来到海岛周围捕鱼。他们在岛上搭建临时窝棚（舟山群岛一带叫"厂"，宁波沿海也是如此叫法）。他们白天捕鱼，还把捕到的鱼在岛上的岩石上晒干，制成鱼干保存。晚上就睡在这种简陋的"厂棚"里。等到渔汛结束，他们带着鱼干离岛而去，第二年再来。如果是收获较好，第二年来的渔民就会更多，渐渐地开始有人不走了，住下了。后来是更多的人不走了，家属们也都来了。就这样慢慢形成了热闹的渔村渔岛。

嵊泗的黄龙岛，在南宋之前是一个无人荒岛。从南宋时期开始，渐渐有镇海、台州等地的渔民季节性地上岛从事捕鱼活动。宋乾道《四明图经·昌国》记载它的古地名为"莆岙山"。岛上耆老告知，"莆"其实不是指蒲草，而是指一种张网作业的工具。这种张网工具大多用蒲草或稻草编织而成，主要用来捕捞海蜇。用这种草网来张网的作业方式就叫"下莆"。"莆岙"的地名，与这种"下莆"作业方式有关。也就是说，黄龙岛的人文历史，就是由海洋捕捞的张网作业开始的。

---

① 杨强. 北海之利——古代渤黄海区域的海洋经济 [M]. 南昌：江西高校出版社，2005：94.

　　渔岛渔村的生产和生活，全部围绕"渔"而展开。1948 年第 8 期《新渔》杂志上李辉忠"枸杞渔村风光"，为我们提供了一幅民国时期枸杞岛的"海洋渔村风貌"："岛上居民，都自浙江之宁、台、温属所移来。故……风俗习惯，一似浙江。岛上开发之年代，无法稽考，据各地庙宇建造年月之推考，当在明末清初，已聚众而居。"枸杞岛在东海渔业重镇嵊山岛西面附近。需要指出的是，其开发的历史与嵊山不相上下，也在南宋前后，远远不止明末清初，该文说错了，但是它对于枸杞渔村风情的描述，则是非常有价值的："岛上无市集，无商铺……民性敦厚，各有其业，诉讼强窃之事，很少发生，际此兵荒马乱，可称世外桃源。"民风淳朴，人情味浓，邻里关系和睦，是渔村渔岛的普遍现象，舟山各岛至今仍有夜不闭户的遗风。"小对渔船为居民捕鱼之工具，船长一丈八尺，阔四尺，载重四十担，备桅一支，帆为软式，有撑竹，橹二支，桨二支，铁锚一头……墨鱼带鱼为主要渔获物，一年生活费用，均赖于此……墨鱼带鱼外，少数渔民亦从事捕捞海蜇及大黄鱼、梭子蟹，但渔获不丰。海边岩礁石上渔产淡菜及紫菜，牡蛎。"[①]

三、渔文化的集聚区渔港

　　渔港与渔岛渔村相比，不仅人口规模、渔业经济规模和热闹程度有了大幅度的提高，而且形成了综合性的渔文化集聚空间。

　　渔港的形成，有多方面的因素。它们往往靠近渔场，交通方便，既可以为渔业捕捞生产提供物资保障，又可以快速处理大批的渔获，而且这些地方往往历史人文积累较厚，自古就是人们聚居的地方。

　　随着渔港的形成，各种生产和生活配套机构纷纷成立，一个渔港所需要的警务、管理、培训、学校、日常物资供应、海产品收购销售等机构，都不会缺位。另外，由于定居人口众多，很快就会形成自己特色化的渔文化民俗。

　　渔港的进一步发展，就会演化成中心渔港或渔镇。以海洋捕捞而言，全国著名的有浙江沈家门、浙江石浦、江苏吕四、广东闸坡、福建三沙、山东石岛、广东碣石、广东博贺、山东蓬莱、福建沙埕等，号称中国十大中心渔港。这些中心渔港，事实上已经是一个小城的规模。如最有名的沈家门渔港，它位于舟山本岛的东南部，是我国最大的渔港和海水产品的集散地，有"渔都"之称。自古以来，它就是渔业重镇。1949 年以后，沈家门日趋繁华，每逢渔汛，沿海各省市的十余万渔民云集港内，桅樯林立，鱼山虾海，很多省市还纷纷在沈家门建立渔业指挥所。而今沈家门中心渔港的地位，得到了进一步的加强。

　　浙江舟山的嵊山渔港，地位虽然无法与上述中国十大中心渔港相比，但也非常重要。自清代中叶开始，以嵊山岛为中心的嵊山渔场已经基本形成。渔汛期间，浙江、福建、江苏、山东等沿海各省渔船云集嵊山渔场，嵊山成为渔民们休整停泊的渔业基地，它的渔港地位得以确立。民国时期，江苏省政府专门在嵊山成立"江苏省立渔业试验场"，负责指导渔民从事渔业生产。1950 年以后，嵊山渔场不但吸引了浙江各地的万千渔船，福建、上海、辽宁、山东、广东甚至台湾等的渔船也纷至沓来。当时嵊山镇的大街小巷，特别是临港、临街民房，到处都是各地派驻嵊山的工作组和渔业指挥部。现在嵊山人还把这些房

---

　　①　嵊泗海洋文化研究会. 北界村的背影：民国嵊泗文献汇辑［M］. 上海：复旦大学出版社，2016：597.

屋称为东（海区）指（挥）大楼、上海大楼、省指大楼、福建大楼、宁波大楼等，非常具有时代感。

四、渔业养殖的探索实践

渔业养殖的历史非常悠久。据说早在春秋战国时代，越国的范蠡帮助勾践复仇成功后，飘然身退，来到海边，开展多种经营，积累有千万家产。其中的一项经营便是养鱼。他还写了一本《养鱼经》。范蠡被誉为中国养鱼的始祖。[①]

《养鱼经》是否真为范蠡所写，或者是西汉末年无名氏托名范蠡而作，已经不可研考。据说最早见到这本书的是东汉人习郁。《世说新语·任诞篇》注文引《襄阳记》："汉侍中习郁，于岘山南，依《范蠡养鱼经》作鱼池。池边有高堤，种竹及长楸、芙蓉、菱、芡复水。"1965 年，陕西汉中县东汉古墓中，出土了一个反映《范蠡养鱼经》的陂池模型：池底塑有鲤鱼六尾，鳖一只，蛙三只，螺五个，菱角五个。1978 年，陕西勉县也出土了东汉陂池模型，内有鲤鱼一尾，鲫鱼一尾，鳖一只，蛙四只，螺三个，菱角一个，以及其他水生生物。上述文献和陂池模型，说明在东汉时期《范蠡养鱼经》已被广泛用来指导养鱼生产了。[②]

流传至今的《养鱼经》保存在《齐民要术》里，它记载了养鱼的所有过程。首先是挖养鱼池。鱼池要有 6 亩[③]地那么大，池中要有 9 个小丘。要选择 3 尺长怀卵的雌鲤鱼 20 尾、3 尺长的雄鲤鱼 4 尾，在 2 月上旬的第 7 天，轻轻地将鱼放入水中，并且不让水发出声响，这样鱼就一定能够成活。到了 4 月，在池中放入 1 只鳖；到 6 月，再放入 2 只；到 8 月，则需要放 3 只。池中之所以要放鳖，是因为鲤鱼繁殖到 360 尾时，蛟龙就会领头带着鱼飞走了。如果放入鳖，鱼不但不会飞走，而且还会在池中围绕着 9 个小丘环游不尽，自以为是生活在江湖之中了。这样到了第二年 2 月，可收捕 1 尺长的鲤鱼 1.5 万尾，3 尺长的 4.5 万尾，2 尺长的 3 万尾。到了第三年，池中有 1 尺长的鲤鱼 10 万尾，2 尺长的 5 万尾，3 尺长的 5 万尾，4 尺长的 4 万尾。

水产界人士认为，范蠡《养鱼经》在开发池塘养鱼、鱼类选择、鱼池建造、自然孵化、良种培育、混养轮捕等方面，均有许多合乎科学的道理。[④] 当然里面的鲤鱼数量达到 360 尾时会被蛟龙带走需要用鳖镇住云云，显然是毫无科学性可言的。

范蠡《养鱼经》记载的是鲤鱼养殖，说明从春秋战国时期开始就有较大规模的淡水养殖了。其实还有一种淡水养殖的历史也非常悠久，而且极具特色，那就是浙江青田的稻田养鱼。据说已经有 1 200 多年历史，也有人认为有 2 000 多年历史。青田属于山区，没有池塘河沟可以养鱼，青田先人就摸索出在梯田稻田养鱼的"稻鱼共生"的经验，一直流传至今。2005 年 6 月，"青田稻鱼共生系统"被联合国粮农组织列为首批 GIAHS 保护项目

---

① 也有人认为，我国淡水养鱼，在殷商时代就已经出现，到了周代，池塘养鱼已经非常流行。但对此观点，学术界分歧较大。

② 王敬南．《范蠡养鱼经》作者的探讨［J］．古今农业，1991（2）：44-47.

③ 1 亩＝1/15 公顷，下同。——编者注

④ 陈世杰．《范蠡养鱼经》释义、启示与询考［J］．福建水产，2001（4）：81-85.

试点。[1]

海洋养殖的历史也非常悠久。元孔齐《至正直记》一书里，记载有一篇《海滨蚶田》，里面说："海滨有蚶田，乃人为之。以海底取蚶种置于田，候潮长。育蚶之患，有班螺，能以尾磨蚶成窍而食其肉。潮退，种蚶者往视，择而剔之。"[2] 故事说，海边有专门生产蚶子（浙江一带有毛蚶、银蚶和血蚶等多个品种和叫法）的涂田。这些蚶子都是"人为之"，也就是人工养殖的。其具体的方法是：从海里找来蚶子的幼苗，放养在这种专门的涂田里。潮水上涨后，淹没蚶田，给蚶子带来营养，蚶子就可以慢慢成长了。养殖蚶子要提防一种海螺，名字叫"班螺"。这种"班螺"能用坚硬的尾部硬壳磨开蚶子的外壳，吃掉蚶子的肉。所以等退潮的时候，蚶田裸露出来，养蚶的人就要下田把这些"班螺"清除出去。这是海洋养殖的早期记载，可以说是中国海洋养殖业的萌芽。它说明中国的海洋养殖，最早是从元朝时候开始的。需要特别指出的是，古人是以养殖蚶子这样的贝类开始海洋养殖探索的。这说明当野生的贝类资源出现贫乏的时候，古人已经成功地尝试了通过养殖来获得。

今天，无论是淡水养殖还是海水养殖，渔业养殖已经成为我国水产业的重要组成。仅以海水养殖为例，据世界粮食及农业组织（FAO）统计，2000 年世界海水养殖品种为 99 种，在中国养殖生产的就有 67 种，占总数的 2/3。99 种中鱼类 35 种、甲壳类 14 种、贝类 42 种、藻类 8 种，中国养殖生产的品种分别有 18 种、9 种、30 种和 8 种。中国海水养殖品种数量居世界首位。中国不仅海水养殖品种数量多，产量也很高，是世界上海水养殖业发达的国家，养殖面积和产量均居世界第一。[3]

第四节　中国渔文化历史形态的基本特点

考古发现证明了中国渔文化历史的悠久。文献记载表明了渔文化很早就被纳入整个中华文明的范畴，而这一切的基础，是一代代渔民的劳动实践和探索。

在经过这样比较粗线条的梳理之后，进而深入归纳性地叙述将成为一种必需。那就是考察中国渔文化历史形态的基本特点。

一、中国渔文化发展与中国渔业、渔民和渔村渔港发展的一致性

从根本上来说，文化是一种生存状态的显示。中国渔文化就是与鱼和渔有关的一切人类生存状态的显示。渔业是渔文化的母体，渔民是渔文化的主体，渔村渔港是渔文化的核心聚集区。当远古的人类在沿海以贝类为食时，其渔业显示为最简单的岸边作业和浅水作业，渔民与农民的身份还没有明确划分，渔场还没有出现，渔村也没有形成。所以说贝丘遗址不仅显示为一种海洋食品，同时也显示为捕捞方式和渔业经济的萌芽状态。其后沿海的人们向海而生，他们渐渐脱离土地成为专业渔民，渔船和渔网开始更新，捕捞经验逐渐

---

①　陈介武，吴敏芳. 试析青田稻田养鱼的历史渊源 [J]. 中国农业大学学报（社会科学版），2014（3）147-150.

②　[元] 孔齐. 至正直记//宋元笔记小说大观 [M]. 上海古籍出版社，2001：6660.

③　陈雨生，房瑞景，乔娟. 中国海水养殖业发展研究 [J]. 基层农技推广，2013（7）：5-9.

积累，捕捞技术日益进步，凡这些都帮助他们寻找渔场，有了渔场就有了渔村，就有了丰收，就有了渔业产品的交流。所以这是渔业的发展和进步，同时也是海洋社会文明的发展和进步。这一切其实也是渔文化的发展和进步。

二、中国渔文化单纯性与综合性的统一性

中国渔文化是类型性文化，它的内涵和外延只与鱼和渔业活动以及因此而滋生的渔区等有关联。从这个方面而言，渔文化具有单纯性特点。但是中国渔文化的单纯性并非是简单或单一，恰恰相反，它是一种综合性的文化系统。因为它涉及人与水系和海洋的自然关系；涉及渔猎活动的技术和规律；更涉及渔村、渔港等社会空间的社会政治和经济关系；还涉及民间文学、民间信仰和民风民俗文化等各个方面。它既有纵向发展的历时性，又有横向交流的共时性。所以说，中国渔文化既是单纯的，又是综合的。它是单纯性文化和综合性系统性文化的高度统一。

三、中国渔文化内陆江河湖泊渔文化与海洋渔文化的合奏性

中国是海陆文明并举的伟大国度。内陆文明性质的华夏文化与海洋文明性质的东夷文化、古越文化和南方的蛮苗文化一起构成了中华文化。所以考察中国渔文化的历史发展，也需要具备海陆并举的大文化视野。如果说发源于位于现河南省三门峡市渑池县及周围一带这样的古代华夏文明腹地的仰韶文化遗址中的渔文化元素，是属于内陆渔文化的话，那么辽东半岛等沿海地区的贝丘遗址，则属于海洋渔文化。而它们的形成时间，基本上都在新石器时代。也就是说，中国的内河渔文化与海洋渔文化的形成时间和发展脉络，几乎是一致的。这就形成了中国渔文化的海陆双音合奏。

四、中国渔文化各区域文化的有机组成性

中国幅员辽阔，民族众多，文化多元，因此区域性特点非常突出。地理的区域性其实也是文化的区域性。对于中国渔文化而言，它的区域性也是非常显著的。这一方面体现为江河湖泊与海洋的区域性；另一方面在江河湖泊和海洋本身，也有区域性存在。黄河渔文化、长江渔文化、松花江渔文化、鄱阳湖渔文化、太湖渔文化等，除了共同性的淡水渔文化性质外，还拥有各自的渔文化个性。海洋渔文化也是如此。中国自古就有四海概念。现今仍然划分为渤海、黄海、东海和南海四大海域。由于历史、海况、气候和渔民成分等的不同，四海的渔文化也分别有自己的特色。譬如渤黄海冰封季节的渔文化、东海的浅海海涂渔文化、南海渔民的"针路薄"渔文化等，都个性鲜明。这些渔文化特色，与它们各自区域的历史人文因素、环境因素、地理因素乃至发展理念紧密结合。它们来源于区域又丰富了区域，它们是各区域文化的有机构成。

五、中国渔文化客观记录、文学描述与哲学象征的多元结合性

中国渔文化是一种基于生产性江河湖泊和海洋捕捞与养殖的文化形态。而捕捞与养殖都需要大量的知识和技术，因此渔文化的基础文献，如署名为范蠡的《养鱼经》等，都是客观的记载和描述。但是中国的渔业活动，从来都被赋予文化甚至哲学的内涵，因此有关

渔文化的记叙，又往往带有文学色彩甚至是哲学含义。《诗经》和《山海经》中的有关渔文化的元素，就是客观性和文学想象性的结合，而其中还有许多渔事活动的描述，则不仅是客观的渔猎活动记叙和简单的文学描述了，它包含了深刻的政治理念和人生感悟。这在庄子的有关文章里，体现得更为明显。《庄子》现存文章，包括"内篇""外篇"和"杂篇"，共 33 篇，其中 12 篇 18 处提到了"鱼"和"渔"（钓鱼），有些已经成为影响深远的文化意象。如《天运》："泉涸，鱼相与处于陆，相呴以湿，相濡以沫，不若相忘于江湖。"又如《外物》："鱼不畏网而畏鹈鹕。""荃者所以在鱼，得鱼而忘荃。"都充满了深刻的哲理。

　　在渔文化的哲学性表述中，有些还对人类文明和思想发展产生了重大的影响。《淮南子》："临河而羡鱼，不如归家织网。"古语"授人以鱼不如授人以渔"，就是如此。它们说的既是一种渔猎现象，更在表达深刻的人生哲理。

第三章
中国海洋渔文化

/ /

中国的版图是海陆并存的广袤构成。我国不但有 960 万千米^2 的陆土面积，还有 300 万千米^2 的海洋蓝色领土。

这种海陆兼备的国土形态决定了中华文化内陆文明和海洋文明兼容的大文化格局。这在渔文化中的体现同样如此。中国渔文化也是由江河湖泊淡水渔文化和海洋渔文化共同构成的综合性文化体系。

中国海洋渔文化历史悠久，存在区域广博，内涵丰富精深。本章凝练其精华，从鱼事、渔事、渔人和渔节四个方面，予以梳理和描述。

第一节　中国海洋鱼事文化

鱼是渔文化的核心和基础元素。先有鱼事，才有渔业活动和专业性的渔民的出现和形成，才有渔节等渔俗文化的发展和繁荣。

中国渔文化中的鱼事文化，主要指的是对于鱼类的记载、描述和认识，以及赋予超出普通生物性鱼类属性的其他文化因素。

一、有关海洋鱼类的生物性记载和描述

中国的淡水鱼类有几十种，已经是比较丰富的了，但是与海洋鱼类相比，那绝对是小巫见大巫。海洋鱼类究竟有多少，至今都无法获得确切的数据，一般来说，几百种肯定是有的。

有关海洋鱼类的记载和描述，早在宋代就已经比较丰富。北宋时期出现的《太平广记》有专门的水族卷，记载了众多的海洋鱼类，其中有比目鱼、鹿子鱼、鲋鲼鱼、海鲫鱼、鲨、虮尾鱼、剑鱼等。这些鱼类的名称，有的与现在相同，有的可能已经改了名称，但《太平广记》对它们的形状、大小、习性等都有比较精准的介绍，反映出当时对于海洋鱼类的认识已经很深刻。

明代黄衷《广东新语》，也专列有"鳞部"卷，也记载了许多海洋（主要是南海海域）鱼类，其中有海犀、海马、海驴、海狗、海鼠、海鸥、海鸡、海鹤、海鹦哥、海燕、海鲨、海龟、海鳇、海鳍、鳗鲡、印鱼、河豚等。这些海洋生物，基本上都是与陆地上的生

物相对应的，其中绝大部分都是海洋鱼类，具有珍贵的海洋渔文化价值。

古代记载海洋鱼类等海洋生物内容最为丰富的，当属明代屠本畯《闽中海错疏》一书。全书分三卷，上、中两卷为鳞部，下卷为介部，所记鱼类（包括部分淡水鱼类）共有80多种（分属于40个科，20个目），两栖类10种（分属于3个科）；另外，还有软骨动物的贝类、节肢动物的虾类。所记海洋生物的内容，包括名称、形态、生活习性、地理分布和经济价值，里面包含着极为丰富的海洋渔文化信息，因而有"世界第一部海洋鱼类专著"之誉。

此书不但记载了鲳鱼、鲨鱼、鲻鱼、石首鱼、鲥鱼、鳓鱼、黄梅鱼、比目鱼、鲽鱼、鳗鱼、鳍鱼、过腊（铜盆）鱼、墨鱼、马鲛鱼、带鱼等多达数十种的海洋鱼类，而且还记载了繁多的海洋贝类，主要有蚶、蛤蜊、蛎房壳菜（淡菜）、江珧柱、海月、石华、沙箸、龟脚、石磷、海胆、蛏等，几乎囊括了至今人们所认识的所有贝类。

二、海洋鱼类的变异性记载和描述

上述有关鱼类的记载和描述，属于生物性鱼类的自然状态记叙。如果继续进行更深入的考察，那么可以发现，中国的鱼事文化，还呈现为一种文学性甚至是政治性处理。那就是赋予一条普通的生物性鱼类以种种的政治和文化含义。

这种对于鱼类（包括龟鳖等）的变异性处理，其实早在远古时代就已经开始了。利用龟鳖外壳的自然裂缝来进行占卜和预测，就是这种处理的早期反映。

如果从文学书写的角度来考察，对于鱼类等水系生物的变异描述，几乎成为一种文学传统。晋人干宝《搜神记》如此描写一条大鱼："永始元年春，北海出大鱼，长六丈，高一丈，四枚。哀帝建平三年，东莱平度出大鱼，长八丈，高一丈一尺，七枚。皆死。灵帝熹平二年，东莱海出大鱼二枚，长八九丈，高二丈余。《京房易传》曰：'海数见巨鱼，邪人进，贤人疏。'"这条记载的重点，不仅在于此鱼之大，几乎难以置信，而且还在于最后那句"海数见巨鱼，邪人进，贤人疏"，把普通的海面出现大鱼，与一种政治生态联系在一起，思维上属于图谶视角，手法上则是属于典型的变异书写。

这种手法在比较严肃的非文学类记载中也有体现。黄衷的《海语》便是如此。如写"海龟"，写其被岛人捕获后，"辄垂泪嘘气如人遭困厄然。或谕之曰：汝再垂泪嘘气，当解汝缚。龟便应声潜然，鸣若哀牛。岛夷舁至海滨，释之，龟比入水，引颈三跃，若感谢状而逝。"这里的海龟，几乎是被当作一个懂人性的生物来写的。又如写"海驴"，写其"多出东海，状如驴……或以制卧裯，善人御之，竟夕安寝；不善人枕藉，魂乃数惊矣。岛夷诧其灵，不敢蓄也。"究竟什么是海驴，至今还没有明确的答案，但是黄衷笔下的海驴似乎是一个精灵，它通人性。如果主人是善人，那么它也温顺；如果主人非善类，它就坚决不从。这就绝非是自然性的海洋生物了，它已经被作者黄衷赋予了许多人性的因素。

三、与海洋鱼类有关的故事

以对于海洋鱼类的认识和描述为基础所构成的中国海洋鱼事文化，在经历了生物性海洋鱼类记载、变异性海洋鱼类描述的几个阶段后，又发展为民间故事性质的海洋鱼类故事。这类故事很多，中国各大海域都有大量存在。其中"东海鱼类故事"内容尤为丰富，流传也更加广泛。

浙江洞头的东海鱼类故事和浙江嵊泗的东海鱼类故事，都是省级非物质文化遗产代表性项目。浙江人民出版社于1981年还出版了由邱国鹰等人共同收集整理的《东海鱼类故事》一书。书中收录了44则流传在东海各渔村的鱼类故事。

鱼类故事的主角全是海洋鱼类。凡是大家比较熟悉的鱼类，如乌贼、带鱼、鲳鱼、黄鱼、梅鱼等，全有故事。另外还有花蛤等贝类故事以及海蜇、虾、蟹和鲨等海洋生物故事。

这些故事紧扣各海洋生物的生理特征和习性来构思故事框架，以鱼类之间的关系来展开情节，饶有情趣。

主题上，有的解释这些鱼类为什么会是这个形状的，如"弹涂鱼装错眼睛"。生活于海涂上的弹涂鱼，两只眼睛的眼球突出在外，比青蛙的眼睛还要外凸。何以如此呢？故事说弹涂鱼的眼睛本来是大眼睛，非常漂亮，它还善于跳舞，是海洋里的跳舞王子。但是有一天，当龙王公子邀请它进龙宫跳舞的时候，弹涂鱼害怕一进龙宫回不去了，会失去自由，就拒绝了。龙太子大怒，强拉它入宫。在反抗的时候，愤怒至极的弹涂鱼的眼睛也突出体外，再也收不回去了。从此失明。龙太子见它已经是废物一个，就把它抛弃在龙宫外面。为了救治弹涂鱼的眼睛，海物公挖出了自己的双眼送给弹涂鱼。可是作为眼科医生的龙虾却在安装的时候，没有把整个眼球安放好，结果弹涂鱼的眼睛就成了现在这个样子。这个故事解释了弹涂鱼眼睛的由来，但又隐喻了对于暴力者的谴责和对于鱼类间互相救援的献身精神。

有的鱼类故事的主旨，却在歌颂鱼类的聪明才智。鱼类中最聪明的当属墨鱼（乌贼）和章鱼了。《东海鱼类故事》中就有"章鱼学功""乌贼偷墨囊袋""乌贼与花鱼""章鱼擒乌鸦"等故事。其中以"章鱼擒乌鸦"较有代表性。故事说，一只小章鱼被乌鸦吃掉了，章鱼妈妈决意复仇。它张开身躯，躺在海涂上装死。乌鸦以为它真的死了，就一下飞下来准备捡便宜，不料被章鱼妈妈紧紧缠住，丢了命。

鱼类故事是渔民们在长期的渔事活动中创造的。它们代代相传，并随着渔船传播四方，成为渔文化的宝贵资源。

第二节　中国海洋渔事文化

渔事就是渔民借助于渔船、渔网、钓竿钓线等工具，利用潮流、鱼类繁殖和觅食的规律，以鱼类等水系生物为对象的渔猎活动。它的范围非常广泛，主要包括捕捞、垂钓、鱼叉刺鱼等。

海洋波涛汹涌，浩渺无涯。鱼藏何处？它们的洄游线路如何？什么季节什么天气最适合捕鱼钓鱼？凡这些都反映了人类对于自然的掌握和利用，映射出人类的智慧和能力，所以说渔事文化是渔文化的核心内容。

一、海洋渔事工具

海洋渔事工具指的是从事海洋捕捞所需要的各种工具，主要包括渔船、渔网、鱼叉、渔筐等。

渔船是渔事的核心，如果没有渔船，海洋捕捞就无从谈起。在渔事活动的早期，人们还没有掌握造船和航海知识，所以都是简单的独木舟之类，渔事活动只能在海边和浅海地区进行，捕捞一些小鱼小虾。后来逐渐发展为大船，动力也渐渐从依靠手摇、风帆发展到机械，渔事活动的范围也从浅海近海发展到深海远洋。

正因为渔船如此重要，所以渔民珍爱异常。舟山一带的渔民把渔船称之为"木龙"，把船提高到龙的地位，可见渔民对船的感情有多深。因为在渔民的传统意识里，龙是海洋的主人。而把船称为"木龙"，说明在渔民看来，船是他们的"主"。

不但如此，渔民们还以十二生肖来命名渔船上的各种工具和部位：用以固定桅杆的插销叫老鼠枨；用以串连篷布与缭绳的滑轮叫篷纽（牛）子；用以船头轧锚缆的插销叫老虎轧；桅杆下面堆放篷索的舱面叫土（兔）地堂；船头上两只角型木板叫龙桠头；连接篷帆于撑风的活络竹圈叫蛇蜕壳；横放桅杆用的木丫架子叫马鞍子；固定风帆方向的插销叫羊角枨；老大撑舵的舱面叫后（猴）八尺；舵杆露出水面的部分叫雄鸡头；升降篷布用的滑轮叫钩（狗）螺；用以摇橹的木柱子叫橹鸣柱（猪）；分派十二生肖的锚（猫）挂在船头外。

渔船之外，接下来的核心工具就是渔网了。由于不同的鱼类生活在不同的海洋环境和海洋深度中，所以需要有各种各样不同的渔网。譬如捕捞海蜇，渔网就可以简单些，网眼可以大一些。在尼龙网线出现之前，渔民们还曾经使用稻草编织的草网来捕捞海蜇。早期的渔民，都使用麻线编织的渔网。为了提高麻线渔网的强度，渔民们发明了用猪、羊、牛等动物血混入网中进行煮和烤的办法，这种网称为"血网"。20世纪五六十年代，舟山渔场还普遍使用这种方法。

无论是渔船和渔网，都需要年年进行修造和修补。像渔网，甚至每次出海归来，都要及时进行修补。因此渔村渔港的码头、道路边和沙滩上，修造渔船、补织渔网就成为一道独特的渔事风景，至今仍然可以吸引许多外地游客拍照和围观。

在浙江的许多海岛渔业博物馆、文化礼堂和海岛民宿里，渔船和渔网等海洋渔文化元素都是板块布置和装饰的主要内容。如浙江岱山的渔业博物馆里，就保存了许多渔船模型、渔网和加工海鲜用的"落地桶"等。在嵊泗黄龙和花鸟等海岛上，渔船用过的锚、渔网都成为美丽海岛建设的重要展品和饰品。

二、海洋渔事技艺

海洋渔事技艺主要指的是渔民进行海洋捕捞的方式和技术。海洋捕捞的早期，由于海洋渔业资源丰富，渔民们采用比较简单的方法也能捕到鱼。譬如站在海边，用鱼叉就可以叉到鱼。有一种沙滩近海的推网作业，渔民站在半身高的海里，推着一种倒三角形的简易渔网，利用涨潮或退潮的潮汐变化，也可以捕捞到许多小鱼虾。

还有一些捕捞方式，利用的是鱼类的繁殖习性。譬如乌贼在繁殖季节，都会游到礁石边上。渔民们就站在礁石上，手持一根长竹竿，长竹竿的另一头绑有一个网兜，沿着礁石边从底部往上掏，也能捕捞到大量的乌贼。

相比较而言，曾经流行于广东、福建、浙江三省沿海地区，专门捕捞大黄鱼的一种渔事技艺，最为奇特和有趣。那就是"敲（舿）"作业法。

"敲（舿）"作业法依据的是大黄鱼的一种特性。大黄鱼属石首鱼科，其头骨里有两颗白色的小石子，称鱼脑石（耳石），起平衡和听觉作用，震动声会使黄鱼的两颗耳石产生共振，使黄鱼身体失去平衡乃至昏死，"敲（舿）"作业法利用的正是这一原理。那是一种大型集体渔业，其作业单位称为"艚"。每艚设公、母船各一艘，同时配备二三十艘小艇（子船），由200余人协同作业，渔网总长100多米。作业时，公、母船将长方形网片敷设水中，网片上至水面，下及水底。子船以公、母船为起端围成一个大圆圈，在母船的指挥下用木板或竹筒敲击船体发声，并不断缩小包围圈。鱼类受惊，向没有声音的敷网方向逃去，最后集中被捕获。

"敲（舿）"作业法最初发源于明代嘉靖年间的广东省饶平县，后来逐渐推广到福建和浙江，并在舟山渔场发扬光大。它的大规模推广其实是在1949年以后，从渔民自发演变成了政府推广，曾经取得了很大的经济效益。它不仅使渔民收入迅速增加，还促进了渔业合作社的公共积累。据统计，1957年春汛期间在披山渔场生产的14个纯渔业社，渔汛开始前尚欠国家贷款222 820元，到4月20日已还清150 087元，另有存款102 638元；渔汛开始前共有公共积累28 600元，至4月底已猛增至219 953元。①

后因大黄鱼资源的衰竭，到了20世纪60年代，"敲（舿）"作业法渐渐失去施展的空间，并最终在舟山渔场终结。

其实从渔文化的角度而言，海洋渔事除了成规模的海洋捕捞作业外，还有许多饶有兴趣的个人化渔猎活动，譬如海钓和滩涂作业。滩涂中捕捉弹涂鱼就很有意思。弹涂鱼又名跳跳鱼、花跳、弹糊鱼，生活在海涂中，肉质鲜美细嫩，爽滑可口，含有丰富的蛋白质和脂肪，有"海上人参"的美誉。弹涂鱼非常灵活，徒手和渔网都很难捕捉得到。海边的人就想出了各种办法，其中最常见的是"竹桶法"。当潮水退去，渔民便会来到滩涂上，把竹管插在泥里，并在洞口进行伪装，跳跳鱼看到洞口，以为是自己的"家"，便跳了进去。过了一段时间，渔民只要取出竹桶，往鱼篓里一倒就可以了。由于海涂行走不便，渔民们还发明了类似独木舟的滩涂泥橇。渔民左腿跪在板上，右腿蹬地，然后一收脚，随即一溜烟地快速滑行。这种沿海渔民"讨小海"的工具，400年前曾是戚家军战胜倭寇的"秘密武器"。滩涂泥橇的制作工艺，现在已被列入福建省非物质文化保护遗产名录。

民间还有一种"飞钩钓弹涂鱼法"。这种钓法不用饵料，钓手对着泥涂上的弹涂鱼，直接甩钩。高手几乎百发百中，真的是一种渔事技艺。

另外，钓沙蟹、撮泥螺、挖蛏子、敲牡蛎等海滩和礁石边上的渔事活动，都既有趣味又极讲究技巧，它们都是丰富生动的渔文化资源。

三、海洋渔事区域

渤海、黄海、东海和南海，是我国的四大海域。从文化上而言，渤海和黄海往往连在一起，称为渤黄海文化。渔文化也是。

中国的四海海洋渔文化，有许多共同性的文化因素，譬如它们的文化源头，基本上都

---

① 叶君剑. 温州敲（舿）渔业的兴起与应对（1956—1957）[J]. 中国经济史研究，2018（1）156-162.

是从贝类文化开始；它们的基本构成，都是物质性渔文化和非物质性渔文化两大块；在渔文化的维度上，都是渔业、渔民和渔村渔港的三元组合；它们的文化发展，都是对于海洋的认识并与渔业捕捞等海洋活动紧密结合在一起，等等。但是在这些共性之外，各海洋区域还都有自己鲜明的区域文化特色。

1. 渤黄海历史渔文化

渤黄海是中国海洋历史文化的发源地之一。以东夷为代表的海洋文明在中国远古历史时期曾经占有非常重要的地位。现今渤海湾和胶东半岛一带大量的贝丘遗存也可以充分证明这一点。渔文化最显著的特色是贝类文化。渤海湾一带的辽东半岛和黄海边上的胶东半岛，曾经是中国海洋贝类文化的集聚区，有许多贝丘遗迹存在。从这些遗迹的考古结果来看，古人食用的贝类种类很多，有牡蛎、蚬、蛤和蚶等。这种贝类文化甚至延及至今，胶东半岛上的青岛，建有全国独一无二的"贝壳博物馆"，收集有多达 4 260 余种的贝壳（海螺）标本。

渤黄海渔场的形成也比较早。辽东湾、渤海湾和莱州湾一带的渔场是中国最古老的第一批近海渔场。

另外，渤海湾特有的冰封季节因素也造就了该地区渔文化的独特性。其他海域，一年四季都可以捕鱼，但是进入冬季后的渤海湾千里冰封，渔民无法下海，就在岸上修建渔船，整理渔网，举行各类娱乐活动，形成了渤海湾独有的冬季渔文化形态。

2. 东海历史渔文化

东海是中国最重要的鱼舱。东海渔场形成于南宋时期，繁荣于明清，渔文化资源和文化遗存都非常丰富。舟山群岛是东海渔文化的最主要聚集区。宋室南渡以后，大量人口涌入舟山各岛，促进了近海浅海捕捞作业的发展。洋山渔场，花鸟山渔场，黄龙岛一带以及岱山海域，都成了重要的捕捞基地。清康熙《定海县志》说岱山"以渔盐为业，宋时称盛"。其实不仅是岱山，整个舟山渔业，都在南宋时期就开始发展。到了明清和民国时期，舟山渔场已经名闻天下，先后形成了嵊山、沈家门、东沙等著名渔港。

除了海洋捕捞等远海作业，东海渔文化还有一点非常突出，那就是海洋滩涂渔文化。东海的西边海岸线紧靠长江三角洲地区、杭嘉湖平湖和宁绍平原等，深入海洋的大陆架相对比较平缓，在沿海地区形成了大面积的海洋滩涂，因而滩涂渔文化非常丰富。传统的推网、围栏和浅海张网作业形式，特异的滩涂甩钓作业，还有舟山洋山一带滩涂的海瓜子、台州三门湾的青蟹、宁海长街一带海涂的蛏子等渔贝文化，都是基于海洋滩涂这样的环境因素而产生和发展的。

3. 南海历史渔文化

南海的渔文化历史也非常悠久。西晋张华《博物志》和五代王仁裕《开元天宝遗事》都有相关记载。明代黄衷的《海语》和清初屈大钧的《广东新语》中都包含有大量南海渔文化的资讯。从渔文化特色而言，南海渔文化有两点非常突出，一是南海"针路"，二是海南的疍民渔文化。

"针路"指的是渔民海上航行的"海道针经"，有"水路簿""航海水路簿""南海更路簿""南海更路经""南海水路经""南海定时经针位""西南沙更簿""顺风得利""注明东、北海更路簿""去西、南沙的水路簿""定罗经针位""东海北海更路簿"等。一般简称为"更路簿"。海南渔民至今保存有 15 "更路簿"。这里的"更"为距离单位（古代传统的计程方法将一天一夜分为十更，一更计时为 2.4 小时，一昼夜为十更；一更里程为 60 里水路），"路"指航向，"簿"为手册。它们是南海渔民无数生命换来的经验总结。

疍户，也称蛋户、蛋家，是南海地区最早的海洋居民之一，主要分布在南海北岸地区，即今广东、广西和海南的疍民。①

疍民拥有非常丰富而独特的海洋渔文化。他们以船为家，世世代代生活在海里，经常下海空手与大鱼搏斗。有文献记载说："每持刀槊水二中与巨鱼斗。见大鱼在岩穴中，或与之嬉戏，抚摩鳞鬣，俟大鱼口张，以长绳系钩，钩两腮，牵之而出。"这里展示的渔文化形态是非常强悍而又有诗意的。

第三节　中国海洋渔人文化

海洋渔人，包括直接从事海洋渔业活动的渔民和与之有关的人员，如渔民家人、渔船修造者、织网补网者、鱼产品经营者和渔业活动的管理者等，是中国海洋渔文化的主体。其中，渔民是主体中的主体。渔民们创造的渔俗文化和民间文艺，一起构成了中国海洋渔人文化。

一、海洋渔民的民间信仰

海洋渔民大多有自己特殊的信仰。

从文化渊源来说，妈祖信仰最初就是一种渔民的信仰。这个最初诞生于福建湄洲岛的一个渔家女儿的传说故事，就是以渔民保护神的属性被崇信的。它的传播也与渔民有莫大的关系，至少在海洋渔区，妈祖信仰就是随着福建渔民和航海者传播开来的。譬如舟山渔场各海岛，几乎岛岛都有供奉妈祖的天后宫。如嵊山岛的天后宫，始建于 1796 年嘉庆己卯年，就是由前来捕鱼的福建渔民传入，后来成为所有渔民所信奉的神祇，并且迅速影响到了渔村生活的各个方面。当地信俗认为，嵊山人都是天后宫界下弟子，因此形成习俗，凡乡人去世，家人（如小辈们、儿子、儿媳、女婿、直系亲属等）要穿白衣到天后宫点蜡烛报到，为亡灵引路。来时去时都要点灯，中途灯不能熄灭，其意在于：人死后，闭目便一片漆黑，点了蜡烛，道路光明，可以安全到达天后宫获得超度。

航海者也把妈祖当成自己的保护神。嵊泗大洋山岛西侧圣姑礁上的圣姑庙，供奉的也是妈祖。传说在 200 多年前的一天，有一艘福建渔船来洋山洋面上捕鱼，突遇风暴，漂至圣姑礁触礁沉船。当时该船中有一个妈祖圣母神龛，在福建渔民弃船逃上礁时，也将这个神龛捧上了礁，随后将神龛安置在礁正中的石缝中，就是现在圣姑庙的位置。自从妈祖神龛放入以后，岛上时常有人见礁上有神奇的女子身影出现。时隔不久，有一天夜里，有几艘福建商船运输木材去北方，途经洋山洋面时，突然大雾弥漫，紧接着狂风暴雨，风吼浪啸，加上又是半夜时分，商船摇晃不定，迷失了方向。就在这危急时刻，船员忽然看到前方不远处有一盏偌大的红灯发出亮光，便纷纷朝着灯光的方向行驶，结果进到圣姑港内的

---

① 阎根齐．论南海早期疍民的起源与文化特征［J］．南海学刊，2015（1）：75-81.

岙口抛锚停泊。待天明时寻找这盏红灯所在，却并无灯的踪影，只看见一个妈祖神龛在此。福建商船的商人这才觉醒这一定是妈祖娘娘显灵现红灯之路。为了感谢神明相护，商人们当即卸下一些木材为圣姑娘娘建造祠庙，这就是圣姑庙的来历。

除了妈祖这样比较普遍性的海洋保护神，海洋渔民还有许多自己的神祇。如嵊泗黄龙岛的天后宫里，不但供奉妈祖，而且还供奉宋代宫女寇珠。宫女寇珠是古典小说《三侠五义》故事"狸猫换太子"里的人物。故事说宋真宗时，刘妃与内监郭槐合谋，以狸猫调换李妃所生太子，并将李妃打入冷宫。宋真宗驾崩后，仁宗赵祯即位，包拯奉旨赴陈州办案途中，受理李妃冤案并为其平冤。在这个故事中，宫女寇珠起了关键作用。因为她违背刘妃要她弄死太子的命令，将太子偷偷托人抚养。所以这里的宫女寇珠，与关羽一样，成了忠勇节义的化身。黄龙岛人将宫女寇珠与妈祖天后放在一起供奉，说明也把她作为海洋社会的保护神来敬仰。

在浙江象山半岛的海洋社区里，渔民供奉如意娘娘，她是渔山岛岛民的海上平安孝神。这种民间信仰的形成有两种说法。一是木板（木头）说。据说渔山岛几百年前就常有福建兴化人来捕鱼，也常有台州、黄岩人来岛铲淡菜（一种岩生海产贝壳类）。一日，有采贝人落崖身亡。他的女儿从家乡赶到，问旁人其爹在何处身亡，当得知确切地点之后，二话不说，纵身跃入海中殉葬。众人大惊，但见从该女投身处浮上一块木板，人们为该女孩的强烈孝道所感动，也为该神奇木板所震惊，遂以木板雕塑成一尊如意神像建庙于该岛，称之为如意娘娘庙。二是"绣花鞋"说。在渔山岛住了 40 余年的原庙管陈金杏女士，听她公爹讲过本传说：很早以前如意娘娘的父亲在渔山岛劳动，帮鱼老大干活，做长工。他们本来不是渔山人，如意娘娘来渔山看望父亲，上岸后刚好他父亲铲淡菜跌落海中遇难了，如意娘娘就心急，从庙岙窜下海去救父，跳下后浮上来一只绣花鞋，有人说这是如意娘娘灵魂的化身，为此塑像立庙。

无论哪种说法，都体现出渔民信仰的民间性特色。

二、海洋渔民的生活习俗

渔民习俗是渔文化的重要体现。海洋渔家习俗也是如此。

渔家习俗首先体现在"吃鱼"上。渔家视鱼儿有神灵，所以不敢造次。在舟山沈家门渔港等浙江海域渔区，家里开春煮熟的第一碗大鱼，要先供神灵。供祭之后，一家人才可以坐下来吃鱼。吃鱼要从头吃到尾，当吃完上一面，不可把鱼翻转身，要连头带刺用筷挟去后，再吃下一面。这也是有深刻含义的：因为"鱼翻"意为"船翻"，示为不吉。吃剩的鱼（还包括其他吃剩的菜肴）不能倒到海里去。如果没有地方可以处理，一定要倒到海里去，也不能叫"倒掉"，要说"卖掉"或"过鲜"。这里同样是有说法的：因为"倒掉"会让人想到"翻船"。在舟山群岛方言里，船"翻"了，就叫船"倒"了。海上作业的最大威胁是翻船，所以渔民们海上作业小心翼翼，连吃鱼也小心翼翼！

渔家禁忌还体现在海上航行中，有"十不许"：

一不许，双脚悬于船外，以免引来"水鬼拖脚"。

二不许，坐在船上的时候头搁膝盖，手捧双脚。因为这种姿势像哭，很不吉利。

三不许，在船上吹口哨，以免"招风引浪"。

四不许，在捕鱼船上拍手，因为拍手意味着"两手空空，捕不到鱼"。

五不许，在船靠岸时喊"到了""来了"，以免把野鬼引上船。

六不许，在船头解手，渔家视船为木龙。船头是龙头所在，是最尊贵的地方，绝对不能亵渎。大小便一律到后八尺的"三品口"解决。

七不许，家有红白事的人上船。传统上这里的"红事"指妇女生产未满月，"白事"指丧葬。因为在以前的渔家看来，这些都是不吉利的。

八不许，提着猪肉上船，因为猪肉会让人联想到浮在海上的人的尸体。

九不许，妇女上渔船，尤其忌讳妇女跨过龙头。因为传统上渔家认为妇女与船神是相冲的。

十不许，七男一女同船。因为七男一女意味着八仙，而八仙是要闹海的。如果真的出现这种情况，船家故意说"今天船上有9个人"，这第九个人是指船神关老爷。

在海上作业时，浙江渔家也有许多信仰性规矩。

在渔汛季节，如果在从一个渔场向另外一个渔场转移的途中遇到恶浪（渔民称之为"肮脏浪"），渔民便会向海里撒去大把的米，因为他们认为，海掀恶浪，是"海开口，鬼讨食"，撒米后，鬼吃饱了，就可以息浪。

如果船舵的舵牙以外脱落了，看见的人不能当场点破，要暗示。甚至什么时候船能够到达码头，也不能问老大，因为从前渔民都认为帆船出海，时间和方向都由神做主，你这样问到达的时间，会得罪神灵。

还有在海上作业的浙江渔民，睡觉时候只脱外衣，其他衣服都要穿着睡觉，俗称"保险衣"，这样一旦有事，就可以立即起床办事干活了。

除了上述渔家习俗外，特色鲜明的渔家服饰也包含了浓郁的渔文化因素。

如曾经一度风行的舟山渔民的"笼裤"。它用比较耐磨的粗布制成，裤脚肥大，呈直筒形；裤腰宽松并左右开衩，前后褶皱成纹。在裤腰开衩的地方，缝有四条带子，在穿上后便于缚系。整条裤子都不用任何纽扣。它的做工也很考究。笼裤是舟山渔民在冬天海上捕鱼时候穿的，是劳动裤，但这并不意味着它可以粗糙随便。恰恰相反，它非常考究，追求美观。传统的舟山笼裤，在裤腰开衩口的两旁，要用七色丝绒绣上各种花纹的字样图案，一般有"龙凤呈祥""哪吒闹海""八仙过海""鳌鱼驮仙师"等。这些文字图案，或者寄寓美好愿望，或者向往制服大海，所以它们不但是一些服装的装饰，而且是丰富的海洋渔文化元素。

说到衣着打扮等方面的渔家特色，有"三大渔女"之称的福建惠安女、蟳埔女和湄洲女更是闻名天下。

湄洲女：指生活在福建莆田湄洲岛上的女子，是湄洲岛籍女子的统称，当地流传一句民谣"帆船头、大海衫、红黑裤子保平安"，就是形容湄洲女的穿戴。传承至今的湄洲女"船帆髻"，整个发型由前后两部分组成，额前不留刘海，前半部分头发在头顶上盘一个圆形摆髻，从形状上看，酷似船上的方向盘；盘在发髻里的红头绳被喻为船上的缆绳；圆圈形的摆髻上横插上一根大的银针，寓意船上的桅杆；后半部分头发在头的后中部梳成一个高出七八厘米、呈半弧形竖起的类似船帆的发髻，用几个大黑夹子别起来，高高耸起的发束像是升起的船帆，两边各有一根银色的波浪形发卡，代表船上摇橹的船桨；整个发饰代表着一艘帆船，寓意一帆风顺。湄洲女这创意"船帆髻"梳理好后，还要在船帆和船舵之间插上各种红色绢花，寓意着吉祥如意。[①] 可以说"船帆髻"，再加上身上象征海水颜色的"大海衫"，整个湄洲女浑身上下都是海洋渔文化符号。

惠安女：身上的渔文化元素主要体现在服饰打扮上。"轻宽黄头笠、披肩花头巾，暴露肚脐腰部的斜蓝短衫，宽如灯笼的黑绸大折筒裤，彩色化纤腰带系着银裤链。"这首惠安当地流传的民谣，是惠安女服饰的生动写照。这里都与渔事活动有关。"轻宽黄头笠"和"披肩花头巾"是为了遮阳和挡风挡沙。位于海边的惠安，日照强烈，又经常刮风，空中多风沙，斗笠和披肩就显得很有必要。暴露肚脐的"斜蓝短衫"和宽松的"大折筒裤"，是为了适应劳动的需要。以前惠安男子出外捕鱼，惠安女不得不总揽各种活儿，甚至还要到海边迎接捕捞归来的船队、挑鱼、织网等，这么多的活儿需要便于劳作的穿着。但是当她们戴上斗笠，披上披肩，扭动露出肚皮的身腰，长裤管飘飘，走动在岛上小路的时候，却是那么的健美又飘逸。加上她们不断地在服饰的颜色和饰品上加以改进，惠安女服饰就渐渐成了一种渔家女美丽的标志。

蟳埔女：指生活于闽南泉州蟳埔渔村的女子。她们的发型和发饰，称为"簪花围"，清一色象牙筷盘头，一轮一轮的鲜花簪在头上，无论年轻老少全年个个沁香满头、鲜艳妩媚。被誉为"头上的花园""行走的花园"。这也与渔事活动有关。她们在海边劳作的时候，经常要低下头来捡海砺，弯下腰来撒渔网，头发不仅容易浸到海水里，而且发梢上的饰品还容易挂破渔网，于是她们就把头发全部盘在脑后，随手插上筷子或者光滑的树枝、鱼骨，这样显得干净利落又方便劳作。[②] 因此可以说蟳埔女的独特发型，本身就是一种渔文化的产品。

三、海洋渔民的民间谚语

海洋渔民的民间文艺，主要体现为渔歌渔谚等方面。如嵊山渔谚《乌贼渔场真大猛》便是一个很好的例子。

"篷礁黄礁下半洋"，这里的黄礁，就属于嵊山，原系上黄礁、中黄礁、东黄礁三岛之总称。乌贼的习性就是喜欢在岛礁附近栖息。

"嵊山枸杞统是乌贼厂"，更是点出了嵊山当年的乌贼资源之丰富。初夏时节的墨鱼汛，吸引了大量来自温州平阳、瑞安等地的渔民，他们在嵊山等岛上搭草厂（即草棚）、垒灶头，从事乌贼捕捞和加工。嵊山、壁下等岛上，灶头连灶头，草厂连草厂，都忙着加工乌贼。

"四月乌贼发近洋，火照乌贼到滩湾，满滩乌贼满晒场，家家叠满螟蛹鲞"。嵊山的墨鱼汛，一般比舟山南部海域要晚一些。"乌贼南捕北"，乌贼是从南部海域开始先捕，作业区域逐渐北移。青浜、庙子湖、东福山乌贼鱼汛早发，谷雨开始就能捕捞。嵊泗海域的乌贼鱼汛晚发，乌贼至立夏前后进入嵊山、壁下、花鸟、绿华等外围岛屿的礁岩处索饵产卵。"乌贼像小团，立夏戤山，小满生蛋。"每年小满至芒种墨鱼旺发，直到小暑结束，这

---

① 黄成，卢新燕. 福建莆田湄洲女发型"船帆髻"海洋文化符号解读 [J]. 贵州大学学报（艺术版），2014（3）：113-116.

② 童友军，卢新燕. 福建三大渔女之——蟳埔女头饰文化的解读 [J]. 贵州大学学报（艺术版），2011（2）：108-112.

段时间正是嵊山海域捕乌贼的好时节。在蔚蓝的海水中，渔民们常常可以目睹到墨鱼群惊慌吐墨，海水霎时间变成乌黑一团，墨鱼想乘机逃跑却又不幸落入渔网。

"北里生，南里养，再到北里来剖鲞。"指墨鱼洄游规律。乌贼产卵在嵊泗列岛，孵出小乌贼到南洋去过冬，到立夏、端午之际又回到嵊泗来产卵时，被渔民捕上剖鲞。北里，指的就是嵊山附近海域。

历史上嵊山盛产乌贼，所以产生了许多有关的渔谚，如"嵊山会一会，花鸟戤一戤"，"嵊山乌贼喂喂响，勿如绿华（花鸟）夜东涨"。"喂喂响"是捕鱼人欢呼的声音，丰收的喜悦，渔家的自豪，尽在其中矣。"勿如绿华（花鸟）夜东涨"，夏汛东风来，夜里涨潮的时候，乌贼旺发。渔民捕乌贼要"赶山头"，上"绿华"，跑"花鸟"，正好碰到"夜东涨"等。里面有捕捞乌贼的渔汛时间、捕捞地点、捕捞场面、丰收的喜悦等，都非常具有渔文化价值。

其实海洋渔业谚语文化资源是非常丰富的。

这里有反映海洋渔业气候的谚语。如"蜻蜓成群绕天空，勿过三日雨蒙蒙""蜜蜂出巢天放晴，鸡不入窝雨来临""缸爿（海鸥）飞进吞，大水漫上灶""缸穿裙、雨来临""东边日出西边雨"等。

还有总结渔船航路的谚语。如"北洋潮急，南洋礁多""老大好做，西堍门难过""浪叫有礁，鸟叫山到"等。

更多的是反映渔汛的渔谚。如"春分起叫攻南头""清明叫，谷雨跳""正月㧯鱼闹花灯，二月㧯鱼步步紧，三月㧯鱼迎旺风""岸上桃花开，南洋旺风动""癞司（蛤蟆）跳，黄鱼叫""夜里田坂叫（指青蛙叫），日里洋地闹"等。

甚至还有大量专门描述某一种鱼类的谚语。大黄鱼曾经是海洋鱼类的代表，所以有关它的谚语也特别多。如"冬雪好年成，春雪好黄花（鱼）""一听黄鱼叫，船头往北调""大黄鱼勿读四书五经，也晓得潮水时辰""等到清早起，黄鱼满仓装""大黄鱼勿吃，小满水勿旺""黄鱼头大眼睛圆，看看老大看看船"。

第四节　中国海洋渔节文化

中国海洋渔人和渔事文化，有许多体现在节日性活动。这些节日性活动，有的与海洋捕捞有直接关系，如开渔（捕）节、谢洋节；有的则是一种兼具娱乐性的民间信仰活动，如各种以渔民为主举办的庙会。它们共同构成了内涵丰富、民间意味十足的海洋渔节文化。

一、象山开渔节

开渔节，又叫开捕节、开洋节，是渔汛开始，渔民扬帆出海前举行的祭祀性、祈福性渔事活动。它历史悠久，在中国各渔区都普遍存在。

象山开渔节是目前影响比较大的渔事节日。象山石浦渔港是中国四大群众渔港之一，又是国家和省对台接待的重要口岸，近年又建有国内最大的水产品交易市场——中国水产城。石浦渔民素来有"三月三，踏沙滩""祭海"等传统习俗，其中"祭海"是渔民出海捕鱼时，为求平安、丰收的一种仪式。现在国家实行"休渔期"。"休渔期"结束后可以开捕，渔民们称之为"开渔"。1998年当地政府和旅游部门对原来民间的"祭海"活动进行精心策划和包装，成功举办了第一届"开渔节"，取得了非常好的社会效果。从此以后，每年在"休渔期"结束时都要举办"开渔节"。该节日已成象山县一道靓丽名片，也是全国著名的海洋节庆之一。

开渔节时，原本帆樯林立、千舸锚泊的静态海面，瞬间展现出机器轰鸣、汽笛长鸣、百舸齐发的活跃场景。送别的码头人海涌动，鼓乐喧天，爆竹齐鸣，烟花怒放，一派壮观景象。开渔节的主要内容有千家万户挂渔灯、千舟竞发仪式、文艺晚会专场、海岛旅游、特色产品展销、地方民间文艺演出等活动，内容非常丰富。其中最为庄严的是开船仪式和祭海仪式。

开渔节举办期间，石浦港张灯结彩，汇聚的2 000多艘渔船装扮一新，按序阵列，整装待发。码头的欢送平台上，先是举行简短而热烈的文艺节目，然后领导致欢送辞。欢送讲话结束的瞬间，激越的渔家号子陡然响起，身着传统服饰的老渔民、渔姑、渔嫂、渔童，手捧海碗，向即将出海渔民敬壮行酒。老渔民用当地土话高喊祝词，船上渔民用酒碗呼应。这时，广播里传来带头船老大声音："报告指挥台，首发船队已准备完毕，请领导下达开船命令！"领导上台宣布："渔民兄弟们：××年东海休渔结束，法定开船时间已到，准许开船启航！"接着鸣锣三响，上百艘渔船开足马力，全速向外海渔场驰去。码头上则锣鼓喧天，万人呐喊，场面非常壮观震撼。在远送船队的同时，祭海仪式也庄严举行。

开渔节祭海仪式将渔民从前出海时的家庭小祭，演绎成了成千上万人参加的集体祭祀。一条猩红色的地毯，从祭台长长地伸向海边。上百位祭祀者把海碗高举过头，又低首缓缓洒在脚下。数百面幡旗猎猎作响，数百名渔民庄严肃立，浑厚的鼓乐撼动人心魄，激昂的号角冲破云霄。颂祭文、奉五果、敬祭酒、放海生、献祭舞。每一声颂歌，每一句祝福，每一个节目，每一处细节，都体现出对于海洋的感恩之情，都寄托着渔家人深厚诚挚的祝福。

二、岱山谢洋节

谢洋节是岱山县渔区民间传统节日，是岱山渔民世代相传的祈求平安、庆贺丰收、保护海洋生态、倡导人与自然和谐的一项民间习俗。每逢春汛渔船开洋之前，即渔民将进入春汛捕捞或农历六月二十三日渔汛结束（俗称大谢洋）进入休渔期之后，遂即举行祭祀、娱乐及商贸等一系列谢洋活动。主办方一般以自然村落、渔船或庙宇为单位，系列活动贯穿于整个开洋或休渔期，因此成为渔民们最为看重的文化盛会。

谢洋节的主要载体是祭海仪式，是渔民们为感谢以东海龙王为代表的海上诸神灵而举行的一种祭祀活动，俗称"谢龙水酒"或"行文书"。仪式一般在当地龙王宫、渔港码头或渔船上进行，现场放置龙王神位，摆桌置椅，燃香点烛，供以猪羊鹅等五牲及果素，渔民虔诚敬酒怀念祈福。礼仪定式讲究，程序严谨。仪式结束后，所有祭祀食物由渔民们集聚共餐，以示有福同享。此习俗千百年来代代相传，展示着东海海域渔民龙信仰的独特传统文化与浓厚的民俗内涵。

2005 年以来，岱山县政府会同有关部门为抢救保护非物质文化遗产，传承祭海谢洋这一渔家习俗，投入 2 300 余万元资金在古祭坛遗址上，建造了我国首个大型祭海坛，并于每年东海区伏季休渔期间举行规模盛大的"休渔谢洋"大典。谢洋大典以祭海为载体，在传统祭海模式的基础上，融入"珍惜保护海洋、永续利用资源、与大海和谐相处"的理念，进一步提升了传统祭海的含义。此活动经各大媒体传播，在国内外引起了广泛影响。

2007 年岱山县文化广播电视新闻出版局非物质文化遗产保护中心向国家文化部申报名录。2008 年，国务院公布第二批国家级非物质文化遗产保护名录，"渔民开洋谢洋节"名列其中。

三、山东日照"渔民节"

山东日照是海洋渔文化积淀非常深厚的地区。影响巨大的"渔民节"就是它的代表性体现。"渔民节"的主体是从事海洋捕捞作业的人员和进行浅海养殖的人员，即所有从事与海洋渔业生产有关的人员及其家属，所以"渔民节"是真正的渔家的节日。

每年农历六月十三举行的"渔民节"，活动内容很丰富，包括开光、敬龙王、拿行、敬海神娘娘等活动。还需要特别指出的是，"渔民节"各项活动结束后，船老大们还要聚在一起，边喝酒边交流，谈春季的收成和秋季的打算，以及生产中的感受和须注意的事项等。所以这"渔民节"不仅热闹，而且还非常接地气。

"渔民节"的第一项活动是"开光"，即为新建渔船举行的下水仪式。渔船是渔民之本，所以"开光"是渔家盛事，仪式最为隆重。新船落成，亲朋好友送红旗祝贺，旗幅必须是六尺，取六六大顺之意。贺旗少则数十，多者逾百。船主在天亮前到船上焚纸、放鞭、烧香，将红绿布条悬挂船头。备两只大公鸡，一只在船头处开刀，鸡血从"船眼"流下，染红船头，俗称"开光"，又称"挂红"。渔民称此举为"灌带"，亦称"染龙眼"。意思是该船下水后会像龙一样，眼睛睁得大大的、亮亮的，不论白天、黑夜，起雾、下雨，都能看得清、多打鱼，并处处得到龙王的保佑。取鸡血开光，意在借鸡的谐音，喻"大吉大利"之意。另一只公鸡放掉，谓之"放生"，意在即使遇上海难也可免于一死。开光后，新船即可试航，俗称"下河"。下河时，要烧香、焚纸，大放鞭炮，插上亲朋送的贺旗，也有插上竹扎的摇钱树的。一切就绪，亲朋邻里聚集海头，欢送新船下水。

欢送渔船下海后，"渔民节"进入第二环节，即"敬龙王"。与舟山等地的渔民一样，山东渔民也敬仰龙王。"渔民节"这天，渔民们要杀猪宰羊，蒸饽饽，准备各种糕点、水果等供品，在龙王庙里和各自的渔船上张贴红纸对联，悬挂彩旗。渔民们抬着披红戴花的猪羊和各家准备的供品，一路敲锣打鼓、鸣放鞭炮，在秧歌队、旱船和围观群众的簇拥下来到龙王庙。上午八点，祭拜活动开始，鞭炮齐鸣，锣鼓喧天，彩绸飞舞，船老大们把各种供品摆放在龙王殿前，依次烧香磕头，叩拜龙王。

渔民多奉行多神信仰。拜罢龙王，"渔民节"还有"敬海神娘娘"的第三环节。这海神娘娘可能是妈祖，但是山东的渔民们一般不点明，就称"海神娘娘"。舟山渔民船上都有神龛，供奉关老爷。山东日照的渔民也是如此，不过他们供奉海神娘娘。以前有一种"大风船"，就专供海神娘娘。特在船尾设有香案，日夜供着香和三杯酒。出海时，船老大站在船面上，口含清水朝东南方向漱一次，再进仓为海神娘娘上香敬酒，口中念念有词，祈求风平浪静。现在这种敬拜海神娘娘的活动，一般在岸上举行。在龙王殿一侧设有海神娘娘殿，渔民同时祭拜龙王和海神娘娘。

"渔民节"的第四项内容就是"拿行"（又称"抓行"）了，"行"即"行地"，也就是渔场的意思，就是以抓阄的方式来确定各自的渔场。过去没有定位仪器，渔民根据目测，以自然景观为基准坐标，分出能看见"河山"的海区，能看见"嵊山"的海区……像分地一样划分渔场。其具体的仪式是公推一名德高望重的艄公主持，有时候也请道士之类的局外人来主持。这天下午，船老大们聚在龙王庙，由主持人决定抓阄的次序。各船主的姓名均写于竹签上，装在竹筒中，晃出一个竹签，此人拿去"抓行"。"行地"写于纸条上，装在一截芦苇管内，用红纸包裹，全部放在升（一种计量粮食的工具）内，用红布将升蒙好，放于庙内神台上。渔民从升内摸出"行地"，再将它登记到账簿上，此账称"行账"，以备查询。这就可避免渔民为了抢占渔场而发生争斗，所以大家都高高兴兴，晚上要吃饺子表示庆祝。

吃罢饺子喝罢酒，"渔民节"进入娱乐阶段，大家一起跳"水族舞"。水族舞造型多是鱼鳖虾蟹蚌，服装制作采用竹篾、白绸布，或绵纸扎制，再用彩笔勾画。水族舞的表演大致分两种形式。一种是即兴表演，众多男女各依喜好，选择一种水族造型套在自己身上，随着锣鼓、唢呐等音乐，模仿水族的各种姿态手舞足蹈，其步伐多采用戏曲台步或秧歌步，也有即兴发挥的，所以非常热闹。另一种是表演"鹬蚌相争""渔翁与蚌精""哪吒闹海"等民间故事，这就更有"看头"了。

四、海洋社区庙会节

海洋庙会是一种比较特殊的渔家节日。它包含有民间信仰的成分，但更多的是一种民间狂欢的体现，许多还是非物质文化遗产保护项目。山东烟台的"渔灯节"就是一项国家级非遗项目。

"渔灯节"流行于山东省烟台蓬莱等沿海地区十几个渔村。除了传统的祭祀活动，在庙前搭台唱戏及锣鼓、秧歌、舞龙等也是渔民民俗文化的重要组成部分。鲜明的渔家特色，丰富的文化内涵，吸引着来自世界各地的游客驻足。渔灯节从传统的元宵节中分化而来，距今已有500多年的历史。

2015年3月3日，中国民间文艺家协会授予烟台经济技术开发区"中国渔灯文化之乡"称号，授牌仪式在烟台经济技术开发区初旺村举行。该称号是继2008年渔灯节被列入国家级非物质文化遗产之后，烟台地区获得的又一项国字号荣誉。

2017年2月9日，农历正月十三，山东省烟台市沿海渔村举行渔灯节。渔民们齐聚码头，献祭品、扭秧歌，祈盼新的一年风调雨顺、渔业丰收。而那一排排沿着码头和街道闪耀的渔灯，五彩斑斓，非常漂亮。

浙江象山半岛盛行"十四夜"民俗活动，也是一项海洋类庙会性质的节庆活动。据说这个活动的产生与抗倭有关。民间传说明代嘉靖年间，倭寇大举入侵象山石浦港，驻防的戚继光部队和当地百姓联手奋起抗击，取得多次胜利。在又一次的大捷后，戚家军和百姓准备搞一次庆祝晚宴。正当各种菜肴洗切好准备下锅烧炒时，忽接探子报告，另一支倭寇为报复前来进犯。军情危急，来不及精心烹调了，伙夫匆忙将各种小菜统统倒入锅内掺上薯粉，做成"糊拉"，将士们吃后，觉得味道非常特别，胃口大开，士气大振，奔赴战场，一举全歼残敌，这一天正是正月十四。从此，家家吃"糊拉"以示纪念，"十四夜"成为本地最盛大的节俗。"十四夜"到来时，象山半岛的石浦、爵溪等沿海村镇，家家晚餐吃"糊拉羹"，户户点"发财灯"。是夜，倾家出动，手提鱼灯，出门游街、观灯、上庙、聚会。改革开放后，"十四夜"在传承的基础上，又赋予了渔村新的传统文化内涵。每到节日，渔村渔港张灯结彩，鞭炮齐鸣，焰火齐放，各式各样的鱼灯把整个渔村的夜晚装扮得流光溢彩。东门街上，人山人海，一片欢腾。象征太平盛世、吉祥幸福的欢庆气氛，盛况空前，一年胜过一年。2009年，在中央电视台农业频道（CCTV-7）乡土栏目播出。

岱山东沙都神殿五月二十五庙会也很有特色。东沙都神殿原是在清光绪年间，随移民从宁波镇海蟹浦迁移而来，供奉的是一个叫"五大人"的由"清官"升格为神祇的人造神。舟山群岛历来有敬奉"好官"的人文传统，所以这个"五大人"也从此成了岱山岛人供奉的神灵，而且渐渐演变成为一个很有影响的庙会民俗活动。

岱山东沙都神殿庙会在每年的农历五月二十五举行。庙会举行的前一夜，即五月二十四夜里，众多民众就会聚集在都神殿里"坐夜"，通宵不睡。到了庙会正式举行的二十五日，神龛前要供奉三牲福礼、时新糕点和各色水果，信徒们在庙里集体聚餐，当然吃的是素餐。与此同时，还要有各种戏班子演出（包括木偶戏），还会有信徒自己的民乐队演奏。

东沙都神殿庙会在东海海区影响很大，前来赴会上香的，除了本地渔民和居民，还有许多来自福建、山东和台州、象山的渔民。因为东沙在清末和民初是著名渔港，以捕捞、加工和销售大黄鱼闻名，每到渔汛时节，都会有大量外地的渔船前来停泊。

东沙都神殿庙会活动的核心是"度关"。凡是祈求神灵保佑的信徒，每人都会将新内衣一类"贴身"的物件供奉在"五大人"前面，由僧人在一旁念经，众信徒跪拜默祷。

庙会的高潮是出游。信徒们抬着神灵塑像，沿着固定路线游行，一路上唢呐吹响，鞭炮齐鸣，宣告神灵对境内万物的保佑。

浙江著名渔区玉环清港镇的"二月十九庙会"也很有影响。当地供奉娘娘宫（祀陈十四娘娘）为自己的地方神灵。这个陈十四娘娘是顺天圣母陈靖姑，为浙江南部等地与福建北部民众共同信仰的神祇，在浙南各地多有立庙奉祀。玉环清港镇娘娘宫即是其中之一。

每年农历二月十九，玉环市清港镇都要举行一年一度的"二月十九"娘娘宫庙会。庙会举行时，有多支本地及邻近地区的民间艺术巡游队伍参加，如玉环市坎门社区的女子拼字龙、芦浦红山马灯、温岭市泽国镇的吊梗台阁、温岭市箬横镇的"闹湖船"、排街、腰鼓、绸扇舞等民间艺术形式应有尽有。

清港镇庙会有上百年历史，曾经一度改为春季物资交流会。最近几年，又恢复了传统的庙会"迎人圣"活动，当地老百姓抬着陈十四娘娘神像巡游各村，传统庙会又成为各种民间艺术争奇斗艳的"舞台"。

第四章
中国江河湖泊渔文化

///////////////////////////////////////

渔文化是人类在从事渔业、与鱼及水生物相关的活动中所形成的文化，所以江河、湖泊是人类最先休养生息的地方，也是产生不同文化的地缘因素，中华大地江河、湖泊众多，这种天然的地域因素，自然演绎出了绚丽多彩的江河湖泊渔文化。特别是，鱼图腾文化在我国文化中占有重要的地位。在这里，只选取有代表性的江河、湖泊进行有限的诠释。

第一节　黄河渔文化

黄河是中华民族的母亲河，也是中华文明的主要发源地。具体到渔文化，黄河渔文化的历史性特别突出，它是北方江河湖泊渔文化的主要代表。

一、黄河的鱼图腾文化

黄河的鱼图腾文化在我国图腾文化中占有重要的地位，是我国灿烂的古代文化的重要组成部分，在我国历史史册上闪着绚丽的光辉。早在半坡仰韶文化遗址出土的彩陶上，就刻有鱼纹，考古学家们推测，"可能是半坡图腾崇拜的徽号"，是用鱼纹代表"氏族的徽号"，历史学家们也认为"可能就是当时的氏族图腾"。西安半坡村、临潼姜寨、宝鸡北首岭遗址和西乡何家湾遗址中都多有发现，这些人面与鱼纹的结合，表明古人认为正是人与鱼共生了这些氏族。

传伏羲画八卦以后，从原始到古代社会很长一段时间都信奉阴阳文化，体现了古人对自然万物的朴素理解。鱼为水族，与水一样属阴，因此常见将鱼比作女性。但也有将鱼比作男性的例子，在民歌当中尤其比较多见。比如，汉乐府民歌《江南》云："江南可采莲，莲叶何田田。鱼戏莲叶间，鱼戏莲叶东，鱼戏莲叶西，鱼戏莲叶南，鱼戏莲叶北。"对此，闻一多就指出："这里用鱼喻男，莲喻女，说鱼与莲戏，实等于说男与女戏。"不仅如此，以鱼隐喻男性的例子在民歌中不胜枚举。如扬州清曲《八段景》，"小小鱼儿粉红鳃，上江游到下江来。水中多自在，头摇尾巴摆，香饵金钩钓将起来。你既不放我，又不将我爱，俏人儿情甘送你做小菜"；安南民歌有"好家门前有条沟，金盆打水喂鱼鳅，鱼鳅不吃金盆水，即打单身不害羞"；凤县民歌有"贤妹长得白漂漂，清早下河洗围腰。鲤鱼吃了围腰水，不害相思也害痨"；陕南民歌有"河边苇叶响索索，一对水鸭飞过河。水鸭想条鲜鱼吃，贤妹想个少年哥"（参见《闻一多全集·说鱼》）。

鱼鸟图是中国传统文化中频繁出现的一种象征图案。鱼鸟一起成为一种祥和意象，在仰韶文化时期的陶绘上渐露端倪。这在广为人知的《诗经·周南·关雎》中得到美妙的诗意表达。

夏族是中华民族的祖先，夏族鱼图腾文化《国语·鲁语上》说："夏后氏……祖颛顼，郊鲧余禹。"《史记·夏本纪》也说："禹之父曰鲧，鲧之父曰帝颛顼。"也就是说大禹的父亲是鲧，鲧的父亲即颛顼，颛顼是夏族的祖先。他们三代都和水有关系，帝颛顼是水神，鲧和大禹都以治理洪水而闻名，鱼水相连，相传他们都以鱼为图腾。许多原始鱼图腾图案也佐证了关于夏族以鱼为图腾的史实。

夏民族与黄帝部落有着直接的血缘关系，而在黄帝部落的图腾中就有鱼，可以看出黄帝部落的鱼图腾对夏族的影响。《山海经·大荒西经》上有一则神话曰："有鱼偏枯，名曰鱼妇。颛顼死即复苏。风道北来，天乃大水泉，蛇乃化为鱼，是为鱼妇，颛顼死即复苏"。说的是有一种鱼，半身偏枯，一半是人形，一半是鱼体，名叫鱼妇。据说是水神颛顼死而复苏变化成的。适逢风从北方吹来，泉水得风涌溢而出，蛇变化成鱼，颛顼趁蛇变化未定的时机，托体鱼的躯体，死而复苏。颛顼鱼妇特征的出现，成为开启夏族鱼图腾崇拜的标志。

二、黄河渔文化中的"鲧"鱼

颛顼的儿子是鲧，《说文·鱼部》中说："鲧，鱼也。"《鱼部·玉篇》也说："鲧，大鱼也。"证明鲧也是一条大鱼。

大禹是治理黄河的英雄，他吸取其父教训才得以成功治理了黄河。《尸子》中说，"禹理水，观于河，见白面长人鱼，身出曰'吾河精也'，授禹河图，而还于渊中。"可见大禹治水依靠的是鱼精贡献的河图，反映了黄河的古代人对大禹与鱼的关系认识。关于大禹的出生，《山海经·海内经》这样记载："鲧腹生禹。古代"禹"和"鱼"相通，"大禹"就是"大鱼"，可见古人认为大禹确为一条大鱼，鱼也就成了古人的图腾。虽然传说中鱼图腾产生的原因是虚构的，但可以反映出当时夏民族的鱼图腾在生活中的重要性。

三、黄河的捕捞渔文化

鱼是原始先民最早的食物之一，黄河流域的夏民族主要靠渔猎维持。当时人们的捕猎工具以石器为主，捕猎飞禽猛兽非常困难，而捕鱼往往要容易得多。仰韶文化半坡遗址曾出土鱼叉、鱼钩、渔网等渔具，以及大量鱼纹，说明捕鱼在人们生活中占有非常重要的地位。鱼和当时人们的生活密切相关，可见夏民族选择鱼作为图腾标徽是很自然的事情。

古诗里有"关关雎鸠，在河之洲。窈窕淑女，君子好逑。"雎鸠相传就是鱼鹰，在河边捕鱼。鱼鹰象征男性，洲中之鱼象征淑女。这首诗表达的是君子追求淑女，渴望美好爱情的动人情景。《庄子·逍遥游》载："北冥有鱼，其名为鲲。鲲之大，不知其几千里也；化而为鸟，其名为鹏。鹏之背，不知其几千里也；怒而飞，其翼若垂天之云。"鲲为鱼，鹏为鸟。原始崇拜中的鱼、鸟意象，在庄子那里得到超乎寻常的神化的、夸张的、奇异的逍遥式表达。

陇南白马藏族主要聚居区在甘肃最南端的文县，现在铁楼乡白马河流域和石鸡坝乡岷堡沟河流域。由于地处偏远，交通闭塞，经济文化相对落后，陇南白马藏族较好地保留了古朴、神秘的原生态民俗文化，鱼图腾崇拜是其民俗文化的重要组成部分。豆海红等研究发现，现存白马人的服饰图案、妇女首饰、建筑装饰、岩画等均有鲜明的鱼图腾崇拜的符号特征。白马人的鱼图腾崇拜可溯源至炎帝部落时期的仰韶文化，是鱼图腾崇拜的延续，是多民族文化融合的产物。陇南白马藏族在百褶衣前襟处，把鱼与鱼鳞的造型巧妙地结合在一起形成了一个规则的三角形图案。百褶衣的背部有一个抽象的倒三角形的图案，外形上十分接近鱼形，并且三角形两边线交叉之后在顶端做了延伸，形如鱼的尾部，使鱼的形象更加鲜明。白马人的坎肩、短衫的纽扣用银打制成仿鱼形的形状，色彩单纯、典雅，给人一种圣洁祥和之感。特别是耳坠下半部分的三个小坠子，当戴上它时形如三条灵动的小鱼，翩翩起舞。白马藏族妇女在节日或婚庆期间都佩戴鱼骨牌头饰与鱼骨牌胸饰，鱼骨牌头饰一般由五、七或九块圆形鱼骨牌、毛线和彩色串珠组合而成，鱼骨牌依次系在红色的毛线绳上，念珠则用红色的细丝线串起来系在带有鱼骨牌的毛线绳末端。

秦汉时期，黄河流域农渔文化渐具雏形，而在整个国家中的地位和影响也逐渐增强，进入唐中叶以后，成为中国经济的重心。在区域农业开发过程中，农业文化的发展最终形成了三种基本的农业文化类型，即农耕文化、农牧文化、农渔文化。三种文化类型对于秦汉盛世之形成，具有极为重大的影响。河西走廊、河套平原、河湟谷地经过秦汉开发之后，逐渐发展成主要农耕区，延续数千年而不衰。西北诸地种植粟稷，推广宿麦，秦汉所形成的农业地域格局至今也大抵如此。

四、黄河渔文化中的崇信文化

河神信仰作为一种民间信仰在黄河流域有着悠久的历史。河神信仰其实质是一种对水文化的崇拜，古人对于风调雨顺的美好愿景。因此，不论是中国、日本、朝鲜抑或是印度古代社会都有对于河神的崇拜。佛教大量吸收了古代印度的河神信仰体系，并赋予河神更多的利益众生的功能，逐步将其佛教化。佛教传入中国后，其河神信仰、龙王信仰、天王信仰与中国传统民间宗教相结合，形成了具有中国佛教特色的河神—龙王—天王信仰模式。

在中国是黄河河神或者叫黄河河伯，河神信仰体系当中最著名的河神——黄河之神原本也是自然之神，后来发展成为人格化的河伯，更多地承担起主风调雨顺、形成雨法、河流丰旱的功能。佛教传入中国后，佛教中的龙王、天王等神灵部分承担了河神的部分功能。其原因就在于佛教河神以及佛教传入中国以后与中国传统文化相碰撞，逐步中国化，佛教逐步将河神佛教化。

在黄河流域，鱼在民间吉祥图案中，是一个流传极广的装饰形象。如"年年大吉"图，是由两条鲇鱼和几个橘子组成，以鲇谐"年"，橘谐"吉"，表示年年吉祥如意之愿望；"连年有余"图，是由莲花与鲤鱼组成，借莲与"连"、鱼与"余"的谐音，表示对生活优裕、财富有余的向往；"双鱼富贵"图，是以两条鲤鱼与盛开的牡丹花组合，寓意勃勃生机，给人们带来幸福美满，和谐昌盛之意；"双鱼戏珠"图，是用两条鱼、宝珠和浪花相组合，"珠"是财富的象征，浪花比喻财源滚滚来，此图多为商家置于店堂，有生意兴隆，得利丰厚之寓意；"鱼跃龙门"图，以鲤鱼、龙门和浪花相组合。传说每年春季，有许多大鲤鱼游至龙门山下，跳跃过龙门者化为龙，不能跳过者仍为鱼。以此比喻旧时科举制的考中者，赞其光宗耀祖，前途远大。后来经文人加工改造，则成为比喻人的事业与希望，寓意只要努力奋斗，不懈拼搏，定能获得成功。

第二节　长江渔文化

长江是南方诸民族的母亲河，也是南方文化的核心发源地。整个长江水系，包括各附属湖泊，共分布有鱼类 350 种左右，其中终生在淡水中生活的纯淡水鱼有 300 多种，为我国其他江河的淡水鱼种类数之最。其中，银鱼、刀鱼、鮰鱼和鲥鱼号称"长江四鱼"，名闻遐迩。因此，渔文化在整个长江文化体系中，也占有非常重要的地位。

一、长江三峡地区渔文化

三峡地区西迄重庆，东止宜昌，北靠大巴山脉，南界川鄂山地，位于北纬 29°—30°、东经 106°—112°。总面积 5.67 万千米²，96% 以上都是丘陵和山地。长江干流在四川盆地东缘下切巫山山地，形成雄奇险峻的长江三峡。三峡地区是世界上水资源最丰富和最集中的地区之一，区内河流众多，2009 年三峡工程完建后，三峡地区的正常蓄水位达到 175 米，水域面积达到 156 万亩，储水量达 4×10^{10} 米³，水资源总量超过 5×10^{11} 米³/年。三峡地区丰富的水资源，使鱼类有了一个得天独厚的生存条件，在长江干流与支流的一些水域形成了很多大小不一的天然渔场，也是构建"三峡地区特色渔业"的地域特色基础。

如果说源远流长的长江文化和黄河文化形成了华夏文明的博大精深，那么三峡文化就为长江文化奠定了一块厚重的基石。三峡地区有着悠久的渔业史，勤劳、勇敢、智慧的三峡人民，在长期的渔业劳作及生活中所形成的渔文化，伴随着灿烂的三峡文化一起演进，成为三峡文化宝库中的一个精灵，极大地彰显了中国渔文化的独特魅力。

长江上游及三峡地区是我国鱼类生物多样性最高的区域之一，丰富的鱼类资源在维持水域生态系统的结构和功能上具有不可替代的作用，也为产业形成提供了丰富的渔业开发、利用的种质资源。三峡地区现有鱼类超过 148 种（含亚种），约占长江上游鱼类总数的 80%，隶属于 9 个目 21 科 89 属，其中鲤科鱼类 90 种，占总数的 60% 多；其次是鲿科鱼类 12 种，鳅科鱼类 12 种，各占 8%。这一区域有国家一级保护动物白鲟、中华鲟和长江鲟，国家二级保护动物胭脂鱼；有主要经济鱼类 20 余种，铜鱼、鲤鱼、南方鲇、鲢鱼、黄颡鱼、草鱼、圆口铜鱼 7 种鱼占抽样渔获物总量的 78.5%。三峡地区丰富的鱼类资源中有很多是当地特有的名优经济鱼类，如冷水鱼类中的裂腹鱼（类）、鲈鲤、泉水鱼、多鳞铲颌鱼等；常温鱼类中的岩原鲤、白甲鱼、华鲮、云南光唇鱼、圆口铜鱼、长薄鳅等。这些鱼类肉质细嫩、肉味鲜美，深受消费者的青睐，也是正在开发的重要名贵经济鱼类，有着巨大的市场开发价值。细鳞裂腹鱼（贵妃剑鱼、洋鱼、细鳞鱼）肉味鲜美，其头部的副蝶骨形似一把完整的宝剑，品尝时可以完整取出，相传是当年杨贵妃游玩时，其绣花宝剑不慎落入江中，被裂腹鱼吞食后化作这块形似宝剑的骨头，因此，可将此鱼取名为"贵妃剑鱼";"东坡墨鱼",传说大文豪苏东坡在长江洗墨砚时将该鱼头部染黑了。"东坡墨鱼"和江团、肥沱一起被称为"川江三大名鱼",成为川菜的特色名菜。沙鳅(泫鱼仔、长寿吹沙鱼),长寿县志中有长寿吹沙鱼的记载。

二、长江水系鄱阳湖渔文化

长江中游的鄱阳县,水域面积142.3万亩,占全县总面积的22.5%。境内所辖鄱阳湖水域为313千米^2。独特的水资源孕育了丰富的鄱阳渔文化。鄱阳渔业最早可追溯到新石器时代。史料记载中,鄱阳至少在四五千年之前,就已经有人从事渔猎。现今管驿前渔村,至今还是一个以渔业为主业的村落。卡子、挂钩、撑篙、爬网等工具的制作与使用已成其主要生产习俗,并一直传承。鄱阳渔船历来有网船、钩船、鸬鸟船、镣船几种,均为木质结构。其中,网船又包括大网船、高网船、风网船三种。这些渔船一直沿用至今。据不完全统计,鄱阳传统渔业生产习俗有百种之多,归纳起来,分别隶属网、钩、杂具、笼濠、特种五大类。用网捕鱼,是在鄱阳县应用最广的一种捕鱼方式。网的种类很多,形态各异,有大网、布网、高网、丝网、敲网、撒网、溜网、罩网、爬网、百袋网、罾等。钩具主要包括钓钩、挂钩、拖钩、弓朋钩等。长期水上作业的捕鱼,使人与水和鱼形成了一种特殊的关系,它们伴随着打鱼人一代代相传。鄱阳的新渔船下水,都要选择吉日。届时,亲朋都来披红挂彩、放爆竹庆贺,同时点烛烧香敬神,祈保平安。现如今,管驿前渔村的渔民每年正月初一、初二开工时,都要在船头上点烛烧香,放爆竹开船。首先向上水开一段,然后再开往下水捕鱼,以示吉利。

鄱阳渔鼓是鄱阳渔文化的代表,"小小渔鼓圆溜溜,唱起渔鼓乐悠悠。说书人将它捧在手,全靠这渔鼓度春秋。白天捧它是碗粥,晚上将它当枕头。别看渔鼓无用处,穿衣吃饭在鼓里头……",古朴苍凉的腔调随着鄱阳湖的清水一起荡漾开来。这小小的渔鼓里,似乎蕴藏着无数的神奇和奥妙,让人一听就着迷。

三、长江渔文化与民间文学

在《神鱼》的传说中,神鱼驮着屈原尸体返归故里,绕游三周,形成了秭归城东著名的"屈沱三漩",颂扬屈原永垂不朽的精神。《桃花鱼》的传说把香溪美化了,更把昭君美化了,香溪中的桃花鱼是昭君离别故乡时"流下的泪水滴在桃花瓣上变的",既优美又深情。扬州清曲《八段景》,"小小鱼儿粉红鳃,上江游到下江来。水中多自在,头摇尾巴摆,香饵金钩钓将起来。你既不放我,又不将我爱,俏人儿情甘送你做小菜";安南民歌,"好家门前有条沟,金盆打水喂鱼鳅,鱼鳅不吃金盆水,即打单身不害羞";凤县民歌,"贤妹长得白漂漂,清早下河洗围腰。鲤鱼吃了围腰水,不害相思也害痨";陕南民歌,"河边苇叶响索索,一对水鸭飞过河。水鸭想条鲜鱼吃,贤妹想个少年哥。"

长江渔谚,是反映长江渔文化的重要形式,如"一岩(原鲤),二鳊(鱼),三青波(鱼)","千头万头,不如肥头",小满三日出乌鱼;谷雨前后打杂鱼等。

更有很多脍炙人口的渔谚流传民间,如"花鲢头、黄排嘴""千斤^{①}腊子万斤象、黄排大得不像样""鱼之味美者曰青波，尤美者曰江团""不食江团，不知鱼味"等。因此可见，三峡地区特色渔业所表现出的渔文化特色正是特色渔业中不可分割的重要组成部分。

范仲淹有"江上往来人，但爱鲈鱼美"的钟爱。范成大有"细捣橙姜有脍鱼，西风吹上四鳃鲈"的好胃口。

第三节　其他内陆主要江河湖泊渔文化

中华大地山清水秀，绝大部分地区都非常适合鱼类生长，就连青藏高原这样的地区，也是鱼类活动的乐园。除了个别因素造成某些人不食鱼，绝大部分中国人都把鱼类视为食物的一部分。因此，养鱼、捕鱼、食鱼等与鱼和渔有关的活动，陪伴着一代又一代中国人，从而使得渔文化遍布整个中国。除了大江大湖，其他江河湖泊流域都有丰富的渔文化资源存在。

一、松花江流域渔文化

松花江流域具有丰富的渔文化资源。据出土文物显示，早在新石器时代，东北先民们即已聚居于牡丹江、松花江干流一带，利用石制、骨制的原始工具捕鱼，后来逐渐发展到结网捕鱼。

松花江位于北方，四季分明，因此松花江流域的渔文化，也有自己鲜明的"四季渔俗"。这种渔俗活动，王公贵族和民间各有不同的名称。官方的称为"四时捺钵"。辽代的"四时捺钵"制度，特别是春季"捺钵"，是松花江流域渔文化民族特色的一个重要体现。"捺钵"是契丹语，指的是王公贵族在松花江沿岸举行的巡游活动。在一年四季中，不同的季节有不同的渔事巡游活动，其中尤以冬季凿冰捕鱼最具有特色。

冬季凿冰捕鱼活动的高潮是设"头鱼宴"，宴请群臣。有关资料记载表明，每年正月上旬开始，要在冰捕区设立专门的"牙帐"，一直要设立约60多天方结束。在这两个月里，松花江冰层未裂，凿冰取鱼。这个地点一般在位于今吉林省大安市、前郭县一带，古时候叫达鲁河。这里河川纵横，水草肥美，既是产鱼区，也是水禽栖息的地方。辽代的"凿冰取鱼"有别于平常意义上的钓鱼，是一种北方游牧民族特色的捕鱼方式。

严格来说，那个时候的冰钓，并非是钓鱼，而是"钩鱼"。大致情形是这样的：辽主与其母皆设"牙帐"于冰上，然后下令在大约十里左右的河道上，"以毛网截鱼，令不得散逸"，然后"又从而驱之"，使这些鱼集中到了辽主和母亲的"牙帐"前面。事先这里已经预开了四个冰窍，名为冰眼。中间那眼"透水"，也就是直接打通了冰层。其他三眼环绕在这个冰眼周围，但是都不打通，只是使冰层变薄，像一面透明的镜子。"薄者所以候鱼，而透者将以施钩也。"因为鱼类需要透气，一见有打通的冰眼，就纷纷聚集过来透气，所以可以"用绳钩掷之，无不中者。"这样钩得的鱼，往往都是大鱼，在冰层下面的水中拼命挣扎，"遂纵绳令去，久鱼倦，即曳绳出之，谓之'得头鱼'。"这"头鱼"既然已经到手，接下去就要举办"头鱼宴"了，辽主与他的母亲走出"牙帐"，于别帐作"乐上寿"。

可见在古代，这种冰捕活动是非常隆重的，至今仍然在中国东北地区广泛流行。

除了官方的"四时捺钵"制度，松花江民间的"四季渔俗"也盛行一时。

松花江春捕主要使用旋网捕捞，特别是在春季开江之时，鱼类聚集于没有冰排的稳水涡子，为了让鱼集中，用石块筑起拦坝，坝中留出通水口，并在通水口处下网，布置障碍物，俗称"鱼亮子"。渔汛达到高峰之时，沿江两岸的渔民会驾着"扎哈"木制小船、"威呼"独木舟，带着渔网、鱼叉、鱼钩、鱼笼等渔具穿行于松花江之上。到了端午时节，渔民们根据鱼类的习性，利用"爬网"堵截稳水涡子和回水汊子里的鱼。夏季是松花江流域的渔闲时节，渔民们利用这段时光修补渔具，同时利用鱼钩捕鱼。进入秋季，天气渐凉，在封江之前的 20 几天是捕鱼的黄金季节，渔民们顺着冰排空隙，利用挂子网、小型趟网捕鱼，亦可捕获巨大的鲟鳇鱼。而在漫长的冬季里，激动人心的冰捕又可以开始了。[①]

二、珠江水系渔文化

珠江水系是南方两广地区的一条重要水系。"珠江文化"与黄河文化、长江文化一样，都是中华文化的重要组成。这里的渔文化也非常丰富。

珠江边上的布依族是一个古老的民族，在其民间传统文化中保有许多具有深层历史意蕴的渔文化现象，鱼图腾崇拜遗迹即为一例。布依族乃水缘民族，沿江河而居是其居住的文化特点，民间俗谚有"水仲家"（旧时布依族被称为"仲家"）之说。布依族原始先民主要从事渔猎活动，鱼类是他们的主要食物。布依语称鱼为"巴"，并以"巴"泛称所有兽类动物的肉，这说明鱼类是布依族原始先民最早的肉食品。他们崇拜鱼，奉鱼为图腾。这在布依族传统文化中有明显痕迹。至今布依族地区鱼的图形随处可见，一些木、石雕刻制品以及竹编、织锦、蜡染、刺绣等工艺品上常有鱼图案。有些地方已婚中年妇女头饰上的锦片织有鱼虾蟹和水纹图案，又帽檐常镶有鱼形的物质等。

如贵州西南一带布依族过大年，还流行用"干（枯）鱼"祭祖的风俗。贵州中、西一带布依族在安葬过世老人时，前来祭奠的至亲须送三桌祭品，一桌曰"荤"（猪肉类），一桌曰"素"（果品类），一桌曰"面"（水产类）。"面"桌是用米面捏作鱼、虾、蟹等水产物，其中鱼的形状最大且突出，这显然是先民以鱼作祭品的习俗遗留。"丧食鱼虾""祭以枯鱼"是布依族古来的传统习俗。

珠江支流漓江的刘三姐，是个传说中的传奇人物，她的原型其实是原始社会母系氏族时期的女土酋、女巫婆，正因这两种身份使她在宗教祭祀仪式上，成就了女歌神的地位，也使她在后来的民间传说中成了歌仙，成了一方水土的守护神。三姐死后有化石、化鸟、变鲤鱼，三姐骑鲤鱼上天等故事。广西宜山一地说，有陶、李、罗三个广东台山书生坐船到中视村江边和刘三姐对歌，对了三天三夜，始终唱不过三姐，李、罗二人气得跳河，三姐在船上和姓陶的继续对唱，船驶到柳州，姓陶的不愿唱下去了，忽然变成了一条鲤鱼游进了鲤鱼岩躲去，三姐舍不得姓陶的书生，也跟着进了鲤鱼岩，两人又继续对唱，唱得饭也不吃，水也不喝，听唱的人越来越多，最后报到官府，皇帝便封她为"三姐"，从此三姐成了佛，千年坐在鲤鱼岩里。

三、洪泽湖渔文化

洪泽湖是中国五大淡水湖之一，水生植物繁茂，有芦苇群丛、蒲草群丛、菰群丛、莲群丛等，它们为鱼类提供了丰富的饵料，因此从古以来洪泽湖的渔业都比较发达，以致有"日出斗金"的美誉和"走千走万，不如淮河两岸""江淮熟，天下足"之说。

丰富的渔业资源和历史悠久的渔业生产，有力地促进了渔民群落的大量形成，从而为渔文化的繁殖、发展和繁荣，创造了非常好的社会文化条件。洪泽湖地区的渔文化分布在各个方面，其中洪泽湖渔鼓舞、洪泽湖木船制造技艺、洪泽湖渔具制作技艺、洪泽湖渔家婚嫁礼俗等，都已经成为各级非物质文化遗产保护代表性项目。[①]

四、太湖渔文化

太湖是江南的第一大湖，早在春秋战国时期，吴王阖闾曾经建造鱼城来养鱼，可见渔事之盛。根据地方志记载，太湖边上的松江"民多以渔为业，取鱼之术亦备。"

以太湖为代表的江南渔文化，主要可以从渔业捕捞工具和渔船发展两个方面来考查。太湖流域渔民的捕捞技术是非常先进的。春秋时期吴国的渔民创造了捕鱼工具"扈"，即东晋以后的"沪"。"沪"是一种定置渔具，其捕鱼方法是，用细竹或竹爿编成栅栏，插入江中，利用近海江水受潮汐影响而产生涨落潮，将鱼虾捕获在"沪"内，这是捕捞技术的一大进步。唐代陆龟蒙和皮日休长期生活在江南，他们都写了许多"渔具诗"，其中涉及渔具和捕捞技术的就有"网""罩""钓筒""鱼梁"和"叉鱼""射鱼""种鱼""药鱼"等。

太湖流域的渔船发展也是比较迅速的。早在南宋时期，太湖就有几道桅的大渔船。明代太湖流域地区的渔船有帆罟船、边江船、厂稍船、小鲜船、剪网船、丝网船、划船、辋网船、江网船、赶网船、逐网船、罩网船、鸬鹚船等。清代时期，苏南地区的渔业捕捞器械的制造和使用更加科学，如沙船平板、平头、吃水浅，甚至已经可以进入近海捕捞。[②]

第四节　青藏高原藏区湖泊渔文化

藏区有以鱼为神物，不敢捕猎的传统。很多高原湖泊如青海湖、纳木错湖，在藏族同胞的心中都是圣湖，他们有祖祖辈辈自觉地保护这些湖泊鱼类的传统，也有节日围着湖传经的习俗。这应该与藏传佛教有关，这里有两种说法，一种说法是藏族人有水葬习俗，这些鱼是他们亲人的化身；还有一种说法是藏传佛教主张不杀生，鱼的肚子里有很多卵，吃一条鱼就会杀死很多的生命。笔者问过藏族同胞，他们的说法大多数是后者。

尽管藏族有这样的习俗，但是青藏高原等大西北高原地区，仍然有丰富的渔文化存在。

---

① 杨斌，李倩，朱友光．文化生态学视角下的洪泽湖渔文化保护思路［J］．淮阴工学院学报，2013（4）：47-52.
② 李勇．苏南渔业发展中灿烂的渔文化［J］．安徽史学，2009（4）：126-128.

一、青藏高原的"俊巴"渔文化

"俊巴"藏语原发音"增巴"，意为"捕手"或"捕鱼者"。俊巴渔村，曾是西藏自治区乃至青藏高原仅有的一个世代以打鱼为生的村落。该村位于西藏拉萨曲水县境内，坐落在拉萨河下游与雅鲁藏布江交汇的北岸。由于藏族人普遍不吃鱼，所以俊巴渔村的存在在藏区似乎是不可思议的。

有一个传说解答了这个奇怪的现象。传说古时候俊巴渔村恰好处在雅鲁藏布江与拉萨河的交汇处，由于汇聚了江河的天地灵气，这里的鱼繁殖速度非常快，快到河里已经容不下更多的鱼。无奈之下，许多鱼便生出翅膀飞到天上寻找新的生存空间。渐渐地，把太阳和月亮都遮盖住了，而地上的万物生灵因为得不到日月精华的普照和滋润，开始慢慢死去。这时，佛祖释迦牟尼见到此景，极为愤怒，立马下旨，命令一位守护在俊巴村境内"白玛拉措"叫"巴莱增巴"的圣人（神的化身）带领俊巴人一道去消灭这些长出翅膀的鱼，激战九天九夜，终于凯旋，当天他们吃鱼喝酒庆祝。这里的万物又恢复了勃勃生机。因为得到了佛祖的授意，俊巴渔村的村民捕鱼和吃鱼的习俗也就流传至今。

当然传说仅仅是一种解释，还有人从生存环境的角度予以分析。俊巴村位于拉萨河最下游，三面环山，一面临水；在历史上，交通闭塞，耕地稀少，没有牧场，人口众多，为了生存下去，捕捞鱼类就成了没有办法的办法。

俊巴村人捕鱼主要依靠"牛皮船"，它是国家级非物质文化遗产项目牛皮船舞的主要基础。牛皮船舞的藏语称为"郭孜"舞。"郭孜"是一种船夫的娱乐歌舞，"郭"藏语意为牛皮船，"孜"意为舞蹈。牛皮船舞起源于"仲孜"（牦牛舞），由过去辛苦的渔民们独特的休息娱乐方式演化而来。而今牛皮船和牛皮船舞已成为俊巴村旅游开发的热点。[①]

当然，在西藏地区，"俊巴村"这样的渔文化乡村毕竟不多。更多的地方仍然是视鱼为天物，这种民间崇信性质的民俗文化进而转化为一种对于高原鱼类的保护意识，从而使得这些鱼类成为观赏的审美对象，达到了更高层次的渔文化境界。譬如喜马拉雅山脚下有一个纳木错湖。这个蔚蓝色的高原湖泊，碧波荡漾，水中倒映着终年积雪的山峰，水天相融，浑然一体。湖中鱼儿成群结队地游弋戏耍，蔚为壮观。这种高原鱼类呈圆筒形，头大尾短，很像内地的乌鲤，只是身上无鳞，而且个头都很大，每条都有一千克多，大的足有七八千克。曾经有温州籍商人想捕捞这些鱼，结果被当地政府和民众阻止。[②]

二、青海湖的"湟鱼文化"

青海湖古称"西海"，蒙古语称"库库诺尔"，意思都是青色的水。它位于青海省东北部，在大通山、日月山、青海南山之间，面积 4 500 多千米²，最深达 30 多米，是中国最大的咸水湖。

湟鱼是青海湖中的特产，国家二级保护动物。它的学名称为"青海湖裸鲤"。湟鱼的形体非常漂亮，体形近似纺锤，头部钝而圆，嘴在头部的前端，无须，背部灰褐色或黄褐

①　哑河. 西藏"俊巴渔村"孤独的牛皮船舞 [J]. 新产经，2012（10）：60-62.
②　吴树敬，王春霞. 西藏鱼劫 [J]. 商界（城乡致富），2006（6）：74-78.

色，腹部灰白色或淡黄色，身体两侧有不规则的褐色斑块，鱼鳍淡灰色或淡红色。

以前由于当地土著居民认为鱼和龙属于同类，吃了会不吉利，所以青海湖的湟鱼资源异常丰富，后来却由于大肆捕捞，尤其在湟鱼繁殖季节，利用其繁殖洄游规律进行拦截捕捞，青海湖的湟鱼几乎灭绝。2004年，湟鱼被《中国物种红色名录》列为濒危物种，目前为国家二级保护动物。同时也被纳入《青海省重点保护水生野生动物名录》多年，是明令禁止捕捞的鱼类。最近十多年来，当地政府大力提倡保护湟鱼，湟鱼的生存环境得到了很大的改善。其中，最主要的是对于湟鱼繁殖线路水源的保护，从而使得独特的青海湖湟鱼文化得以继续发扬光大。

青海湖湟鱼文化的核心是"湟鱼洄游之旅"。湟鱼生长特别缓慢，一年才长一两。它们终生在咸水湖里活动，却要到淡水河中产卵繁衍。每年的春夏之交，冰雪渐渐消融，雨水增多，各条入湖河流的来水量也开始增加，青海湖的湟鱼也开始了一年一度的生命洄游之旅。湖内的产卵亲鱼开始在环湖各大河流的河口地带集结，然后成群地逆流而上，向着它们世代相传的产卵圣地进发。但是近年来随着入湖河流水位不断下降，越来越多的湟鱼未能通过这条旅程重返青海湖。这已经引起了当地部门的高度重视。

三、滇池渔文化

滇池是云南省最大的淡水湖，素有高原明珠之称。滇池中的土著鱼种如刺鱼等，肉嫩味美，广受欢迎。自古以来，滇池渔业捕捞成为许多人的生存之道，从而也形成了丰富的滇池渔文化。

滇池的捕捞方式多种多样，如鱼鹰捕鱼，既传统又有湖上作业的美感，很具有观赏性。

每年9月或10月的某一天，根据气候等因素，确定滇池的"开湖节"。届时，码头上号角声、锣鼓声、欢呼声交相辉映，湖面上千帆竞发，场面非常壮观。

从2016年开始，滇池尝试举办开渔节。开渔节期间，千帆竞发、鱼王竞拍、长街全鱼宴、渔文化展览等多项内容，让人眼花缭乱。其中"渔文化展览"，以其"渔猎文明，水乡风情。感受原始风土人情，一起领略渔事吟咏，看渔猎文明一路前行发展历程"的丰富内容，吸引了大批观众。

所谓"年代淘米洗菜，年代摸奸做菜，年代游泳痛快，年代水质变坏，年代风光不再"，滇池严酷的水环境的变化，也引起了历届政府的高度重视。政府已经采取多项措施进行整改。

四、高原湖泊的"水怪文化"

长白山天池水怪和喀纳斯湖水怪，都有著名的"水怪"现象。其基本形状，都近似于鱼或根本就是鱼，所以也可以归到高原湖泊的渔文化中去。

长白山天池位于东北长白山主峰附近，地方志上多有湖怪的记载，当地的传说更是绵绵不绝。20世纪60年代，更是多次有人声称"亲眼目睹"了水怪的现身。他们描述的天池水怪是这样的：头比牛头还大，嘴巴突，颈1米左右，体长达3米以上。

科学界给出了多种解释。其中有一种说法是，天池水怪其实可能是一种类似"翻车鱼"的海洋鱼类。长白山天池是活火山，与日本海邻近，极有可能有一条通往日本海的隧道，所以翻车鱼就从隧道进入天池，这不是没有可能。又因为长白山天池是活火山，湖底有火山活动，矿物质丰富，这为翻车鱼提供了食物，同时火山活动使湖底温暖，所以适合翻车鱼生存。但最重要的是，最近的水怪目击照片和录像显示，水怪有打转的习惯，它还可以越出水面，这都与翻车鱼极其相似。如果这种说法可靠，那么长白山天池水怪，其实就是一种特殊的渔文化现象。

除了长白山天池水怪，喀纳斯湖水怪也传说纷纭。喀纳斯湖位于新疆阿尔泰山西部的额尔齐斯河上游，是一个非常狭长的山间大湖，也是我国唯一属北冰洋水系的内陆湖。湖边经常会发现动物的尸骨，在这里流传着水怪出没的诸多传闻。

喀纳斯水怪是我国几大湖水怪中唯一初露端倪者，也就是说有比较可靠的解释。经过专家论证，喀纳斯湖水怪实际上是一种称为大型哲罗鲑的冷水性鱼类，长12～15米，头部宽1.5米，重达2～3吨。它是凶猛的食肉型鱼类，小鱼、野生水禽、大水鼠、水獭，甚至比自己体型大的同类都可成为它的食物。可见这喀纳斯湖水怪，根本就是渔文化元素了。

第五章
中国渔文化的民族形态

////////////////////////////////////

中国渔文化是一种普遍性的文化存在，不但在汉族地区遗存丰富，而且各少数民族也有鲜活生动的渔文化形态。

少数民族地区历经数千年的历史进程，积淀了深厚的渔文化底蕴和内涵。这些文化经过历史的沉淀与洗礼，成为中华民族文化中灿烂的一部分。其传承是弘扬优秀传统文化的需要，也是经济、社会全面发展的需要，不仅可以刺激常规水产业发展，而且可以保留、丰富中华优秀传统文化。

第一节　少数民族渔文化的共同特性

少数民族渔文化对产业的促进作用，涉及水产、文学、艺术、饮食、环境、宗教、哲学等多个领域，并以其知识性、文化性、民族性、趣味性、独特性等特点吸引着人们。

作为先民的食物资源，鱼可谓取之不尽，食之不竭。人们生活中处处有鱼的影子。比如，布依族和水族婚丧嫁娶都要用到鱼，京族的"哈节"祭祀也要吃鱼，赫哲族甚至以鱼为衣料供日常穿戴。因为鱼具有旺盛的繁殖能力，他们崇拜、尊敬鱼，并期望鱼赋予其鲜活的生命力以保自己的民族持续地繁衍下去。于是有些民族把鱼奉为本氏族的图腾加以崇拜，如赫哲族的"鹿头鱼尾"、水族的"双鱼托福"[①]，便是一种图腾崇拜。图腾崇拜曾经长期存在于中国古代社会中，其中鱼图腾是半坡氏族时期的标志。考古学家发现，在半坡遗址和姜寨遗址出土的彩陶盆上多有鱼纹或人面鱼纹。其人面鱼纹，似有"寓人于鱼"或者"鱼生人"或者是"人头鱼"的含义，可以作为图腾崇拜的对象来解释。众多文化人类学、历史学学者公认鱼图腾崇拜是"宗教的雏形之一"。这些特色集中体现在祭祀、饮食、风俗习惯和渔歌渔谚等方面。

一、不同的少数民族渔文化各具特色

少数民族先民们进行初步的探索与实践，经过长时间的发展、沉淀与积累，逐渐形成各民族独具一格的渔文化形态。

---

① 罗玲玲. 水族鱼崇拜的图腾文化浅析［J］. 科技信息，2009（12）：443.

布依族对鱼的崇拜也是对鱼生殖能力旺盛的崇拜。鱼被作为纹样历史悠久，在布依族传统文化中有明显痕迹，出土的史前陶器、玉器中便发现有鱼的纹样。布依族原始先民们还会从鱼身上抽象出在服饰及蜡染中常用的三角纹和菱形。至今，布依族地区鱼的图形随处可见，一些木、石雕刻制品以及竹编、织锦、蜡染、刺绣等工艺品上也常有鱼图案。

在云南白族地区，曾有不少的村子设有本主庙，一切祭祀活动都在本主庙举行。其中，在喜州下边海舌上的村子所设的本主庙里，供奉的是"洱海灵帝"，帝位左侧立一神人，双手捧一托盘，盘内盛有一个大海螺，是当地人称作的"海螺神"；帝位右侧立一神人，头戴尖状帽，帽上有条鱼，即是人们称作的"鱼神"。因此，有人认为，海螺和鱼分别是古代白族的两个图腾。可见，海螺神和鱼神可能是由海螺和鱼图腾演变而来的。[①]

我国宝岛台湾的高山族雅美人中，流传着一种传说，认为他们的始祖在出生时还长着鱼尾巴。雅美人把鱼作为他们的崇拜物，将捕鱼量最多的飞鱼视为最主要的鱼灵，并流行使用牲血祭鱼的献祭形式。雅美人的飞鱼祭，主要流行在台湾地区兰屿，每当夏季捕鱼季节来临时，雅美人就要举行飞鱼祭，通过祭师唱祭歌，讲述飞鱼的故事，让大家对飞鱼尊重和祭拜。一般在2—6月会陆续地举行十几次飞鱼祭，以感谢神明的保佑，祈求鱼获的丰收。

在饮食上，赫哲族以"杀生鱼"为特色，以刚捕捞上来的新鲜活鱼为原材料，添加调料直接凉拌着吃；京族人则会用鱼做成"鱼露"，以便长时间保存；苗族人喜好腌制，有咸、麻、辛、辣、酸、甜六味，刺激人的味蕾，使人食欲大增；侗族与苗族相近，但腌制原料和味道不尽相同，苗族正宗腌鱼一般用的是稻田放养的鲤，侗族则有"侗不离酸，酸不离鱼"之说，侗族"酸宴"大部分用的是酸草鱼；黎族的食鱼方法更特别，要把煮好晾冷的干饭与腌制的鱼混合在一起发酵成"鱼茶"，半个月后食用；傣族善烧鱼，其烧鱼讲香，鱼混着盐等调料用芭蕉叶包起来放在火上烧，香味透过芭蕉叶飘香四溢；其竹筒烧鱼讲鲜，在砍来的竹筒里加水、油、盐在火上烧开后将鱼和野菜一起放入竹筒烧，鱼的味道十分鲜美。"鱼包韭菜"是水族的第一名菜，相传居住在贵州三都水族自治县的早期水族先民，因洪水、疾病、贫困、饥饿而采集了九种当地蔬菜和鱼虾合制成一种良药妙方，治好了许多人。但随着岁月的流逝药方失传了，为表达对先辈的敬慕和怀念，水族人民便用韭菜代替九菜，从而创造出今天的鱼包韭菜。其做法大致是：首先要将鱼沿背部剖开，但腹部相连，除去内杂后清洗干净，将宽叶韭菜、广菜填充在鱼腹内，再将两半鱼合拢，用糯米稻草扎牢，放入大锅内清炖或清蒸，几小时后食用。"鱼包韭菜"有着独特的烹制工艺、特殊的风味和食疗功能，常在隆重节日里款待客人，或在丧事作为祭品以表示对先辈们的怀念。

西藏人极少食用鱼类，并视捕鱼的人为下贱人，一般人都不愿与渔夫通婚。然而，在拉萨市曲水县却有一个专门以渔业生产为主的藏族村落——俊巴渔村。"俊巴"，藏语意为"捕手"或"捕鱼者"。在历史上，俊巴村交通闭塞，耕地稀少，打鱼曾经是他们唯一的生存方式。高原上的鱼类主要为冷水性鱼类，肉质细腻，味道鲜美，富含骨胶原，入口即化。传统的俊巴鱼宴运用原始手法烹制菜肴，所用配料均为当地所能采集到的野蒜、野

---

① 何星亮. 图腾与神的起源 [J]. 民族研究，1989（4）：68.

葱、藏茴香等传统材料。尤其是清汤鱼，只用少许盐加以调味，保持了鱼肉原有的鲜香。除食用新鲜鱼肉，俊巴人还将鱼加工成鱼干、鱼粉、冻鱼皮等留作平时食用。全鱼宴是俊巴引人关注的特色亮点之一。菜品有不下 10 种，其中红烧鱼、鱼肉丸子、鱼干、鱼肉包子、炒鱼酱和辣椒生鱼酱，都是当地人在多年的食鱼习惯中流传下来的经典菜肴。

二、各民族风俗传统中的渔文化特点

因所处地域和发展状况不同，各民族的风俗传统也各有特点。

赫哲族作为北方唯一一个曾以渔猎生产为主的民族，因其天气寒冷，自古便有穿鱼皮衣的传统，以防寒保暖。

水族的原始宗教活动广泛涉及鱼，二十八宿中就有鱼宿。水族人家，若有小孩厌食，体弱多病者，其最简单的巫术仪式是"吃姑妈饭""吃掉落的鱼和糯米饭"，即选定某一吉日事先通知姑妈，让姑妈煮好一团糯米饭和几尾鱼，用芭蕉叶包好，于吉日的清晨或傍晚时分，送到村寨旁边的水井旁摆好，然后由小孩的母亲或奶奶带着小孩前去食用。

广西京族沿北部湾而居，尤其信奉海洋神灵，便有"哈节"传统实行祭祀。早期的黎族"船"形屋状如船篷，在历史文献上也有类似的描述："歧人屋式，弯拱到地，一如船篷""居室形似覆舟，编茅为之，或被以葵或藤，随所便也"[①]。虽然现如今船形屋有被湮灭的迹象，但海南岛中部山区至今仍能见到黎族典型的茅草船形屋。

婚丧嫁娶是我国反映浓郁民族特色的重要部分。水族婚嫁礼仪中有"罩鱼笼"和金刚藤叶的习俗。这里的鱼笼表示捕鱼活动，而金刚藤叶则象征鱼。[②] 鱼是生育繁殖的象征，水族人借此信物，把接到一个能继承祖宗烟火的好媳妇的内涵委婉地表现出来。待到提亲时，男方母亲悄悄把包好的几条小干鱼置于盛着礼品的竹篮底部。而女方母亲收到礼品时，也首先查看篮底是否有小干鱼。若应允婚事，则收下礼品和干鱼。婚礼当天进门时，牵引新娘的老妇手中提着一只土罐，土罐中注入半罐井水，水中放入两条、四条或六条小鱼，取子孙发达、家道殷实、饭稻羹鱼之意。布依族每操办红白喜事，招待客人的第一道菜就是酸笋鱼。进餐后，主人敬客人的第一轮菜也是鱼制品，让客人慢慢地品尝，以表示对客人的尊敬。在新娘回门那天，新郎也要给新娘家以及其家族各户送一大条腌鱼。布依族吃鱼时也要遵循长幼有序的原则，由家里的长辈先尝，然后依辈分年龄大小逐一而食，年纪小的最后吃，必须人人都能吃到。

水葬是一种古老的葬尸体的方式，在我国藏族地区水葬都有其很深的历史渊源，并广为流传，即使在现代文明高速发展的今天，水葬的方式依然很流行。水葬习俗的来源与先民的图腾崇拜有直接联系，一些沿河而住的居民把鱼看作是氏族中的重要图腾，并且对鱼类十分供奉。因此，通过水葬，将尸身投入水中，并被鱼类啃食，这是十分神圣的事情。从佛教教义上讲，在自己死后连自己的尸身都布施给鱼类或鸟类是布施的最高境界，不仅会给亡灵积福也会对亡者的转世有很重要的影响。出葬当天，由亲人将其抱到河边，按照僧人卜算的葬地水葬，在河边浅水处清理出一片地方，经僧人诵经超度后，去掉裹尸布，把尸体放进水

① [清] 张庆长，1992. 黎岐纪闻 [M]. 王甫，校注. 广州. 广东高等教育出版社：118.
② 罗玲玲. 水族鱼崇拜的图腾文化浅析[J]. 科技信息，2009 (12)：443，440.

里，然后选取洁净的小石块，将尸体严严实实地垒砌起来。尸体垒砌好了后，由僧人或死者亲戚中的一位长辈，在一根反搓的白羊毛绳两端各绑一白色石块，一端固定在死者的头顶部位，然后拉起另一端，缓缓地逆流而上。这条白羊毛绳，通常有 10 多米长。拉绳的人一边往上游拉，一边将绳子逐渐淹没于水中，淹到绳子末端，人即弃绳出水，水葬仪式也就到此结束了。为了表示悼念，也为了做标记，有的还在水葬地对准的一河两岸，各竖一木杆，将一条白羊毛绳固定在上，使其高悬在河面。水葬场地的选择是严格的，各地也是基本趋于一致的。场地一定要请活佛和高僧卜算卦定，而活佛和高僧根据有关佛经风水原理，实地勘探后才会卜定。一般原则是远离居民饮水水源，远离生活用水区域及远离居民村落和视野内，在水流湍急、两河交汇、水深拐弯、鱼类众多之处。抛尸时，还要捆上石头让其固定在河底不变位置，一来使鱼类吞食方便，二来不让尸体漂浮，免得污染下游。

三、少数民族渔文化共同呈现发展的趋势

少数民族人民大多由于早期生活条件不发达，无法与自然对抗，对自然有种与生俱来的敬畏心理，他们无法预知海洋的狂风巨浪何时来袭，无法预知未来的渔获产量是否足以供其生活。带着这种敬畏心理，他们只得祈求自然的保护，维护作为衣食之源的渔猎产业，从而产生了诸如祭祀祈祷、禁忌习俗、成文规定等道德规范来自我约束，逐渐做到了人与自然的和谐相处。而少数民族渔文化所带来的不仅有人与自然的和谐，更有人与人之间的和谐、人与社会的和谐。布依族食鱼的长幼有序便是最好的印证。这便形成了尊重自然、互助合作、尊老爱幼、开放睿智、向美求善、热爱生活的少数民族渔文化。在研究中笔者可以发现，渔文化保存越完整的民族，其生态环境保护得也就越好。反之亦然。随着社会发展，人们了解掌握的知识、技术越来越多，现代社会越来越注重经济利益价值，人们不以渔猎业为生，不单单祈求自然的馈赠，逐渐缺失了对自然的敬畏之心，而忽视了人与自然的和谐。加之少数民族自身传播范围小，人口繁衍较少，不少风俗习惯、节日礼仪乃至文化精髓正在被同化，甚至湮灭。文化传统既诉说着民族的过去，又昭示着民族的未来。少数民族渔文化作为我国渔业发展的一部分，对建设民族共有的精神家园、提升国人自信感无疑具有不可替代的意义与作用。

第二节　赫哲族的渔文化

赫哲族是中国东北地区一个历史悠久的少数民族，主要分布于黑龙江、松花江、乌苏里江交汇构成的三江平原和完达山余脉，集中居住于三乡两村，即同江市街津口赫哲族乡、八岔赫哲族乡、双鸭山市饶河县四排赫哲族乡和佳木斯市敖其镇敖其赫哲族村、抚远市抓吉镇抓吉赫哲族村。

赫哲族是一个渔猎民族，并且是北方少数民族中唯一曾以渔业为主的民族。在征服大自然、改造大自然的生产和生活中，赫哲族人民创造了特色鲜明的渔文化。渔文化是赫哲族民族文化的核心，是赫哲族传统生活文化的标志，是赫哲族文学艺术永恒的主题。[①]

---

① 谭杰. 赫哲族渔文化的形成及其传承机制[J]. 学术交流，2012（3）：64-68.

一、世界独有的"鱼皮部落"

1. 鱼皮服饰

鱼皮服饰是赫哲族文化的重要标志。赫哲族是世界上唯一以鱼皮为衣的民族，100多年前，他们还过着渔猎生活，保持着较为完整的渔猎文化。他们沿江河居住，以鱼肉为主食，以鱼皮为衣着主要原料。赫哲族人充分利用鱼脊背与肚腹上所特有花纹色彩的明暗变化，深浅花色，拼接成各种图案，或将上衣皮料剪接拼成对称的款式，或用深色的脊背鱼皮料，剪出粗壮的曲线式回纹，补缝到衣服上。土黄色与黑灰色鱼皮，再配上片片鱼鳞的凹凸痕迹，使一件鱼皮服饰既富有色彩变化又有肌理效果和对称的装饰意味。这也是我国其他少数民族服饰所不具有的图案装饰风格，充分体现出中国传统文化中"材美"观念，最大极限地发挥了天然材质的特质，从而体现出古朴的风格。[①] 鱼皮衣的选材也十分讲究，并非所有鱼皮都能用来制作鱼皮制品，赫哲族人选用的鱼皮可分为三类，一是无鳞类鱼皮，如怀头鱼、鲟鱼、鳇鱼、鲇鱼等；二是小鳞类鱼皮，如哲罗鱼、鲢鱼、狗鱼、鲑鱼、细鳞鱼、白鱼等；三是大鳞类鱼皮，如草根鱼，青根鱼、鲤鱼等。选用这些鱼皮是赫哲族人在生活中逐渐摸索出的经验。在做鱼皮制品前，一般分为选料、剥取、熟软、染色等工艺。[②]

在清代，赫哲妇女都穿很美观的鱼皮衣。女上衣叫"乌提库"，大麻哈鱼皮做面料最好，纹理细致美观，但鱼贵重，所以多用胖头鱼、草根鱼、鳇鱼等鱼皮缝制。鱼皮衣多为长衣，如同旗袍，衣长过膝，腰身稍窄，下身肥大，而呈扇面形。鱼皮女衣分上下两截，皆用鱼皮拼缝而成。一般将鱼皮用野花染成蓝色，大袄下有红、紫、白三色绲边。上截的拼法非常复杂，先拼成背心形，四周以鱼皮制成堆花绲边，最后上衣袖边、领边、衣边都绣以花纹，还要在上衣并排缝上海贝、铜钱之类以示美观。越年轻，其衣服的颜色越鲜艳，胸前背后，均有堆花（鱼皮贴补花）装饰，制作精细。上下两截连接处亦缀有堆花边。以狗鱼皮染成各种色彩，剪成花样，另以本色鱼皮一块为底，将花样缉在其上。男人所穿的鱼皮衣，在袖口、衣边上，一般也镶两道边点缀装饰。鱼皮衣的扣子也是用鱼皮做的。先把长鱼鳞的那层皮去掉，留下里面光洁的皮，把皮裁剪成细条，用鱼皮条编挽成扣疙瘩和做成扣绊缝上去即可。[③] 鱼皮手套（赫哲族人叫"手闷子"）有两种，一种是完全用结实的鱼皮做的，另一种是用布做手套，在布手套外再套一个大点儿的鱼皮手套。这种皮面布里的棉手套在中华人民共和国成立初期比较普遍。手套分两种：一般都是四指在一个套中，大拇指独套一指。另一种是整个手都在一个套中，但在大拇指处留有一个可供拇指出入的孔洞，孔洞口以长的毛皮镶边，让毛把孔掩盖住，免得透风。手套口上也有鱼皮或兽皮带子可扎紧，使之不透风。猎人的手套还有个口可供食指与拇指伸出来，以便扳枪栓和扣扳机。另有用鱼皮做的小皮帽，过去是老头儿戴的，夏天可防日晒和防蚊虫叮咬。

① 满懿，曹霞. 赫哲族鱼皮服饰的价值与传播[J]. 沈阳师范大学学报（社会科学版），2004（4）：74-76.
② 王锐，田丽华. 赫哲族鱼皮文化艺术研究[J]. 佳木斯大学社会科学学报，2007（5）：108-110.
③ 徐万邦. 赫哲族鱼皮工艺简论[J]. 内蒙古大学艺术学院学报，2004（1）：11-16.

鱼皮口袋是赫哲族人的储存工具。形状似葫芦，长约 30 厘米，最宽处约 25.5 厘米，以多块哲罗鱼皮拼缝而成。其拼缝法甚精细，口袋边缘都绲以紫色边，袋的两面均镶有鱼皮堆花，袋顶附皮带一条，带长约 52 厘米，带之下端分成三支缝在袋顶。皮袋用以盛储零物。另有大口袋和褡裢，用于外出装东西。小姑娘也喜欢鱼皮做的小挎包，上面有图案装饰。[①]

鱼皮"乌拉"是赫哲族人用鱼皮制的鞋子，绝大部分是用熟化了的怀头、哲罗、细鳞、狗鱼等鱼皮制成。鱼皮"乌拉"由乌拉身、脸、腰三个部分组成，前端和脸抽褶缝成半圆形，再用较薄的鱼皮沿着乌拉口缝上高约 30 厘米的腰子，然后串上绳或皮条带子。鱼皮"乌拉"既可冬季穿也可夏季穿，其优点是轻便、不受潮湿、不挂霜。夏季穿便于在泥泞的道路上行走，冬日暴风雪出猎时穿，行走不打滑；冬季穿时，为了聚温保暖，常在里边套上狍皮袜头或絮上捶软的地产乌拉草。因此，鱼皮"乌拉"在赫哲族中使用最广，延续时间也最长，深受赫哲族人喜爱。赫哲族人对鱼皮技艺的掌握与应用远不止鱼皮衣、裤与鞋，还有帽、围裙、袖带、绑腿、荷包、口袋、帐篷、被褥、桌凳等生活用品，甚至用于建造渔民逐江河而居的鱼皮窝棚及民居建筑的鱼皮窗纸。可以说，鱼皮制品贯穿于赫哲族人渔猎生活的各个角落。[②]

2. 鱼皮剪纸

赫哲族的妇女勤奋而心灵手巧，善剪纸、工刺绣，创作了各种各样的装饰图案。由于生活的物质环境和当时的经济条件，她们很少用纸张来剪，而是因地制宜，用鱼皮作载体来完成。赫哲族人以鱼皮剪纸著称于世，并延续至今。而这些剪纸，却多不是用作独立的剪纸作品供人欣赏。在当时，纯粹审美意义上的、单独使用的剪纸是很少的，它是刺绣的花样，即以一个剪成的图案为底样，可复制出若干个相同纹样的图案。有时，这些剪成的图案不是作为图案板或模子，而是将其或贴或缝在衣物上，叫作"贴花"。还可以用花线将贴在衣服上的图案缝绣起来，完全为花线所覆盖，具有浮雕式的立体感，称之为"包绣"。"贴花"和"包绣"属于刺绣范畴，所以剪纸与刺绣是联结紧密的姐妹艺术，有时是不能分割的。早期的鱼皮剪纸基本上是巧妙地运用鱼皮的原色与天然纹路进行色彩的搭配。随着鱼皮剪纸的发展与传播，赫哲族人把染色技术也融入了剪纸技艺中，常常在用鱼皮剪成的图案上涂以黑、红等颜色进行再创造，所以剪纸、刺绣、绘画经常是多位一体的，互相搭配，色彩明亮生动，多用作衣服上的装饰。

赫哲族鱼皮剪纸经过不断地创新，不止简单地进行平面创作，还会在两张鱼皮剪纸的缝合过程中加入棉絮或棉花等填充物，使之更立体有趣，在如今的旅游开发过程中也被广泛运用，常常被当作纪念品进行售卖。这些鱼皮剪纸以表现各种动物为主，通常为各种艺术化的图腾形象，如鹿图腾、鹰图腾、龙图腾及太阳、火、河神等形象，到近代更加入了汉字的书法艺术，反映出赫哲族的神崇拜和兼收并蓄的文化底蕴，也使赫哲族的鱼皮剪纸更加丰富多彩。

---

① 徐万邦. 赫哲族鱼皮工艺简论[J]. 内蒙古大学艺术学院学报，2004 (1)：11-16.
② 孔德明. 从赫哲族鱼皮服饰探寻三江平原的造物文化[J]. 西北民族大学学报（哲学社会科学版），2009 (5)：74-81.

3. 鱼骨工艺

鱼骨工艺与赫哲族深邃的渔文化密不可分。因鱼是赫哲族人三餐必不可少的食物，用吃剩的鱼骨制作鱼骨工艺品的奇想自然也就顺理成章。鱼骨工艺品的用料都是天然鱼骨，用鳔胶粘接，其作品构思巧妙，造型精美，显现出了赫哲族传统文化的特有风格，堪称赫哲族文化园林里的一株奇葩。赫哲族的鱼骨制作工艺可以追溯到古代，赫哲族人大多使用各种鱼骨制作骨箭、骨筷、骨匙等骨制用品，用鱼骨、鱼刺制作的头饰、项饰、腰饰等装饰品也不少。鱼骨工艺品的制作过程也十分精细：将鱼骨搜集起来，在热水中洗净，再进行消毒，几个小时左右捞出来，用小刷子将鱼骨刷洗干净。把刷好的鱼骨放在阴凉处晾干，用剪刀剪下制作工艺品所需要的部位，随后用钢锉对剪下的鱼骨、鱼刺进行修剪造型，最后按自己的构思或设计草图用快干胶粘接制作。人们通常按照鱼骨的形状进行拼粘连接各种相似物的工艺品。

与此相关，赫哲族的鱼皮服饰工艺还通过体育项目得以传承。比如，鱼皮服饰对捕鱼技术要求非常高，高超的叉鱼技术保证了鱼皮的完整性，为鱼皮服饰的完美性提供了技术保障。因此，叉鱼作为一种体育项目被保留下来。叉鱼的方法有许多种，"咚库"就是赫哲族古老的叉鱼方法。每逢喜庆节日，赫哲族青年就聚在一起，在长数10米、宽8米的场地上架设类似羽毛球项目的栏网，持渔叉玩"叉草球"游戏。"叉草球"在赫哲族语意为"争夺"，是赫哲族部落青少年喜爱的传统体育活动之一，也是赫哲族培养儿童捕鱼技能的一种方式。该项体育活动，虽未见史籍记载，但从20世纪赫哲族民间流行的程度上推断，似是一个历史悠久，流传广泛，保留至今而成为传统的竞赛项目。它的形成与发展有着深厚的赫哲族传统文化底蕴，与赫哲族的历史和风俗有着本质上的联系。[①]

二、匠心独具的吃鱼习俗

赫哲族有食鱼民族之称，祖先逐江河而居，以捕鱼狩猎为生，形成了以鱼肉和兽肉为主，以野菜、野果和粮食为辅的饮食习惯。赫哲族世代以鱼肉为主食，鱼的吃法众多而独特，春夏秋冬都能杀生鱼吃，能炒鱼毛（肉松），汆丸子，能把鱼皮做得像海蜇丝，把鱼子酱、鱼团子、鱼肉饺子和鱼粥等做得美味可口，同时形成了一整套娴熟的做鱼烹饪方法。[②]

（一）生鱼

生鱼片起源于中国，到近现代赫哲族的一些村落仍然有吃生鱼片的习俗。大致有以下几种烹饪方法。

1. 杀生鱼

杀生鱼，赫哲族语称"他拉喀"。该菜多选用鲟鳇、鲤、草根、白鱼等黑龙江特产新鲜鱼作原料。其做法是把鱼放血后，剔下鱼肉，切成细丝，拌上葱、姜、辣椒，加上醋和盐即可食用。这是最初的吃法，现在这种菜的辅料和佐料更加齐全了，有细粉丝、绿豆

① 满懿，曹霞．赫哲族鱼皮服饰的价值与传播[J].沈阳师范大学学报（社会科学版），2004（4）：74-76.
② 程丽云．渔业生产对赫哲族民俗的影响[J].佳木斯大学社会科学学报，2006（1）：88-89.

芽、土豆丝、白菜丝、黄瓜丝等,再放上味精、辣椒油、葱、蒜等调料,味道极其鲜美。对外来的客人,赫哲族人常以杀生鱼为敬。如今杀生鱼已成为赫哲地区的名菜。

2. 生鱼片

赫哲族语称"拉布特喀"。多半是在捕鱼时吃的。其做法是把活鱼肉剔下,切成薄片,蘸醋和食盐即可食用。

3. 刨花鱼片

赫哲族语称"苏日啊克"。过去常在冬季吃。做法是把冻鱼剥皮,将鱼肉削成极薄的冻鱼片,像刨花一样,马上蘸醋、盐和辣椒油吃,既凉爽又鲜美,是下酒的佳肴。现在,这种菜仍广受喜食。

(二)鱼肉类特色菜品

赫哲渔民捕鱼时在滩地休息,除了吃生鱼片,也就地取材创造了一些特色菜品。

1. 江水清炖鱼

江水清炖鱼是渔民们在江滩打鱼时熟食鱼肉的主要方法。将打上来的新鲜鳌花、鲫鱼、嘎牙子等,去除内脏,清洗干净后放入锅中,不必加油,撒适量调料,添上江水,用火清炖,直到鱼熟为止。江水炖鱼口感鲜嫩,鱼汤味美,非常好吃。

2. 烤鱼

赫哲族语称"塔拉哈"。其做法是将新鲜的鱼从脊梁骨两边连皮带肉的片下,然后切成连搭肉片,用柳条当烤鱼竿,顺着串好,放在火上烤。用刀片或木片将鱼鳞刮掉,烤至三四分熟即可蘸着盐面和醋吃,又香又筋道,回味无穷。这是渔民在捕鱼滩地上形成的食俗。过去赫哲族人每逢三月三、九月九,都会举行盛大的篝火晚会,在晚会上跳舞、唱民歌,烤塔拉哈吃。现如今,烤塔拉哈已成为赫哲族饮食当中的一道风味菜肴。

3. 烤鱼干

赫哲族语称"稀鲁"。选用脂肪少的鱼切成条或块,洗干净后,放在架子上用火熏烤,烤熟后即可食用。也有可长期存放的,可当作零食随时取用随时吃,一般是年轻的女性和儿童偏爱的食品。

4. 炒鱼毛

赫哲族语叫"塔斯恨",即人们平常说的鱼松。以前赫哲族人吃饭时,每餐都离不开鱼毛。鱼毛主要是用怀头、胖头、鲤鱼、哲罗等大鱼来炒,鱼越肥越好。做法是先将鱼去鳞剖腹,去掉内脏,切成大块儿放入锅中,加适量的冷水,水淹过鱼即可,用大火煮沸,加适量的盐再改为小火煮,待鱼煮熟时,挑出鱼骨和鱼刺。把鱼肉放凉搓碎后再下入锅中翻炒。炒鱼毛时要注意火候,炒到颜色金黄且不粘锅,酥软而喷香时取出,放凉后,装在坛子里或桦树皮箱子里,用炼好的鱼油浸泡,封好口,储存在阴凉处,随时都可以吃。鱼毛的营养价值丰富,是妇女、儿童和老年人的补品。

5. 晒鱼干

赫哲族语为"敖尔奇克"。主要在风多凉爽、气候干燥的春、秋两季制作。晒鱼干要挑选比较瘦的鱼,春天大多数选用狗鱼、鲫鱼、白鱼、鳊花等。先把鱼去鳞,剖腹去内脏后洗净,用刀顺着鱼身划几道口,撒上盐,然后放在架子上晒。秋季晒的鱼大多数是大麻哈鱼干。过去晒大麻哈鱼干大多不用盐腌制,是把鱼剖腹去内脏洗净,然后把大马哈鱼切分成许多部分晒。因为大麻哈鱼肉的肥瘦部分区别很大，分开来晒鱼肉不容易腐烂，而且食用时也可以根据个人口味选择。如今有了盐，晒鱼干也不用分开来晒，渔民将打上来的新鲜鱼去掉内脏洗净，用刀在鱼肉上划上几刀，撒上盐浸泡几小时后，晾在架子上晒，即成了鱼干。晒好的咸鱼干、咸鱼条，可以生着吃，也可以熟吃，可以当主食吃，也可作为菜或零食吃。吃的时候可以撕一小条鱼干放在嘴里嚼，越嚼越香，或者是将鱼干先用水浸泡，待鱼肉泡软后用油煎着吃，或者切成小块，加入料酒、味精、醋、酱油、葱花、姜末拌匀后用锅蒸着吃。

6. 炸鱼块

赫哲族语称为"依斯额母斯额"。将鲤鱼较肥的部分切成小方块儿，用鱼油炸酥，然后放入箱内，用鱼油浸泡，封好箱口储存起来，随时可以食用，吃的时候加些鱼毛味道更好。

7. 鱼丸子

做鱼丸子最好是选用狗鱼、黑鱼、大麻哈鱼。其做法是，将鱼脊梁骨两侧的肉片剁成肉泥，边加水边不停地朝着一个方向搅，搅到像冰淇淋一样，加入适量的盐、味精等调味品，用手盛一小团放在凉水里，能浮起，馅即打好。锅里放入适量的油，用葱花炝锅，待锅开时，用手攥成圆形鱼丸放入锅中，待鱼丸子都浮在水面时，汤中加入香菜、胡椒粉即可食用。鱼丸子味鲜，质软有弹性，汤汁味美，是宴席上的开胃汤。

（三）其他美味

赫哲族人食鱼的历史悠久，除鱼肉外，鱼子、鱼鳞都能制成美味的食品。

1. 凉拌鱼子

赫哲族用于生吃的鱼子主要是大麻哈鱼子。食用前先用盐将鱼子腌制，再放入醋、葱末、香菜末拌匀，鱼子入口即化，越吃越香。大麻哈鱼子营养丰富，据说七粒鱼子相当于一个鸡蛋的营养。食用时用盐末腌制片刻，放上醋和香菜末即可，是宴会上款待客人的上品。

2. 炸鱼鳞

主要是用草根鱼、鲤鱼。其做法是将鱼鳞洗净，在开水中过一下水，晾干后放在盘子中，加入盐、料酒稍腌制片刻备用，用面粉和鸡蛋调成糊状，将腌制的鱼鳞倒入拌匀，待油锅烧到八成热时，用手挤成丸子入油锅中炸。此菜酥焦咸香，是一道下酒菜。

3. 鱼子酱

鱼子酱中以鲟鳇鱼子最为名贵，它味道鲜美，含丰富的蛋白质。早年，赫哲族缺盐吃时，他们将鲟鳇鱼子搓开晒干，即当饭食用又可以当菜吃。现在有生吃和熟吃鱼子两种方法。生吃的鱼子仅限于鲟鱼、鳇鱼、兔子鱼和大麻哈鱼。赫哲族人将捕到的鲟鳇鱼开膛，取出鱼子放在纱布上，轻轻揉搓，把鱼子外面的一层薄膜去掉，再把鱼子放入坛子里，按照比例加入盐水搅拌均匀后浸泡几分钟，然后倒在纱布上晾干水，用手触摸感觉不到水湿时，鱼子酱便制作成功。将做好的鱼子酱放入罐头瓶或坛子中，封好口，储藏在阴凉处即可。吃的时候取出一些，加点葱花、醋、香菜末拌匀，味道不腥不腻，十分可口。现在赫哲族人吃鱼子还有一种方法，将鱼子与鸡蛋一起摊成饼吃或放入锅内蒸成鱼子鸡蛋羹，鱼子的鲜和鸡蛋的嫩完美结合在一起。[①]

---

① 付水晶. 赫哲族鱼文化[D]. 北京：中央民族大学，2012.

赫哲族人还喜欢吃一种名为"拉拉饭"和"蒙古布达"的鱼粥。"拉拉饭"是用小米煮得很稠的饭。粥里放上鱼毛或鱼油，然后搅拌均匀，非常好吃。"蒙古布达"也叫活花饭，即把鱼肉切成小块，同小米一起下锅煮，放点盐，熬成糊状，菜饭合一，既方便又好吃。

鱼家宴作为待客筵席必备的菜肴，在赫哲族的食鱼文化中是一种民间风味宴席。它以鱼为主要原料，运用流行的烹饪技术，注意生熟搭配，做出一整桌原汁原味的全鱼宴。目前，赫哲族的鱼家宴主要是生食和熟食两类菜系。首先上的是生的凉盘，少则几道，多则十几道，全都是用新鲜的活鱼做的，如生鱼片、刨花、鲟鳇鱼骨、鱼鼻、鱼泡、鱼翅、鱼肚、鱼肉干、鱼子等，白色、黄色、红色、黑色，颜色鲜亮。熟鱼主要做法是炖、清蒸、红烧、烤、炸、溜、炒、煎等多种烹饪手法，烹制的菜造型美观，味道鲜美，营养丰富。赫哲族的全鱼宴，无论从形式到内容，都形成了自己独特的民族饮食风格，烹饪工艺是原始与现代的结合。鱼家宴作为赫哲族的民间特色宴席，以其独特的风味和烹饪手法，吸引了成千上万的客人到这里来品尝。

三、融入生活的渔文化

由于特定的地域环境，赫哲族人与鱼结下了不解之缘。长期以来，鱼一直是赫哲族人的衣食之源，甚至是精神依托，在生活中须臾不可或缺。渔文化渗透到赫哲族生产活动、生活习俗、文学艺术、宗教信仰等各个方面。

1. 生活禁忌习俗中的渔文化

赫哲族人有鱼图腾崇拜的宗教习俗。在赫哲族的神话传说中，认为鱼对人的起源发挥了重要作用。"天神恩都力用泥土和海水造人后，把人放到鱼口中，以躲避阴雨，待到天晴时，小泥人欢蹦乱跳地从鱼口中跳出来"。[①] 于是便有了鱼赋予了赫哲族人生命力这种说法。赫哲人把"鹿头鱼尾"作为民族的图腾，鹿头代表狩猎，鱼尾代表捕鱼，形象地说明了赫哲族先民正是靠着渔猎繁衍生息。[①]基于此种信念，赫哲族人在生产与生活中有许多禁忌，其中常见的涉鱼禁忌有：

①孕妇或月经期的妇女不准到渔场或捕鱼船上，怕"败了兴"，捕不到鱼；

②参加捕鱼的人，如果家中有人死去，到渔场后，要烧起一堆火，让他跨过去，熏熏"晦气"；

③捕鱼和狩猎生产时，不准说大话、怪话、谎话，怕触犯了神灵，捕不到鱼和猎物；

④妇女不能跨过或坐在猎枪、子弹及其他各种捕鱼、狩猎的工具上，也不许跨过或坐在男人的衣服上；

⑤孕妇不能劈鱼头，怕生畸形婴儿；

⑥妇女不能坐在船头，怕把福气压下去。[②]

2. 生活谚语中的渔文化

谚语是赫哲族人对生活和生产劳动的经验总结，是一种广泛流传于民间的简练通俗而富

---

①　谭杰. 赫哲族渔文化的形成及其传承机制[J]. 学术交流，2012（3）：64-68.

②　崔玉范. 赫哲族传统文化与民族文化旅游可持续发展研究[D]. 济南：山东大学，2009.

有意义的"现成语"，它体现了人们对生活和生产的经验感受，是人民的智慧结晶。赫哲族的谚语丰富多彩，所反映的范围相当广泛。例如，反映渔猎生活的"两块板能翻山，三块板能飘江过海""江里的金鲤银鲶捕不完，林里的木耳蘑菇采不完""鱼儿是个宝，吃穿朝它要"，均表现出赫哲族人民的生活离不开鱼；又如反映渔猎经验的"打枪听风声，投叉看水纹""打鱼的贪黑，打猎的起早""鲤鱼走一条线，胖头走一大片""千斤的鱼在深水急流，咬讯的鱼在浅滩水沟""小河沟里的水养不了大鱼，小河汊里的鱼翻不了大浪"，皆反映出赫哲族人对鱼生活习性的熟练掌握。赫哲族人根据自己多年的捕鱼经验，形成了诸多体现自然时令的谚语，这些谚语有的反映在节令时鱼儿的活跃状况，有的反映了当季的渔汛，例如：

> 冰排一淌，春鱼满舱。
> 立春棒打獐，雨水舀鱼忙。
> 立夏鱼儿欢，小满鱼来全。
> 芒种鱼产卵，夏至把河拦。
> 小暑胖头跳，大暑鲤鱼跃。
> 立秋开了网，处暑镩鱼鲜。
> 白露鲑鱼来，秋分鱼子甩。
> 寒露哲罗翻，霜降打秋边。
> 立冬下挂网，小雪打冰障。
> 大雪钓冬鱼，冬至补网具。
> 小寒鱼满舱，大寒迎新年。
> 五花山，白露水，大麻哈鱼把家回。
> 冬吃头，夏吃尾，春秋两季吃分水。

赫哲族人的渔谚不仅反映在渔猎生活中，更浸透于日常生活中，例如，"吃不尽的依玛哈（鱼），穿不尽的鱼皮衣""夏天穿鱼皮，冬天穿狍皮""桦皮小帽凉快，鱼皮温塌（短腰靴）轻快"都反映了赫哲族在衣着服饰上的特色；"吃的向江要，用的上山拿""刹生鱼、脆生生，塌拉哈、香喷喷"则反映了赫哲族人食鱼为生的日常生活；"塌古通、鱼楼子，挂满鱼干和兽肉"形象地描绘了赫哲族人居住的房屋特点。另有一类谚语反映出人们从捕鱼经验中领悟了人生哲理，如"鱼叉不摸要生，扎枪不投要锈"就是在勉励人们要勤劳，表现出实践的重要性；"怕老虎成不了好猎手，怕风浪当不了好渔民"则是宣扬了赫哲族人民勇敢、无畏的精神气节。诸如此类的谚语还有：

> 神枪手不说自己枪法准，神叉手不说自己鱼叉灵。
> 不下水成不了神叉手，不上山成不了好猎手。
> 一条小溪难养千斤的鳇鱼，一道秃岭难栖珍贵的禽兽。
> 一根丝线织不成网，一捆茅草苫不了房。
> 猎人不走现成的道，渔民不怕风浪高
> 吃糠菜，穿鱼皮，鱼皮靴子受人欺。
> 烤鱼是香的，巴彦的心是毒的。
> 下河敬河神，上山拜山神。
> 没有水上功夫，别想捕到鲤鱼。

这些谚语由赫哲族人民长久实践而来，都具有一定的哲理。以下摘抄的这些歇后语也真实地反映了赫哲族的捕鱼风俗和生活习俗，是赫哲族智慧的结晶。

赫哲族的歇后语[①]：

> 鳇鱼皮做的靴子——穿不烂。
>
> 三块板的快马子——轻巧。
>
> 用尾巴钓鱼——熊人。
>
> 大风浪里行船——胆大。
>
> 往江里倒酒——祭江神。
>
> 刹生鱼待客——上等菜。
>
> 大麻哈鱼子——鲜红。
>
> 篝火上烤鱼——喷香。
>
> 用鱼干打鹰——白扔。
>
> 春天炒鱼毛——喷香。
>
> 木头刀剥鱼皮——捅不漏。
>
> 赫哲族人的缠鱼——进贡。
>
> 怀头鱼甩子——仰壳。
>
> 大麻哈鱼回娘家——思子。
>
> 河神爷开恩——来鱼。
>
> 串起来的鱼——没跑。

综上所述，赫哲族渔文化具有不同于其他民族的独有的文化特质。首先是其同生产、生活实践的结合性。在传统社会中，赫哲族以渔业为基础生产，人们的衣、食、住、行均建立在渔业生产基础之上。食鱼肉、穿鱼皮，因渔业生产需要而沿江河高岗处建筑房屋、制造船只。因此，渔业是决定赫哲族社会生活方式的主要因素之一，并由此而衍生出生产文化、生活文化、娱乐文化、体育文化和宗教文化。上述文化整合为一体，发展为民族文化的核心——渔文化。其次，是同自然地理环境的协调性。赫哲族的渔文化与地理环境、自然条件具有极强的亲和力。在服饰方面，赫哲族世居的黑龙江、松花江、乌苏里江流域属高寒地带，冬季寒冷而漫长，用鱼皮做衣服既轻便、保暖、耐磨，又防水抗湿；既不会硬化，也不会结冰。在住房方面，赫哲族传统住房选址多傍水依山，夏季建在地面上，因河流两岸灌木繁茂，往往建造一次性住房；冬季多为地穴式，住房材料使用河岸常见的灌木干、柳条、桦树皮等。在交通运输方面，常年以水为邻，劳动、生活在江、河、湖泊的沿岸，自然也就以船为主要交通工具了。在饮食方面，创造了制作鱼干、腌制鱼料、炒鱼毛等简单、便捷的存储方法，适应了东北地区无霜期短的地域特点。可以说，赫哲族的渔文化对于地理环境和天然条件的利用达到了完美程度，表现出人与自然共生共荣的和谐境界。[②]

---

① 付水晶．赫哲族鱼文化[D].北京：中央民族大学，2012.

② 谭杰．赫哲族渔文化的形成及其传承机制[J].学术交流，2012（3）：64-68.

第三节 京族渔文化

我国京族主要分布的广西壮族自治区东兴市江平镇的澫尾、巫头、山心三个行政村，被称为"京族三岛"。京族紧邻我国著名的北部湾渔场，沿海而居，海域捕鱼自然也就成了他们主要的经济生活。海滩、村寨给人的第一印象是成堆成挂的各式渔具。拉网、刺网（定刺、流刺、旋刺）、塞网，还有专门针对特定捕捞对象的鲨鱼网、南虾网、海蜇网、鲎网、墨鱼网等，渔具之多、分工之细，形成了京族发达的渔业文化与独特的渔业风情。作为拥有500多年渔业生产实践历史的海洋民族，我国京族在原生态的生产过程中积累形成了内容丰富的传统渔文化。京族人民通过正确认识周围环境和民族自身，敬畏海洋、开发海洋，从而实现了人与海洋、人与人的和谐相处，创造了系统、完整同时具备认知性、生态性、功能性的传统渔文化。①

一、隆重的传统祭祀节日——"哈节"

哈节是海洋民族京族唯一的本民族传统节庆，人们对海洋的认识、依靠、敬畏和眷恋等各种情感贯穿于哈节的传说和歌、舞、乐、仪之中。哈节主要为了祭祀以"镇海大王"为首的五位神灵，感谢神灵对渔业生产的保佑，同时也对下一年的渔业生产寄予希望，祈求海洋神灵的保护。因此，哈节是京族传统"渔"信仰文化最为集中的体现。每年哈节，人们要用长长的仪式队伍到海边迎接镇海大王，只有顺利地把镇海大王迎接回来，哈节才能正式开始。凡年满16岁的男子都要置备鸡、酒、糯米饭、槟榔等祭品到哈亭祭祀，经过祭拜的男子才算"入众"（即进入成年），才能被允许参加唱哈节的入席活动，从此便可参加捕鱼生产。哈亭是欢度哈节的固定场所，也是京族村落里最为神圣的地方。哈亭即神庙，供奉着白龙镇海大王、高山那太王、圣祖灵应王、点雀神武王和兴道大王五位神祇。镇海大王是主神，其余四位是副神。村民认为神灵各司其职，用一张红色的尼龙渔网围着五位神灵的牌位，共同构筑关系京族人民生产、生活方方面面的"护佑网"。哈亭又是祠堂，以左昭右穆的形式供奉京族十二姓氏家族的先祖。②③

虽然"哈节"带有十分浓厚的迷信色彩，但它寄托了京族人民对幸福生活的追求和与海洋和谐共存的美好愿望。令人担忧的是，受外来文化和生活方式的影响，目前哈节正变得简单化并发生变异，如传统哈节上的唱哈，主要角色为三人，即由两名哈妹（又称桃姑）唱，一名哈哥（又称琴公）拨琴伴奏；而现在唱哈比较随意，只有哈妹唱，往往没有哈哥伴奏；除了唱传统歌谣外，也有唱红歌的，显得不伦不类，使哈节祭祀仪式失去了庄重和严谨，形成变异。这显然淡化乃至改变了传统习俗，使哈节无法得到完整的传承和发展，既影响了外来游客对京族习俗文化的正确认识了解，又不利于哈节作为非物质文化遗

---

① 张秋萍. 京族传统渔文化的调适危机与当代意义［N］，中国民族报，2017-03-10.
② 谭杰. 赫哲族渔文化的形成及其传承机制［J］. 学术交流，2012（3）：64-68.
③ 蓝武芳. 海洋文化的重要非物质文化遗产——京族哈节的调查报告［J］. 民间文化论坛，2006（3）：94-99.

产的保护和传承。[①]

二、"靠海吃海"的饮食文化

京族饮食中包含了很多文化，如风吹饼主要象征着团圆，而白糍粑象征夫妻二人白头偕老，米粉则代表长久。如表 3 所示，以鱼露为代表的京族特色海产品菜肴烹饪手法多样，主料以海鲜为主。鱼露又称"鲇汁"，是京家人餐桌上必不可少的调味品。"千汁万汁，不如京家的鲇汁"。关于京族鲇汁的由来，京族民间流传着动人的故事：相传很久以前，防城附近海霸猖狂。一对京族哈哥、哈妹因借助唱哈讽刺海霸而招来大难。他们被海盗抛到孤岛上，从此依靠捕获小鱼为生。为了不浪费吃剩的小鱼，他们把吃剩的小鱼用海盐腌制起来。没想到几个月后小鱼溶解，分泌出红色汁液。红色汁液香气扑鼻、味道鲜美。有一天，哈哥、哈妹在海滩上遇见一尾体积庞大的搁浅的怪鱼，哈哥、哈妹在营救完怪鱼后捧出鱼汁让其饱餐一顿，怪鱼瞬间恢复了体力。原来怪鱼是南海龙王的儿子，被哈哥、哈妹的歌声吸引而来。在怪鱼的帮助下哈哥、哈妹得以重返京岛，并将鲇汁的制作方法传授给家乡的父老乡亲。后来，人们为了悼念哈哥、哈妹都视吃鲇汁为今生口福，并在哈节期间进行手艺的比拼，以此彰显对歌仙的仰慕之情。从这则民家故事可知，京族鲇汁通过腌制小鱼制作而成，是京族传统饮食之一；其制作工艺是京族祖先在生产实践中发现并代代传承下来的；京族鲇汁不仅色、香、味俱全，而且营养丰富。如今，京族民间依然传承着鲇汁的制作工艺，山心岛上几乎家家户户都会制作鲇汁，其中有 35 户依靠出售鲇汁增加收入。研究者[②]在田野调查期间走访了山心村数家专门制作鲇汁的住户，当地人描述了鱼露的制作过程：每 100 斤小鱼加三四十斤生盐搅拌均匀倒进瓦缸腌制。腌制时间大概一年。年头腌，年尾鱼肉全部融掉，成鱼汁。再把它们倒进一个安有小管道的瓦缸，鱼汁就顺着小管道一滴一滴流出来，这就做成鱼露了。第一次滤出的鱼汁香气扑鼻、色泽金亮、味道最为鲜美，称为"头漏汁"。流完"头漏汁"约需半年时间。等"头漏汁"流完之后将剩下的鱼渣盛出并加入等量清水搅拌后按10∶1的比例加入生盐，将其煮沸后倒入垫有稻草包或沙袋作为过滤层的瓦缸继续接汁，此次滤出来的汁称为"二漏汁"，"二漏汁"需再次经过纱布的过滤后方可出售。重复"二漏汁"的制作方法，第三次所滤出的汁称为"三漏汁"，"三漏汁"质量最差，人们一般留着自家使用。滤完"三漏汁"所剩的鱼浆可以当肥料使用。由于瓦缸易碎，且数量较少，现在人们一般用蓝色塑料桶腌制小鱼，待时间一到再把溶解后的鱼浆倒进安有小管道的瓦缸中滤汁。如今，京族鲇汁的制作工艺已被列入广西壮族自治区区级非物质文化遗产名录。

表 3　京族特色水产品菜谱

菜名	食材	制作过程
红螺炒萝卜缨	红螺、油、盐、姜、料酒、糖、姜粉	将红螺肉切成 2～3 块，放入水中加点料酒略焯一下，捞出用盐、酒、姜粉腌制片刻；将洗净的萝卜缨放入锅中炒干水后拨到锅的一边，放入油、姜、蒜爆香；将萝卜缨捞进去，放入糖和盐，炒匀后盛出；将锅洗净后倒入油，待油热后倒入螺肉爆炒几下，倒入萝卜缨，炒匀以后焖 2 分钟即可

①　黄家庆. 开发利用京族传统文化景观面临的问题与对策——京族传统文化开发利用研究之一[J]. 钦州学院学报，2017（4）：1-6.

②　徐少纯. 京族饮食习俗研究[D]. 南宁：广西民族大学，2014.

（续）

菜名	食材	制作过程
炒花蟹	花蟹、油、盐、葱、姜、酱油	将花蟹和姜、葱洗干净并切好，候用；往锅里倒油并放入姜片爆炒；倒入花蟹翻炒，加入适量水，盖上锅盖，焖5分钟；依次加入适量的盐、酱油、油，并加入适量的水后翻炒；加入葱段，翻炒片刻后即可上碟
香煎红鱼	红鱼、盐、醋、料酒、酱油	将红鱼洗干净后用盐腌制20分钟；往锅里倒入少许油，放入姜片和红鱼，将红鱼煎至金黄；依次加入料酒、醋和酱油，再加少量清水煮熟即可
凉拌海蜇皮	海蜇皮、米醋、白糖、盐、捣碎的花生米	将海蜇皮洗干净并切成丝，放入60℃的水中浸泡10～15分钟，捞出后沥干；将海蜇皮倒入米醋中浸泡10分钟，将海蜇皮捞出，米醋倒掉；再将海蜇皮放入冷水中浸泡3小时，每小时换一次水，3小时后将海蜇皮捞出沥干；将海蜇皮和米醋、白糖、盐、捣碎的花生米一起拌匀即可
蒸黑腊鱼	黑腊鱼1条、葱丝、姜片、香油少许	将黑腊鱼表层切开，往盘子里分别放入葱丝和姜片；将切开的整条腊鱼放在葱丝和姜片上，上锅用大火蒸8分钟左右；将整盘腊鱼取出，撒上葱丝并浇少许香油即可
白灼鱿鱼	鱿鱼、酱油、鱼露少许	将鱿鱼洗干净后放入沸水中煮5分钟左右；将鱿鱼捞出沥干；蘸上酱油、鱼露即可食用
银鱼煎蛋	银鱼、鸡蛋、油、盐、料酒	将银鱼洗净后放入水中加料酒略焯一下；将银鱼捞出放入容器中；将鸡蛋打到碗里，并用筷子将蛋黄、蛋白打散后倒入装有银鱼的容器中并放入适量的盐搅拌均匀；锅中放适量的油，将搅拌均匀的银鱼蛋液倒入锅中；用中小火将其中一面煎成金黄色后翻到另一面，待两面皆成金黄色即可
白灼虾	虾、姜、蒜、盐、料酒	将虾洗干净并用牙签挑去虾线；往锅里倒入适量清水，并放入少许姜片、蒜和适量的盐，再倒点料酒；将水烧开后放入虾，待虾身卷曲、颜色变红后立即关火并焖上1分钟；捞出后蘸点鱼露即可食用
烤鲜鱿鱼串	小鱿鱼、鱼露少许	将鱿鱼触角屈入鱼肚，并用竹签或铁丝将小鱿鱼串起；将整串鱿鱼放在炭火上烤熟；蘸点鱼露即可食用
螃蟹煲生地	公螃蟹、冬瓜、生地、盐、麻油、姜片少许	每只螃蟹用水冲洗后切成四块，候用；冬瓜不用去皮，洗净后切成方块形；用温水将生地洗干净；将螃蟹放进锅里加点油小炒一下；将小炒后的螃蟹、生地、冬瓜、姜片一起倒入瓦煲内，再倒入水，加盖烧大火至滚；改烧中小火，煲1小时后加少许盐和麻油即可
白煮花蟹	花蟹、姜、醋、鱼露少许	往洗净的花蟹蟹嘴塞入木签，放入锅中煮至壳红为止；将蟹壳剥开，蘸点姜水、醋、鱼露调料即可
螺包肉	螺肉、虾仁、瘦猪肉、淀粉、精盐	将螺肉、虾仁、瘦猪肉捣碎后和淀粉、精盐一起搅拌；将贝壳洗净并抹上油；将搅拌后的肉放入两瓣贝壳中间，将夹有肉的贝壳放进蒸笼中蒸熟即可
乙丝海味汤	乙丝、螺贝肉、蟹肉、沙虫干、虾仁、盐、姜、味精少许	将乙丝放入50℃左右的温水中泡软沥干，待用；将锅烧热放入少许油，加入姜丝爆香，倒入清水烧开。将螺贝肉、蟹肉、沙虫干、虾仁和乙丝一起倒入锅中，待水滚后改中小火加热10分钟左右，放入盐、味精、料酒，捞匀即可

注：根据徐少纯的《京族饮食习俗研究》修改。

三、灿烂多姿的渔捞习俗

京族人民依海为居，据海而作，以海为本，靠海为生，从事海洋捕捞、滩涂养殖、滨海旅游等与大海息息相关的生产劳动。京族对民族迁徙有一段关于渔文化的传说：祖先在涂山时的一次海上捕捞作业中，发现一群罕见的鱼，于是追随鱼群到了白龙岭，看到这里渔产丰富，随即在附近的澫尾、山心、谭吉定居，建设新的家园。① 京族日常生活中存在一些与"渔"相关的民俗和禁忌。京族有"见者有份"的"寄赖"习俗，实质是"分享好的东西"的一种表现形式。主人打鱼归来，来往的人想吃海味，就可以到他的渔船边带些海味走。此外，因日常生活以出海打鱼为生，人们忌讳一些表达。如饭烧焦了，不可说"焦"，因为"焦"与"礁"同音，怕出海打鱼时渔船触礁；② 做菜忌煎炒，喜欢汤煮，因为煎炒意味着无水头，对出海不利；在海上做菜用的油不能直称"油"，因"油"与"游"谐音，出海作业"游水"是大不吉利，意味着船翻人覆；移动器物不能用单手拖拽，要用双手捧或二人抬；舀汤的调羹不能紧贴碗边拖过，也不能倒覆而放，否则有搁浅、擦沙、翻船之意。如果坐船，忌双脚垂在船外或舱里，船头烧香的地方不准坐，在船上吃饭不能把饭碗覆盖。特别到了农历初一、十五，忌别人进门借火、借盐腌鱼，否则认为家里的"水头"（指钱财）给别人扯去。若家里有妇女怀孕 6 个月以上，则不能再搬动鱼汁缸，出海的人也不能出入未满月产妇的房屋。产妇产后 1 个月内俗称"坐月"，在坐月期间会在大门屋檐处挂着一张大渔网，是主人闭门谢客的标志，意思是告诉别人家里有妇女坐月子，请勿打扰。

澫尾京族对长辈十分尊重。过去，在父母不幸去世时，子女必须"做功德"，即请道教"师傅"念经修斋。另据苏维芳介绍："在葬礼上，将死者封棺后，会在棺材上放置一碗白米饭作为祭品，上面用筷子夹住一条油煎过的小鱼插在米饭上，鱼与棺材平行，鱼头的方向与死者的脚方向一致，这样当人坐起来的时候就与鱼头一个方向了"。另外，还有向海中放小木船的方式，这些小船做成模型大小，中间放盏油灯，周围放 4 个小油灯，由死者的家属放入海中，意味着为死去的人照明，希望能用小船将他们（主要是灵魂）接回家。③

相传，京族人民爱跳"烛光舞"，即少女手托蜡烛，在村子里的空地上舞蹈，希望在海上捕鱼的亲人能望见村中的烛光，顺利地回到家中。京族人舞蹈注重手部动作，常模仿海生动物，又将织网、撒网、收网、出海捕鱼等集中反映传统渔业生产又不失娱乐性的动作融于舞蹈之中，形成了独特的竹杠舞、采茶摸螺舞、摇船舞等，动作细腻别致，感情含蓄、内敛，将京族女性的柔美、温顺表现得淋漓尽致。

四、京族民间文学中的渔文化

京族人民自 15 世纪就陆陆续续迁入我国北部湾地区，不但保存着自身独具特色的民

① 徐万邦. 赫哲族鱼皮工艺简论[J]. 内蒙古大学艺术学院学报，2004（1）：11-16.

② 张秋萍. 京族传统渔文化的调适危机与当代意义 [N]. 中国民族报，2017-03-10.

③ 钟珂. 民国以来京族海洋渔捞习俗变迁及其文化蕴涵研究[D]. 桂林：广西师范大学，2010.

俗风俗，也与周边其他地区文化碰撞融合，因此具有十分浓厚的艺术气息与源远流长的文化底蕴。他们崇拜并信奉着海洋神灵，所以在生产过程中创作出了大量歌颂和赞美海生生物的文学作品。如"海妹和海哥"中，在大白鹤、彩贝、海雀、小鸟、美人鱼等动物的帮助下，海妹与海哥最终摆脱财主的迫害，去寻找自己幸福的乐园。[1] 这些作品将鱼类、贝类等海生动物拟人化，将其描述为京族人民的朋友、亲人，正是京族人对渔业生产崇敬、热爱的最集中表现。《吕氏春秋》有云："今举大木者，皆前呼舆謣，后亦应之"。人们将这种"劳动号子"加以整理，口口相传，便成了最初的诗歌。渔歌亦然。京族以出海所见所闻为体裁，反映传统生产和渔业过程的歌谣不胜枚举，如《渔家四季歌》《识歌音》《摇船歌》《问明月》等。其中《识歌音》："爸爸去打鱼，妈妈去插秧；我把大门锁，海滩去游荡。"[2]，生动地描绘了京族一家人辛勤劳作的海边生活。在饮食制作方面，京族人也总结了自己的经验并编成歌谣传唱：

> 鱼熟鱼眼凸，螺熟螺开口；
>
> 蟹熟蟹壳红，虾熟虾腰勾；
>
> 鲨熟血灰白，懂得不用求；
>
> 简易煮菜谱，留意记心头。[3]

除此之外，也有通过描写打鱼场景表达感情的情歌，《问明月》便是如此。

> 月亮升起月又斜，妹你真意还假心？
>
> 月升山隔月又隐，真爱假爱讲分明。
>
> 莫象渔船拖渔网，一天打鱼几天停。[2]

该篇以打鱼为背景表达了男子求爱时思虑、期盼的心境，希望自己的爱人莫要像"三天打鱼，两天晒网"般不坚定，借渔业生活抒发寻常生活的情绪，既显示出渔业生产早已深入京族人民的日常生活，又使京族渔歌显得生动鲜活，具有生命力。

在渔业生产实践中，京族人民既能比较准确地预测海上气候的变幻和潮水涨落的情况，也掌握了各种鱼类在不同的气候和风向的游动规律，积累了丰富而宝贵的知识和经验，集中反映在创作的大量谚语（称为海谚）中。

比如有关自然节令的"朝北晚南半夜西，渔民出海不辛凄"，意思是早晨北风晚上南风半夜西风，第二日天气一定好，渔民出海不会辛苦、凄凉[4]；"雨天海浪响回东，东海龙王把财送"，意思是雨天时海浪向东打得很响，天气一定很好，有利于渔业生产；"晴天海浪响回西，渔船扬帆往回归"，意思是天气晴朗时，如果海浪向西打得很响，说明天气要变坏，赶紧将渔船靠岸躲避风险。

再如"大鱼食细鱼，细鱼食虾米，虾米食泥尘"此类有关渔猎规律的谚语也涉及广泛，如：

> 海蜇无骨游四海，雨伞有骨挂墙头。

---

① 何芳东. 广西东兴市京族海洋文化研究[D]. 广州：广东技术师范学院，2013.

② 闫玉，杨娇娇，谭红春. 为了"生计"的文学——中国京族的族群叙事[J]. 民族文学研究，2016，34（1）：131-139.

③ 徐少纯. 京族饮食习俗研究[D]. 南宁：广西民族大学，2014.

④ 蓝武芳. 京族海洋文化遗产保护[J]. 广东海洋大学学报，2007（2）：5-9.

章鱼吃爪不知痛，懒汉无米不知穷。

潮退不留鱼，光阴不等人。

鱼虾蟹鲨，未死先臭。

鱼藏深湾，蟹住泥潭，虾游小沟，螺行沙滩。

这些谚语朗朗上口，富于民间智慧，是京族人在长期以海为生的过程中积累的宝贵财富。[①]

第四节　罗布人的渔文化

罗布人又叫罗布泊人。罗布泊（现在的尉犁县）位于新疆维吾尔自治区的中部，地处天山南麓塔里木盆地东北缘。持续流动的罗布泊在塔里木盆地的东北形成一个具有特色的地理地区，罗布人居住在塔里木河下游的尉犁县、若羌县和轮胎县的草湖乡等广阔的地区内，非常分散，由于这种特殊的地理环境和社会条件等多种因素的束缚，罗布人的渔猎业没有向现代技术发展的机会，因此比其他维吾尔地区保存了更多独特的文化，乃至近代在渔猎生产、饮食及日常生活中都独具特色。正因如此，19世纪至今，罗布人地区的历史、地理、考古等方面不仅在国内而且在国际上都成为了一个很重要的研究对象。[②]

一、特殊的渔猎生活

罗布人逐水而居，世世代代生活在罗布泊地区的海子（湖泊）之间，其生活方式自然与其他地区的维吾尔人大为不同，渔猎生活是罗布人最为古老且最奇特的生活方式，他们不仅爱鱼、吃鱼，日常生活也处处渗透着渔文化。

在渔业方面，罗布人经过长期的生活实践，具有非常高超的捕鱼技能和丰富的经验，熟练掌握了各种鱼类的生活习性与特点。根据鱼类的生存和游动规律，他们将捕鱼时间划分为两个季节。一是"叟搜克季"（asuk pasli），即春季和初夏时节，此时河流和湖泊刚刚来水，鱼类在水的上层成群向各方向游动，此时是捕鱼的最佳季节，有能力的人都出来自由捕鱼。另一个是"青黄（缺乏的意思）季节"（uzuk pasli），在此季节，鱼类在水的中层和下层游动，此时水的上层鱼类非常稀疏，为了捕鱼必须到各个河道湖泊里去巡查。此季节捕鱼难度大，除了河道湖泊外还要到河坝周围和闸口或打破冰层捕鱼。罗布人十分重视保护鱼类资源，一般不捕小鱼，在河道湖泊不下可毒死鱼的药，而且绝不吃自然死鱼。根据鱼类繁殖发育的规律，他们将鱼类划分为鱼苗、小鱼、乌路腾鱼（也叫黑色土种鱼）、帕提马曲克（Patmaqukg）、篓活等5类。体长3米多且体重15千克以上的大鱼叫作帕提马曲克；体长5米以上且体重25千克以上的特大鱼叫作篓活。

在捕鱼生产中，罗布人主要使用古力麦（Gulma，指鱼网）、木船、铓架（manja）、鱼叉、多爪鱼钩、钩子、铓头（mantu）等工具。其木船是由胡杨木凿制而成，长5～6米，宽度及深度可容纳人体臀部并可以活动即可。在夏天时，渔民们普遍用鱼叉捕鱼，待

①　钟珂. 民国以来京族海洋渔捞习俗变迁及其文化蕴涵研究[D]. 桂林：广西师范大学，2010.

②　亚森·不沙克. 罗布人传统婚礼中的宗教仪式[J]. 新疆教育学院学报，2008（3）：5-7.

鱼群采食吃饱后，到浅水野地晒太阳时，渔民就会趁着这个机会几个人一起拿着鱼叉捕鱼。而在水不大深、水流较快或河流分支的地方，罗布人会采取一种名为"跳水式捕鱼"的方法。[①] 首先把胡杨木横着放置，然后在木头后面安置鱼篓，便可使顺水流来的鱼群从木头上跳着过去，不知不觉中进入鱼篓内。

二、罗布人的食鱼习俗

相传罗布人"结芦为屋，捕鱼为食"。《回疆志》载"罗布人不种五谷、不牧牲畜，唯小舟捕鱼为食，或采野麻，或捕哈什鸟剥皮为衣，或以水獭皮并哈什鸟之翎，持往城市货卖，易布以代衣"。[②]《西域闻见录》对《回疆志》的描述作了补充："贺卜诺尔各四五百家，不耕不牧，唯以鱼为生，时有至库尔勒回城者以其多鱼故来，他处不敢往也。"[②]，记录了罗布人不食五谷，只食鱼的饮食传统。甚至有史料记载，早期罗布人可能不知道种地是什么，也从未见过果园和庭院，但7～70岁的所有男女都会游泳，都能从河里捕鱼吃。史书《魏书·吐谷浑》对这种食鱼传统作出了解释："吐谷浑北有乙弗勿敌国，俗风与吐谷浑同。不识五谷，唯食鱼及苏子。苏子状若中鲜枸杞子"，是说罗布人的风俗与吐谷浑相同，可能是受到了鲜卑人的影响。

鱼是罗布人的主要食物，他们夏天吃鲜鱼，冬天吃干鱼，用鱼汤代替"茶"来食用。吃法很简单，只需添上水炖或者烤鱼吃，其中烤鲜鱼最为流行。将鱼清理好后串起来，找来一些干燥的红柳枝点着了烤着吃。吃的时候是要用点调料的，这种调料叫"蒲黄"。可别小看这种调料，确切地说是一种花粉。这种花粉以现在论证是一种很高级的保健品原料。他们的副食中有吾居力、鱼粉和沙枣。鱼粉是把鱼制成鱼干粉碎后，加入熟蛋黄搅拌即可制成鱼粉。鱼粉一般放入开水中搅匀，再放入鱼油或黄油食用，其味美而且富有营养。[③]

鱼肠子的做法也十分独特。首先取出大鱼的肠子，清洗干净后把鱼油、鱼肉和蒲草花粉混合起来放入鱼肠中，再把鱼肠放进放有沙枣和水的锅中煮熟，这样煮出来的鱼肠营养价值很高，且有蒲草花粉独特的香味。据说食用以后两三天内都不会感到饥饿。鱼干是十分常见的水产品，罗布人鱼干制法的独到之处是会在切条后，在鱼肉外层抹上小麦粉或玉米粉，以便吸收鱼肉中的水分，便于晒干，而且还可防止苍蝇、蚊子、蜜蜂等昆虫污染鱼肉。而后放在阳光下晾晒五六天，再放入盐水中浸泡，取出后放在阴凉处贮存。据当地老人讲，这样干制的鱼存放5～10年也可食用。[④]

三、无处不在的罗布渔文化

鱼在罗布人的婚丧习俗上也发挥着重要的作用。

男方对女方媒婆做媒的礼物一般是七条或者九条煮鱼头、一套布料、一些盐，然后可

① 艾力·艾买提. 罗布人的渔猎文化及其变迁问题[J].西夏研究，2011（1）：112-118.

② 林娟. 舟网遗韵——罗布人村寨游记[J].新疆金融，2009（1）：57.

③ 艾买提江·阿布力米提. 当代罗布人饮食文化的基本特征及其成因——以尉犁县喀尔曲尕乡为个案[J].黑龙江史志，2008（16）：76-77.

④ 艾克来木·赛买提. 初探罗布人的渔猎文化[J].黑龙江史志，2014（5）：274-275.

以订婚；定亲时，男方要给女方带七条或者九条鲜鱼；婚礼仪式结束后，亲朋好友们会送给新娘新郎鱼、鱼叉、渔网和卡盆等礼物。[①] 在罗布泊有一部分地区，新人结婚男方只给一条小船、鱼网和几条鱼就够了，这就是新娘和新郎的新房和所有财富。《新疆图志》记载："嫁女时，族里的陪嫁地点是一个小海子。成婚的日子，两村庄的罗布人齐集海子边，燃起篝火烤鱼和羊肉吃，而后大家围着海子唱歌跳舞，在一片欢乐声中完成婚礼。"

罗布人的葬礼也受到渔猎业的深远影响，独木舟墓葬在罗布泊地区比较常见。据普尔热瓦尔斯基的记载"罗布人死了之后，将死者放在一只小船上，再用另一船盖上，合起来以后，直立在芦苇丛中，周围张上网"。独木舟是罗布人主要的捕鱼工具，独木舟墓葬的发现更进一步地体现了罗布人的"渔猎生活"。

由于鱼多而且又因食鱼多的缘故，罗布人对鱼有一种特别的信奉、喜好、理解和宠爱，甚至人名与地名都与其有关。罗布人会在人名后加上"巴力克"（意思是鱼）、"库勒齐"（专门从事渔猎的人）等词语来称呼从事渔猎生产的人，如哈斯木巴力克、艾买提库勒齐、克然木巴力克等。许多地名也与渔猎有关。"巴力克库勒"意为鱼多的湖，"拉库库勒"意思是有大鱼的湖，又如"古力么开提砍库勒"说的则是丢失渔网的湖。罗布人在发展过程中，也会用到一些与鱼有关的新词语，而这些词除了罗布方言，在其他维吾尔方言中几乎没有与渔猎相关的特指。

上文说到，在渔业生产过程中，人们总会通过一些诗或歌来表达心中所想。罗布人尤善歌谣，渔猎生产也是罗布人歌谣中的重要内容。

> beliqtur jaxʃ i ozuq,
> quwwiti bɛkmu toluq.
> ubolʁ aʧ qa bizlɛrniŋ,
> kynimiz xuʃ al wɛm toq. [②]

大概意思是："鱼是个很好的饮食，它的营养很充实。因为有了它，我们不挨饿、也不发愁。"非常直观地说明了罗布人对鱼的赞美与喜爱。

> Qorsagimga aʃ barmay，
> kØzlɛrimdin jaʃ aqip.
> dznim atam juryjdu，
> aralda kØlny baqip.
> bajlarga urguzdu，
> dyʃ maɛtɛrbizni qakip。[③]

该篇与上篇的情绪截然不同，大概意思为：今天又去撒网，捕鱼。回来再给贵人打工，放牧。这是老天的安排，只能听天由命。早期罗布人在给达官显贵做农奴时也要撒网捕鱼，罗布人的食鱼传统可见一斑。

罗布人在创作歌谣时也产生了有关鱼的一些谚语，比如"罗布人吃鱼只留下鱼肺"

---

① 艾克来木·赛买提. 初探罗布人的渔猎文化[J]. 黑龙江史志，2014（5）：274-275.
② 迪丽努尔·阿布都克热木. 维吾尔族罗布歌谣研究[D]. 兰州：西北民族大学，2008.
③ 艾力·艾买提. 罗布人的渔猎文化及其变迁问题[J]. 西夏研究，2011（1）：112-118.

"甜瓜是尿水，粮食没效率（辜负人的劳动），还是跟着塔里木河走吧""鱼是乔鲁克（Qiaoluk），吃饱肚子不再烦"等谚语就广为流传。[①]

渔猎曾是罗布人社会生活的物质来源，为其传统物质民俗文化提供了物质依托。而随着塔里木河中下游人工绿洲灌溉需水量的增加，从 1958 年开始在卡拉、铁干里克陆续建了 4 个水库，至 1978 年，水库成为河流终点湖。曾经林木茂密、有老虎出没的塔里木河下游，在阿拉干以下完全干涸，剩余的罗布人也全部迁离。[②] 因此，罗布泊一带水系发生了急剧变化，渔猎经济已被以农牧业为主的经济所取代，罗布人的渔猎习俗也因此发生了改变。

总之，罗布人是一个有着悠久历史和文化的群体，具有内涵丰富、风格独特的物质民俗文化。罗布人物质民俗文化是罗布人处理日常生产生活中具体事宜的实实在在的观念和行为。它具有一定的稳定性和模式化的特点，随着时代的演进而得以传承与变迁。

---

① 艾买提江·阿布力米提. 罗布人物质民俗文化研究[D]. 乌鲁木齐：新疆师范大学，2007.
② 韩春鲜，吕光辉. 清代以来塔里木盆地东部罗布人的生活及其环境变化[J]. 中国历史地理论丛，2006（2）：60-66.

第六章
中国鱼文化的符号形态

/ /

　　中国疆域广大，海岸线漫长，河流湖泊众多，优越的自然条件孕育了丰富的水生动物资源，为鱼文化的产生发展提供了坚实的物质基础。对临水而居的人们来说，鱼类（包括其他各类水生动物）是其最早感知、认识并加以利用的对象。从远古狩猎、采集时代开始，鱼类就一直是人们的食物来源之一，与人类生活有着密切的联系。由于中国人信奉天人合一的价值观，认为人与自然在本质上是相通的，因此，对鱼类而言，一方面它为人类提供了食物，人类与鱼类的关系是物质的；另一方面，它又是人类丰富复杂的文化观念的载体，人类与鱼类的关系又是超越物质的。在漫长的岁月里，人类社会的很多文化观念以及情感需求都投射在鱼类上，鱼类由自然动物变成了人文动物，这体现在人类早期活动的诸多方面，也可以从大量的文物遗迹和文化风俗中得到印证。在历史和文化的双重洗礼下，鱼有了丰富的含义，呈现出多姿多彩的艺术形式和深沉丰富的文化内涵，成为中国人表达特定思想、情感、愿望等的文化表征符号。不论是有形的鱼图、鱼物，还是无形的鱼俗、鱼信和鱼话，都成为鱼文化的有机部分，共同组成了丰富多彩、博大精深的鱼文化。

第一节　鱼文化中的崇拜符号

　　一些先民把氏族的起源归于鱼类祖先，认为鱼与氏族存在血缘关系，因此有了氏族的鱼图腾崇拜；远古时代，在恶劣的生存环境下，先民们对自身繁衍有着强烈的渴望，鱼类繁殖力惊人，人们产生了对鱼的生殖崇拜。

一、鱼文化中的图腾崇拜符号

　　图腾（totem）一词出自北印第安人中鄂吉布瓦人的方言词汇传译，本意为"他的亲族"。所谓图腾，就是远古时代的人们把某种动物、植物或非生物等当作自己的亲属、祖先或保护神，相信他们有超自然能力，并且自己还可以获得他们的力量和技能。在远古，由于生产力极其低下，先民们对自然界怀有敬畏的心理，对自然存在莫名的恐惧感和依赖感。鱼类为依水而居的先民提供了食物，是其族群繁衍生存的重要保证，长久积累下来，因食用与被食用的关系，先民产生了自己的族群与鱼类有血缘关系的观念，鱼图腾逐渐产生。"野蛮人大都认为吃一个动物或一个人的肉，他就不仅获得了该动物或该人的体质特性，而且获得了动物或人的道德和智力特性。所以，如认为某生物是有灵性的，那简单的野蛮人自然希望吸收它的体质特性，同时也吸收它的一部分灵性。"① 先民们相信图腾是群体的祖先，认为群体成员都是由图腾繁衍而来，图腾又是本氏族信奉的部落保护神。大量考古证实，鱼类曾被全世界很多地区的民族作为图腾崇拜过，例如陕西西安的半坡遗址出土了大量的鱼纹陶器，而这些鱼纹图案与图腾信仰有关。半坡遗址的鱼纹图案不尽相同，包括人面鱼纹、单体鱼纹、复体鱼纹以及较为抽象的象征性鱼纹，有学者认为不同的鱼纹可能代表不同的氏族（家族）。② 我国辽宁丹东地区的后洼新石器遗址也曾发掘出6 000年前的鱼图腾石雕。布依族人是我国西南地区少数民族，相传鱼是其中部分布依族人的祖先，他们至今仍有鱼图腾崇拜的遗俗；满族的姓氏多为图腾名称，如尼玛哈氏，意思就是鱼氏；古代部分白族以鱼为图腾，以"鱼"为姓（白语称"吴茨"），后来与汉族交往频繁，看到汉人都姓李、王、张、赵等，不见有以动物名称为姓的，于是将"鱼"姓改为"余"姓。②

二、鱼文化中的生殖崇拜符号

由于受生产力和生活水平所限，原始社会的儿童死亡率很高，成人寿命也普遍很短，而从事原始农业生产、进行部落间的战争都需要更多人口，部落的壮大发展更是需要大量人口，因此人口的短缺一直是部族面临的重大问题。在祈求自身增殖的生存本能驱使下，先民们对"生殖神"产生了极度崇拜，连带着对那些生殖力旺盛的动物也产生了崇拜心理，对它们顶礼膜拜，以求自身也获得这种能力。例如半坡女性在祈祷生育仪式后吃鱼，希望把鱼类强大的繁殖力转移到自己身上。因此，鱼成为生殖繁衍的灵物，鱼崇拜成为生殖崇拜的典型代表。

关于鱼与生殖崇拜的关系，闻一多作了很好的解释，"在原始人类的观念里，婚姻是人生第一大事，而传种是婚姻的唯一目的，这在我国古代的礼俗中，表现得非常清楚……种族的繁殖即如此被重视，而鱼是繁殖力最强的一种生物。"③ 因此，在原始先民的生活中，鱼除了作为食物以外，还具有一种超现实的神秘意义，就是能为人们带来丰收和繁衍后代的好运。原始先民们希望将鱼极强的生命力传给自己和子孙后代，并借助巫术手段，达到人与鱼的交感互渗。

我国的一些少数民族有生殖崇拜的习俗。王清华在《梯田文化论》一书中说："为了表示对水的尊重以保证妇女的生育，哈尼族妇女喜带水生物佩饰。姑娘们常戴银子打制的小鱼、螺蛳饰物；中年妇女的银牌佩物中也多鱼、螺纹样。"④ 由此可见，哈尼人有着对鱼的生殖崇拜。水族也有生殖崇拜的习俗，例如在水族人的墓碑上有双鱼托葫芦的石雕造型，双鱼表示男女两性，葫芦象征多产，非常明显地有希望人丁兴旺的寓意。

水族的男性在娶亲时，需要带一串金刚藤叶和一只罩鱼笼，叶子代表鱼，罩鱼笼则象

① ［英］詹·乔·弗雷泽，著，金枝（上）［M］. 徐育新，等，译. 北京：中国民间文艺出版社，1987：392-393.
② 何星亮. 半坡鱼纹是图腾标志，还是女阴象征. 中原文物，1996（3）：64-70，119.
③ 闻一多. 神话与诗［M］. 上海：上海人民出版社，2006：24.
④ 王清华. 梯田文化论［M］. 昆明：云南大学出版社，1999：144.

征"接到一个能继承祖宗烟火的好媳妇"，另外接亲时还要用到鱼水罐。在新娘跨入夫家室内之际，男方家的一妇人负责将鱼水罐置于新房内或正堂中，罐中装有水和两条小鱼。放置一段时间后，再把罐拎出，将鱼放生。此妇人要求家境好，已育有儿女。显然，罩鱼笼和鱼水罐有着强烈的象征意味，表达了水族人期望多子多福、兴旺发达的心愿。①

三、鱼文化中的灵物崇拜符号

在中国古代，人们认为龙是鲤鱼转化而来，表现出对鲤鱼的崇拜。《太平广记》编撰于北宋年间，是古代汉族文言小说的第一部总集，取材于汉代至宋初的野史传说等，其中的《太平广记·龙门》记载，"龙门山，在河东界。禹凿山断门一里余，有黄鲤鱼，自海及诸川，争来赴之。一岁中，登龙门者不过七十二。初登龙门，即有云雨随之，天火自后烧其尾，乃化为龙矣。"②《三秦记》云："龙门山在河东界，禹凿山断门，阔一里余，黄河自中流下。两岸不通车马。每暮春之际，有黄鲤鱼逆流而上，得者便化为龙。又林登云，龙门之下，每岁季春有黄鲤鱼，自海及诸川争来赴之。一岁中，登龙门者，不过七十二。初登龙门，即有云雨随之，天火自后烧其尾，乃化为龙矣。"③登上龙门的鲤鱼有云雨跟随，天降大火从后面烧掉鱼尾，鱼就变化成了龙，这就是"鲤鱼跳龙门"传说。鲤鱼化龙，加强了人们对鲤鱼的崇拜。

到了西汉，鲤鱼与仙人及道教联系起来。汉代刘向《列仙传·琴高》记载，周朝时代有一位赵国人名叫琴高，常游历于冀州涿郡（今河北境内）之间，习练道术。后来，琴高遁入涿水取龙子（还未跳跃龙门的红鲤鱼），入水前与众多弟子相约了见面日期。到了约定日，琴高乘红鲤从水中游出，在岸上停留一个多月，再次遁入水中，随后鲤鱼驮着琴高，从水中升空而去。④明代著名宫廷画家李在描绘了琴高乘鲤而去的情景，画作取名《琴高乘鲤图》，图中红鲤腾空而起，琴高回首相望，弟子们拱手目送。人物所处环境狂风呼啸，波涛汹涌，云雾弥漫，神话气氛十足。

《列仙传·子英》还有子英乘坐鲤鱼升天成仙的记载："子英者，舒乡人也，善入水捕鱼，得赤鲤，爱其色好，持归着池中，数以米谷食之。一年，长丈余，遂生角，有翅翼。子英怪异，拜谢之，鱼言'我来迎汝，汝上背，与汝俱升天。'即大雨，子英上其鱼背，腾升而去。岁岁来归，故舍食饮，见妻子，鱼复来迎之，如此七十年。故吴中门户皆作'神鱼'，遂立子英祠云"。⑤此时鲤鱼已成为道教的神物。温庭筠《水仙谣》也云，"水客夜骑红鲤鱼，赤鸾双鹤蓬瀛书。轻尘不起雨新霁，万里孤光含碧虚。"鲤鱼的神异，加深了人们对它的崇拜。

关于鲤鱼崇拜，还可以参考福建省宁德周宁县浦源村的护鱼习俗，这是传统民间风俗在东南沿海的重要遗存，已被列入国家级非物质文化遗产名录。

浦源村位于周宁县城以西五公里，有著名的鲤鱼溪以及全国独一无二的鱼冢、鱼葬以

①　王翼祥 . 简论我国稻作文化中的生殖崇拜内涵 [J]. 贵州民族研究，2002（1）：135-141.

②　[宋] 李昉，著 . 石鸣，编 . 太平广记 [M]. 武汉：崇文书局，2016：24.

③　魏全瑞 . 三秦记集注 [M]. 西安：三秦出版社，2006.

④　刘向，葛洪 . 列仙传 神仙传 [M]. 上海：上海古籍出版社，1990：9.

⑤　刘向，葛洪 . 列仙传 神仙传 [M]. 上海：上海古籍出版社，1990：17.

及鱼祭文。鲤鱼溪源于海拔 1 448 米的紫云山麓，山涧清泉奔流而下，穿村而过，全长600 多米，最宽处 10 米左右，最窄处 3 米左右，深不过 1 米，鱼冢则位于鲤鱼溪下游边的土丘上，参天大树环抱，冢上立石碑，上书"鱼冢"二字。

相传，溪中最早的鲤鱼是浦源的郑氏祖先在宋代南迁而来时所放，不但净化水源，而且防人投毒，一举两得。后来，当地人安置了鲤鱼仙姑塑像，鲤鱼被尊为神鱼，受到历代村民的爱护。800 多年来，村民不捕食鲤鱼，形成了人鱼同乐的奇妙人文景观。目前溪内有近万尾色彩斑斓的鲤鱼，当地村民还就地取材，以鹅卵石"垒街堤、铺幽径、设流坎"，增加溪水活性，提高水体含氧量，创造出别具一格的鱼文化景观。鲤鱼死去，村民们会举行独特的鱼葬仪式，燃放爆竹、敲响锣鼓、净香、上酒等，再宣读祭文，最后葬于鱼冢，场面十分隆重。在周宁县鲤鱼溪，将鲤鱼奉为神明，将葬鱼仪式化已经成为当地的民间习俗。这种习俗是地域神灵信仰文化所形成的社会心理积淀的表现形式，寄托了村民们对美好生活的向往之情。①

第二节　鱼文化中的巫卜占验符号

在古代中国，由于低下的生产力水平限制，人们经常借助自然征兆来指导行动，常常通过占卜的方式求问鬼神来预知未来。"占"，《说文解字》曰："视兆问也。"从卜从口，即仔细观察，从一些细小的自然场景或变化中来寻求事物发展变化趋势。

在天人合一、天人相感的自然价值观支配下，中国人把鱼类（包括其他水生动物）的生物特性与伦理规范、道德准则相联系，并把这些具有象征意义的鱼类施之于占卦等活动，使之成为巫卜占验的符号。同时，鱼生于水，来无影，去无踪，充满神秘感，带给先民们无限遐想，人们又把鱼看成是沟通阴阳生死的神物。

一、龟的占验

龟卜起源于伏羲时代，龟所以用于占卜，与龟灵崇拜有关②。龟具有神秘与力量的象征意义，中国的古典文献中记载了丰富的龟神话，民间也存在很多的崇龟风俗。人类很早就发现龟具有长寿、两栖的特点，同时还具有天然的龟壳作为保护，是生存强者，因此认为龟有灵性，颇具神秘色彩；上古神话中，龟能够托起五大仙岛，鳌足能够作擎天柱，说明龟鳌充满了力量，这种力量不仅强大，而且持久，蕴含有生命力强大的含义，这些神话表现了古人对生命力量的崇拜。③

龟卜是占卜的一种，用火灼龟甲，根据灼开的裂纹来推测人事的吉凶（占卜用骨也有用及猪、羊、牛、鹿等肩胛骨）。龟卜占法有一系列的步骤，在《史记》中的《龟策列传》、清朝初期胡煦的《卜法详考》有详细介绍，主要包括选龟、攻龟、灼契、占龟、占坼等程序。

① 张菲菲. 非物质文化遗产文化空间之福建周宁鲤鱼溪护鱼习俗研究 [J]. 生态环境保护，2017 (10) 175-176.
② 刘玉建. 中国古代龟卜文化 [M]. 桂林：广西师范大学出版社，1992：5.
③ 邓希雯. 符号学视角下的中国龟文化 [J]. 内江师范学院学报，2013 (11)：90-94.

夏帝启用龟占卜铸鼎之事，夏后氏首领大禹启用龟占卜娶妻之事。铸鼎是大事，首领的婚姻也是大事，因此，夏代占卜应该是限于重大的事情，占卜人的身份都是国家的王[①]。

商代有专门的占卜机构，该机构直接隶属于商王，占卜各程序都有专门的官员负责。商代是政教合一的国家，商王是国家的最高统治者，同时也是国家最高级别的"巫师"。在商代，王或朝廷大臣有权龟卜，统治阶级上层的其他人也有龟卜的权利，而且由于当时的人们格外看重鬼神，因此商代是龟崇拜的繁荣时期，也是龟卜在中国历史上占据最重要地位的时期。同商朝相比，周代时占卜机构降为春官宗伯（六卿之一，掌邦礼）的下属机构，卜官的地位也随之下降。春秋时期是中国历史上使用龟卜最广泛的时期，占卜内容五花八门，除祭祀、战争胜负、天气、修建都城、太子设立、官员任命等外，个人婚姻、生育、生病、解梦等也进行占卜。但春秋时期的龟卜程序已开始遭到破坏，一些事情常常占卜数次，违卜现象逐渐普遍，对龟卜的敬畏逐渐减弱，龟的信仰受到了冲击。[②]

战国时期，龟不再是纯粹的沟通上天与人的媒介，龟卜成为人们获取利益的工具，在争夺利益的策略中不可或缺。人们对龟卜的态度发生了极大变化，龟的信仰受到更大冲击，龟卜加速衰落。在诸子的文献中虽然还偶尔谈论龟卜，但龟卜已失去昔日的决定性地位。战国末期著名思想家韩非子对龟卜预测吉凶、传达天命的说法彻底予以否定，指出龟卜不足据、不可靠、不可信，依赖龟卜是极其愚蠢的行为，主张人们应该完全抛弃龟卜。秦统一天下之后，龟卜在国家政治生活中已变得可有可无，龟卜彻底衰落。在汉代，由于汉武帝"尤敬鬼神"，王莽为了和平"禅让"达到篡汉目的，龟卜出现了两次短暂兴盛，但这只是在特殊历史时期和特殊条件之下的回光返照，龟卜不再在政治生活与日常生活中扮演重要角色。[③]

二、鱼的占验

在先民们心目中，鱼类充满了神秘感，具有超自然的能力，因此逐渐地，鱼便成为一种能够预知未来吉凶的神物，可承担占卜的职能。陶思炎在《中国鱼文化》中对"鱼占"进行了解释："鱼占亦属巫术范畴，在鱼文化中亦具有独特的功能作用。它借助鱼象卜知未来，探测吉凶，是以信仰手段对自然与人生做出的认知与取舍。"[④] 实际上，鱼占现象已经超出了自然与人生的范畴，也用来对战争等其他事物进行预测。鱼占作为占卜中的重要一员，在古代社会生活中发挥着重要作用。

鱼占与普通占卜有所不同。普通占卜是借用一些对象，比如蓍草、龟甲、兽骨、贝壳等，采取一定的手段来占卜；鱼占则是被动地根据鱼象进行预测，借助鱼象来分析其预兆的内容[⑤]。古人对年成好坏相当关注，因为这直接决定了人们的饥饱，甚至决定族群的生死存亡，因此采取各种手段预测年成，而分析鱼兆就是其中之一。《山海经·西山经》中记载文鳐鱼，"见则天下大穰"，说是见到这种鱼天下就有大丰收[⑥]；《山海经·南山经》

①②③许继莹. 中国汉前四灵文化研究 [D]. 济南：山东大学，2016.

④　陶思炎. 中国鱼文化 [M]. 北京：华侨出版公司，1990：118.

⑤　王春梅. 先秦时代鱼占文化研究 [J]. 攀枝花学院学报，2015（4）：53-58.

⑥　袁珂. 山海经校注 [M]. 上海：上海古籍出版社，1980：44.

中的鳟鱼，"其中有鳟鱼，其状如鲋而彘毛，其音如豚，见则天下大旱"，说的是有一种鳟鱼，形状像鲫鱼，身上有毛，叫声像猪，它出现在哪里，哪里就有大旱灾；① 《山海经·北山经》中的蠃（luǒ）鱼，"鱼身而鸟翼，音如鸳鸯，见则其邑大水"。② 说的是蠃鱼有双翼，叫声犹如鸳鸯，一旦在哪里出现，哪里就要发大水。③ 这种预测有合理性的一面，它可能是对两种有一定对应关系的现象的总结，因为鱼类的活动变化会受到自然条件变化的影响，有规律性在起作用；也可能只是由于先民们对自然现象抱有神秘感，出于征兆崇拜，将某干旱或者大水年头偶然出现的某种鱼类看作神启，将偶然的现象看作普遍的规律。④

古人对战争也相当关注，常用占卜来预测战争的结果、影响以及能否趋利避害等。《山海经》中写到了大量可以预测战争的动物，但对能预测战争的鱼却着墨极少，仅提到一种鳔（sāo）鱼："又西二百二十里……渭水出焉，而东流注于河。其中多鳔鱼，其状如鲼鱼，动则其邑有大兵。"⑤ 说的是鳔鱼长得像鲼（zhān）鱼，一出动当地就会发生大战。两晋时期著名文学家、风水学者郭璞对《山海经》进行了注释，其中有关于鲼鱼的描述："鲼鱼，大鱼也，口在颌下，体有连甲"，三国学者陆玑所著的《毛诗草木鸟兽虫鱼疏》曰："鲼出江海，三月中从河下头上来，形似龙，锐头，口在颌下，背上腹下皆有甲……大者千余斤"。⑥ 据考证，鲼鱼是一种大型的鲟科鱼类，具体属于哪一种鲟鱼还有不同说法。鳔鱼长得像鲼，因此也是一种大型鲟科鱼类，寿命长者可达二三十岁。

三、神使功能

鱼被认为有神使功能，是沟通生与死、人与神灵的使者，可在两岸三界之间传递信息。人们相信"灵魂不灭"，而鱼正好充当使者，将逝者引导升天，带入另一个美好的世界，战国时代作品"御龙舟人物"帛画就形象地表现了鱼的神使职能，生动地勾勒出鲤鱼沟通生死的使者形象。该画出土于长沙东南子弹库楚墓，画中男子峨冠博带，腰佩长剑，手执缰绳，驾驭着一条长龙，龙呈舟形，龙尾上有一鹤。画中的龙与人物均面向左侧，人物的飘带、舆盖上的饰物向右飘拂，表现出行进的动感。该画表现的是乘龙升天的形象，值得注意的是龙舟左下有一尾鲤鱼，鳍条与尾部舒展，似在款款游动，作为向导指引龙舟前行，驶向升天的方向。另外，还有汉代画像石中的常见题材"鱼车"图像，鱼也起到相似的作用，这类画像石最早出现在西汉中期，至东汉中晚期时大量出现，展示的是鱼拉着有乘者的车前行的画面。这类图像是墓主人死后从生者世界去死者世界过程的表现，是人死之后旅程的体现。有研究认为，鱼车是在天上，是升天之旅；也有研究认为，鱼车其实是潜行于水中。无论是在天还是在水，沟通生死和死而复生是"鱼车"图像最基本的内

---

① 袁珂. 山海经校注 [M]. 上海：上海古籍出版社，1980：11.
② 袁珂. 山海经校注 [M]. 上海：上海古籍出版社，1980：63-64.
③ 袁珂. 山海经校注 [M]. 上海：上海古籍出版社，1980：115.
④ 刘美洁. 《诗经》鱼意象研究 [D]. 济南：山东师范大学，2013.
⑤ 袁珂. 山海经校注 [M]. 上海：上海古籍出版社，1980：65.
⑥ 王春梅. 先秦时代鱼占文化研究 [J]. 攀枝花学院学报，2015（4）53-58.

涵，鱼是能够沟通生死的神使，鱼本身也能够死而复生。[①]

墓葬中出土的鱼形器物同样表明，鱼在人们观念中具有神使的作用。鱼形器物制作历史悠久，最早可追溯到新石器时代晚期。到了商代，鱼形器物数量大增，在河南、山西、湖南、山东等地的墓葬中都有出现；到了西周时期，墓中也有不少鱼形器物的随葬品，大都为玉质。从汉代到唐代，所见玉鱼数量较少，但大多都材质高档，制作精良，是当时达官显贵身份的象征。中国自古就有"视死如视生"的传统观念，墓主人生前的很多物品或专制的冥器会被作为随葬品放入墓中，想象死者能在另一世界使用。制作精美的鱼形器物作为随葬品，一方面体现了墓主人的身份地位；另一方面，鱼也充当着沟通生与死、人与神灵的使者。

鱼纹是一种常见的中国传统图像，在众多鱼纹中，"三鱼同首"无疑非常具有神秘性。成熟的"三鱼同首"鱼纹较多地出现在汉画像石中，在山东肥城、莒南、邹县、微山、济宁以及山西昌梁等地都有发现。[②] 图像以"三鱼"为构成元素，三鱼呈现对称、发散状圆形轮廓，三鱼"同首连体"。之所以使用鱼纹，如上段所述，鱼常被作为可沟通两岸三界的神使。至于为何采用三条鱼来造型，赵国华先生在《生殖崇拜文化论》中有一段叙述："半坡先民极早就拥有'三'这个数的抽象概念，大约和鱼的认识密切相关。在他们分食鱼的时候或者将'一'条鱼分为头、身、尾，由此引出了'一分为三''以一利三''合三为一''一与三通'等复杂的数等概念，熟练而巧妙地运用到抽象鱼纹的绘制中"。[③] 道家的鼻祖老子在《道德经》中阐明了他的宇宙生成论："道生一，一生二，二生三，三生万物"。这里老子说到"一""二""三"，乃指"道"创生万物的过程，表示"道"生万物从少到多、从简单到复杂的过程，"三"表示"多"和"繁荣"。因此，原始先民们在彩陶上绘制时，用具像的三条鱼代表"多鱼"和"所有鱼"的含义。至于为何图像轮廓呈圆形，研究认为，这来自中国人的审美习惯，而这种习惯又与先民们审美心理的形成有关："圆"反映出古代中国人对宇宙运动的认识，即一种循环往复的环形运动；"圆"是一个高度协调、平衡、统一的整体，阴阳调和、求圆占中，差异、对立的方面可以互相弥补，符合"中庸"思想[④]。由于图像呈圆形，三条鱼对称、放射性排列，"三鱼同首"视觉上具有强烈的旋动感，包含了转化、轮回的思想。总体而言，"三鱼同首"鱼纹表达了古人祈盼生命不断繁衍、轮回，生命绵延不绝、生生不息的强烈愿望。

第三节　鱼文化的祈福符号

"福"，由两个象形字部件组成，左边的"示"字旁，从示部的汉字，多与祭祀、神明、祈祷、企盼有关。有研究认为，祈福最初的含义主要是"衣食"。后来人们把"福"与"富"联系起来。再后来，"福"的含义进一步扩大与延伸。人们常说五福临门，这五

---

① 李晓彤. 汉画像石中的"鱼车"图像 [D]. 南京：南京大学，2016.
② 韩永林，吴晓玲. 汉画像石中"三鱼同首"图像的艺术造型辨析 [J]. 雕塑，2009 (2)：62-63.
③ 赵国华. 生殖崇拜文化论. 北京：中国社会科学出版社，1996：256.
④ 王培娟. 从古人圆形崇拜看中国传统文化审美心理. 山东社会科学，2015 (5)：62-65.

福，指的是福、禄、寿、禧、财，分别对应生活优裕、财富有余，步步高升、前程远大，身体健康、长命百岁，吉祥如意、生活幸福，财源广进、兴旺发达。在中国的祈福文化中，鱼扮演了重要的角色，成为福、禄、寿、禧、财的文化表征符号，鱼图、鱼物、鱼俗、鱼信和鱼话，都成为祈福文化的有机组成部分。

一、福：企盼生活优裕、财富有余

在我国，人们常通过谐音表达特定的含义，希望能祈福消灾保平安，这已成为一种文化现象。"鱼"与"余"在现代读音相同，在上古读音也相同，为近义同源字，意义上存在共通之处，因此从古至今，人们喜欢用鱼来代表丰饶、富裕，祈望年年丰收、物质充裕。

例如，"年年大吉""连年有余"等吉祥语，充满了浓厚的民俗色彩和中国传统文化风情。"年年大吉"，年年都是吉利充盈，图案中有鲇鱼与大橘子，鲇鱼是一种凶猛肉食性鱼类，"鲇"与"年"同音，两条鲇鱼喻"年年"，"橘"与"吉"谐音，喻吉利。类似的"连年有余"，则是由莲花和鲤鱼来表示，是流传极广的象征吉祥的图案，包括双鱼戏莲、四鱼戏莲、五鱼戏莲、八鱼戏莲、群鱼戏莲等，动作上有鱼衔莲枝——鱼咬莲花梗作摇曳牵引状；鱼吻莲藕——鱼嘴触莲藕作亲近状，还有鱼儿穿莲、鱼儿钻莲等，生动地表达了"连年有余"的祈盼。[①]

"金玉满堂"则形容财富极多，出自《老子》第九章："金玉满堂，莫之能守"。图案中有金鱼数尾，"金鱼"谐音"金玉"，玉有富贵之气，喻富裕、有余，一些画中还会出现童子在养金鱼的水塘或鱼缸旁嬉戏。"金玉满堂"也用来称誉某人学富五车，才华过人。清代画家梅振赢尤其喜欢画金鱼，人称其笔下金鱼为"梅家鱼"。清代画家、有"晚清画苑第一家"之誉的虚谷也有不少作品以金鱼为题材，传世作品有《梅花金鱼图》等，可见，金鱼是中国传统文化中人们喜爱的吉祥符号。

说到谐音，不得不提到鳜鱼。鳜鱼，又名桂鱼、桂花鱼，外形尖头大眼，体色青绿带金属光泽，很具观赏性，而且刺少肉多、肉质鲜美，被明代医学家李时珍誉为"水豚"。由于"鳜"音同"贵""鱼"音同"余"，鳜鱼同样是中国传统文化中代表富贵的吉祥符号，是我国古代鱼形玉器常见的表现题材。鱼形玉器早在新石器时代就有出现，但大量出现还是在商、西周、春秋、宋、辽金、元、明、清几个时期，尤以宋代之后为盛，主要有圆雕与佩饰形式。玉鱼的发展在清代达到巅峰，其雕刻技法集历代之大成，做工极其精湛。鱼形玉器有着质材的自然之美、设计的造型之美以及雕琢的工艺之美，蕴含着独特的审美价值与文化含义，在人们心目中有着重要地位。在已发现的宋代玉鱼中，鳜鱼是出现最多的一种鱼类，宋之后的元、明、清直到民国，也有不少鳜鱼玉鱼出现。安徽省文物总店现藏一件元代和田白玉鳜鱼，雕工气魄豪放，造型体态饱满，是鳜鱼玉器中的珍品，是鱼文化与玉文化的完美结合，蕴含着古人对富贵吉祥的深切祈盼。[②]

在我国，鱼纹符号广泛大量地出现在石刻、彩陶、剪纸、玉雕、壁画、年画、木刻、

---

① 许静. 从《诗经》中的鱼意象看其对民俗文化的继承和影响［J］. 聊城大学学报（社会科学版），2005（3）：198-200.

② 方林. 宋代玉鱼的文化认识［J］. 文物世界，2013（5）：3-5.

漆器、瓷器、银器、纺织品、服饰、刺绣等各类物件中，表达着人们祈盼富足美好生活的愿望。安徽北部的阜阳市属淮河流域，境内鱼类资源较为丰富，鱼类形象常常出现在当地的剪纸中。阜阳的剪纸艺术独具特色，既透着北方的浑厚、粗犷，又带有南方的秀丽与精致，目前已被列入国家非物质文化遗产名录。阜阳鱼剪纸有阳文、阴文两种形式，前者保留绘制好的鱼图案，即画笔笔触的部分，剪除其余部分；后者则把画笔笔触部分剪除，留下的纸张将鱼图案尽显出来。阜阳剪纸艺人对鱼的观察十分细致，以追求神似为基础，剪出的鱼儿活跃生动，十分有趣。阜阳人认为，鱼的形态越多样化，表示今后的生活越美满幸福。鱼剪纸寄托着人们对美好生活的祈盼与热爱。

年画是中国特有的一种绘画体裁。在过去很长的一段时间里，贴年画迎新春是中国人过年的习俗，寄托着祝福新年吉祥喜庆、祈求幸福生活的心理。年画中常出现鱼纹吉祥图案，国人印象最深的莫过于"胖头娃娃抱大鱼"了。"娃娃抱鱼"是由"鱼纹"和民间"童子"形象构成的组合型吉祥图案。一方面，鱼多子，寓生殖繁衍，童子本身也象征生命的绵延；另一方面"鱼"通"余"，合起来表示多子多福、富足有余[1]。这类年画中出现的多是鲤鱼与金鱼，画面颜色以红、黄、绿为主，色调偏暖，线条圆润，人胖鱼肥，非常夸张喜庆，同时憨态可掬，萌劲十足。在一些"娃娃抱鱼"的年画中，还会出现牡丹、元宝及石榴等形象，"牡丹"象征"富贵"，"元宝"象征"财富"，"石榴"象征"多子"。[1]"娃娃抱鱼"纹样营造出喜庆的气氛，表达了丰盛、富足的含义，是人们对美好未来的祈福，反映了人们希望年年丰收、生活富裕的美好愿望与憧憬。我国著名的五大木版年画（天津杨柳青、苏州桃花坞、潍坊杨家埠、开封朱仙镇、四川绵竹）中，"娃娃抱鱼"都是经常出现的吉祥纹样。除了在年画中出现外，"娃娃抱鱼"纹样也在我国民间各类工艺品以及生活用品中广泛流传使用，表达了人们对富裕美好生活的向往之情。

刺绣是我国古老的手工技艺之一，已经有2 000多年的历史。我国四大名绣之一的蜀绣发源于成都，有着深厚的文化底蕴。鲤鱼图是蜀绣独树一帜的特色品种，其中"芙蓉鲤鱼"最具成都地域特色。该作品集蜀绣传统针法之大成，以线代墨，运针如笔，鲤鱼神采灵动，芙蓉熠熠生辉，鱼花交相辉映，溢彩流光，是刺绣与绘画的完美结合，令人叹为观止。[2]作为蜀绣的代表作精品，巨幅"芙蓉鲤鱼"座屏目前置放于北京人民大会堂四川厅。除此之外，蜀绣还有"牡丹鲤鱼""玉兰鲤鱼""绿竹鲤鱼"等数十个品种，表达了四川人对大自然的热爱和对美好生活的祈盼。

二、禄：企盼步步高升、前程远大

"禄"，在《说文解字》中解释为"福"。中国禄文化历史悠久，《论语》曰："人有命有禄，命者富贵贫贱也，禄者盛衰兴废也。"单从字义上说，"禄"就是功名与社会地位，人们希望能提升社会地位，有远大前程。

"鱼化龙"纹就有平步青云、提升地位的寓意。"鱼化龙"纹在我国古代应用广泛，最早出现在商代，在后世的金银铜器、漆器、瓷器、服饰、壁画、年画、剪纸、刺绣等物品

①　高珊珊．陕西与山东地区民间"娃娃抱鱼"形式的比较研究［D］．济南：山东艺术学院，2014．
②　乔熠，乔洪．蜀绣鲤鱼图刺绣技艺研究［J］．丝绸，2016（1）26-34．

中都可见到，最常见的表现形态为"鲤鱼跳龙门"，著名的景德镇青花瓷上就有"鱼化龙"纹出现。青花瓷是中华传统名瓷之一，也是中国瓷器的主流品种之一，在唐宋时期形成雏形，元代达到成熟期，明代成为主流，清代康熙年间发展到顶峰，被称为人间瑰宝。有学者推测，青花"鱼化龙"纹饰最早可能出现于明永宣时期，成熟于清朝的康熙年代，此时正是青花瓷的鼎盛时期。明清两朝的青花"鱼化龙"有不同的特点，明万历年的作品沉静、幽雅，清康熙的青花"鱼化龙"则清亮、华美，各具其强大独特的艺术魅力。将"鱼化龙"纹用在青花瓷上，寄托着人们对美好生活的向往，有祈盼步步高升、飞黄腾达之意。①

"鱼化龙"也出现在紫砂壶上。明末紫砂艺人陈仲美是"鱼化龙壶"的创造者，后经清代宜兴制壶名手邵大亨巧妙构思，精心改进，使鱼、龙、云装饰与壶身浑然一体，造型栩栩如生，成为经典壶型并广为流传。后来清末紫砂艺人黄玉麟的"鱼化龙壶"取代邵大亨，成为"鱼化龙壶"的标准样式。"鱼化龙壶"表达了"化龙"情怀，寓意着步步高升、前程远大。②

我国还有"一甲一名"的吉祥祝福。中国自隋朝以后采取科举制度，考试分县试、会试、殿试。明清时通过最高殿试者又分为三级，称为三甲，一甲前三名称为状元、榜眼、探花，"一甲一名"即第一甲的第一名，也就是状元。"一甲一名"的图案是鸭、蟹以及芦苇，"鸭"与"甲"谐音，寓意科举之甲，画面是鸭子游弋水上，旁边配上蟹钳芦苇，寓意中举、前程远大。

三、寿：企盼身体健康、长命百岁

长寿是人类的一种渴求。自古长寿者少，求寿者无限。人类恐惧死亡，希望能长命百岁。在物质生活条件得到极大改善的今天，健康、长寿是人类的主要追求之一。自然条件下，龟的寿命很长，人们往往把龟作为长寿的象征，并把龟加以神化，这类记载在古代文献中很多。《说文解字》曰："龟，旧也。""龟"与"旧"古音相近，而"旧"与"久"相通，就是长寿的意思。《史记·龟策列传》曰："龟千岁乃满尺二寸。"《论衡·状留篇》曰："龟三百岁大如钱，游华叶上；三千岁则青边有距。"说明龟可以活到三千岁以上。人们常以"龟龄鹤寿"来喻长寿。《龟经》载："龟一千二百岁，可卜天地终结。相传龟鹤皆有千年寿，因此用来比喻长寿。郭璞《游仙诗》云："借问蜉蝣辈，宁知龟鹤年"，"龟鹤齐龄"寓意高寿。"龟鹤齐龄"图案是我国传统的吉祥图案，经常出现在玉器、瓷器、摆件、纺织品乃至文房用具等各类物件中。比如，铜摆件"龟鹤齐龄"就是一只鹤站在一只龟的背上，龟与鹤均作昂首状，有祈盼长寿的寓意；在"龟鹤齐龄"墨的上方与下方位置，分别有一只匍匐的龟与展翅的鹤，中间有"龟鹤齐龄"四个字，也表达了长寿的寓意。

四、禧：企盼吉祥如意、生活幸福

禧自古就是中国人追求的人生目标之一，求喜气祈吉祥已经深入到人们生活的每个角

---

① 马争鸣. 龙泉窑青瓷中的鲤鱼纹［J］. 收藏家，2007（6）：23-27.
② 潘云燕. 漫谈〈鱼化龙壶〉［J］. 陶瓷科学与艺术，2012（Z1）：86.

落。鱼灯舞以其热闹的气氛、广泛的参与性以及独特的鱼文化内涵成为一项求喜气、祈吉祥的民俗活动，反映了人们对幸福生活的向往。鱼灯舞盛行于水资源丰富而且渔猎发达的地区，从北到南，我国不少地区都有各具特色的鱼灯舞。

1. 安徽无为县鱼灯舞

芜湖市无为县位于安徽省中南部，濒临长江，这里有着春节扎制八头鱼灯的习俗。人们希望通过舞鱼灯来驱恶赶魔，祈愿新的一年风调雨顺，五谷丰登，天下太平，生活幸福。无为鱼灯发源于北宋年间，至今已有 1 000 余年历史，目前已被列入国家级非物质文化遗产保护名录。鱼灯由 50 根竹篾扎制，蒙以纱布，纱布外刷胶，再贴上透明的油皮纸。鱼身做好后画师要一笔笔上色制鱼身图案，为了追求最大限度的完美，画师每一步都要格外细致。人们相信，只有将鱼图案绘制得活灵活现，巧夺天工，才能舞出吉祥，舞出好兆头。表演时的鱼灯包括一盏鳌鱼灯、一盏麒麟灯以及八盏鱼灯，这八盏灯造型分别为金鱼、黄鱼、鲥鱼、鲑鱼、鲤鱼、鲢鱼、鲫鱼和乌鱼，鱼贯而出，相继登场，伴奏乐器则有唢呐、铜锣、圆鼓等。表演中有金钩挂月、八鱼戏水等 20 多个高难度动作，感染力极强。造型有"鲤鱼摆尾""鲤鱼戏水""鱼跃龙门"等，有些演出还摆出"天下太平、人口平安"等字形。鱼灯舞在夜晚表演时，鱼腹内灯盏点亮，晶莹剔透，舞动起来让人眼花缭乱，气氛非常热烈火爆，传达出浓浓的年味。

2. 浙江青田鱼灯舞

丽水青田鱼灯舞是浙江省最具代表性的鱼灯类民间舞蹈，主要流传于青田县，是青田鱼文化和民间艺术相结合的产物，2008 年被列入国家级非物质文化遗产保护名录，曾多次参加国内外文化交流活动并取得优异成绩。相传青田县南田的刘基，暗地招募义兵，以鱼灯舞形式操习兵阵，后率部投奔朱元璋，成为明代开国功臣，从此青田鱼灯舞开始兴盛，同时也形成了带有军事操习风格的特点。青田鱼灯舞道具制作精美，造型繁多，表演时由两颗红珠领头，随后两尾红鲤鱼，接下来出场鳈鱼、鲢鱼、草鱼、鲫鱼、田鱼、塘鱼、石斑鱼、膂甲鱼（虎鱼）、金鱼、青龙鱼、滩婆、虾、河豚、金蟾、蟹等。舞蹈动作粗犷奔放，以走阵为主，分"春色戏水""夏鱼跳滩""秋色泛白""冬鱼结龙""鲤鱼跳龙门"五段。[①]

3. 福建莆田市"九鲤舞"

"九鲤舞"是流传于莆田市黄石镇一带的传统民间舞蹈，初期是一种带有祈福驱邪色彩的民俗舞蹈表演活动，只在逢龙年的元宵节举办，即每隔 12 年才举办 1 次，但在发生严重灾情或瘟疫时可破例举行。后来逐渐演变，从宗教祭祀的艺术化向民俗艺术化转变，成为一种经常表演的舞蹈。"九鲤舞"的表演队伍由 28 人组成，其中领队 1 人，执龙珠 2 人，舞鲤鱼灯 9 人，掌火炬 5 人，抬龙门 4 人，伴奏乐队 7 人。舞蹈主要表现 9 条进化中的龙鱼嬉戏、围珠、戏珠、跳龙门等场景。跳龙门时，持鱼灯者由低处向高处跃进，鱼贯跃过龙门，动作激烈，舞技高超。然后众人再按照队形，沿五星图案的篝火穿梭表演，最后九条鱼将龙珠团团围住，达到高潮，结束舞蹈。如今的"九鲤舞"已成为寓意吉祥喜庆

---

① 徐啸放，王丽. 青田鱼灯舞，天下第一"鱼"[J]. 今日浙江，2015（15）：58-59.

的节日欢庆舞蹈，成为人们丰富文化生活的一种形式。①

4. 深圳沙头角鱼灯舞

深圳沙头角鱼灯舞起源于明末清初，已经有 350 多年的历史，目前为国家级非物质文化遗产。该鱼灯舞是男子广场群舞，是融合当地民间元宵节"张灯作乐"习俗以及海上捕捞生活形成的。早年间沙头角地区海盗猖獗，渔民生活困苦，鱼灯舞的基本情节是群鱼勇斗霸王鱼，表达了村民对和平安详、美满幸福生活的向往。改革开放后，内容更多地表现吉祥喜庆，象征村民都过上了幸福生活。该舞蹈的一大特点是在夜间表演，场上有四根龙柱和绕场蓝色水布，以仿海底世界。演出时不用灯光，通过龙柱和鱼灯里的蜡烛照明，观看各色鱼儿在"海洋"中遨游回旋，鱼儿色彩艳丽、闪闪发亮，场景光影变幻，美轮美奂，极好地营造出欢乐喜庆的气氛。2013 年，沙头角鱼灯舞参加了"欢乐中国"悉尼中国新春庆典活动，正式走向世界舞台。②

五、财：企盼财源广进、兴旺发达

财神是生意人的偶像，也是民间广受欢迎的神灵。中国主要供奉五大财神以及其他四方财神，被称为"四面八方一个中"，可谓阵容强大。逢年过节，不少人家会悬挂财神画像或者上香祭拜，希冀能保佑财源广进、兴旺发达。日常生活中，也常见各种招财、求财、纳财、保财和聚财的习俗，可以说，民间财神信仰无处不在。

风水鱼可以看成一种财神信仰。古人认为：风水鱼最大的功能是添财，其次才是化煞驱邪。风水鱼是与风水学说挂钩的一种鱼。风水的理论取向是人与环境的关系，贯穿着强烈的避凶趋吉的意识。古人认为："气乘风则散，界水则止。"所以水具有止衰气、聚旺气的双重作用，而"水中有吉物，更可以调整气运流通的缓急"，风水鱼就是这种吉物。③

养鱼需要有相应的水池或水缸。古人认为，室外的水池方位需要与建筑相配，室内的水缸也要摆放在相应的位置，也就是水池与水缸的位置必定要配合周围的环境。因此，风水鱼的摆放是很讲究的。人们相信，摆放若不正确，会有相反效果，不但不会带来好运，反而会增添麻烦。鱼的选择也有讲究，娇嫩难养的鱼尽量不养，经常死鱼会被认为不吉。一般金鱼、锦鲤作为风水鱼养得较多。例如，有一种黑底带红、白花纹的锦鲤，胸鳍基部有黑斑，头部有大黑斑，俗称"偏财锦鲤"，人们认为可以借其顶部的大黑斑杀煞，有利偏财，很多风险高但利润厚的所谓"偏门"行业喜欢饲养。

第四节　鱼文化中的生命感悟符号

鱼文化中有很多象征性、寓言性的描述和表达，这些都与生命感悟有关，充满了人生的哲理。在这样的语境下，鱼就成为一种哲学性的生命感悟符号。

---

① 李国贞. 民间舞蹈"九鲤舞"的舞蹈形态研究 [D]. 福州：福建师范大学，2009.
② 郑永森. 国家级非遗"鱼灯舞"高校传承保护的探索与实践 [J]. 文化遗产，2016 (6)：152-156.
③ 李向北，曹巧琳. 抽象的祈福——"风水"中的鱼文化 [J]. 大众文艺，2010 (4)：80.

一、自由

鱼类的特性是游动灵活、迅速，反应敏捷，能够在广阔的水域中自由运动，因此在人们的观念中，鱼类所具有的象征意义之一便是自由。

庄子《逍遥游》云："北冥有鱼，其名曰鲲。鲲之大，不知其几千里也；化而为鸟，其名为鹏。鹏之背，不知其几千里也；怒而飞，其翼若垂天之云"，"鹏之徙于南冥也，水击三千里，抟扶摇而上者九万里"。[①] 说的是北方的大海里有一条名叫鲲的大鱼，身体巨大，变化为名字叫鹏的鸟。鹏的脊背真不知道有几千里长，当它奋起而飞的时候，展开的双翅就像天边的云。这只鹏鸟迁徙到南方的大海，翅膀拍击水面激起三千里波涛，海面上狂风盘旋直冲九万里云霄。由此可见，鲲化鹏后自由翱翔的磅礴气势。

"鲲"在这其中代表着自由，但限于水域的广度与深度，这种自由是"有所恃、有所待"的，而化为鹏后，突破了水域的局限，赢得了更为广阔的空间。"化"是一种质变，体现了一种突破性，即摆脱了有待，达到无待，实现了更大的自由，即获得逍遥游。"逍遥之鱼"体现的是一种绝对自由的"无待"状态，即没有任何外在的束缚与依赖的物的本然。在这里，庄子借用"鲲化鹏"的故事说明，"有待"是造成人生不能自由的根本原因，摆脱有待，达到无待，才能实现自由，而要达到无待，需要从自己的主观认识和思想上解放自己，从主观上齐同万物，"以道观物""道通为一"。[②]

东晋大诗人陶渊明《归园田居》诗云："少无适俗韵，性本爱丘山。误落尘网中，一去三十年。羁鸟恋旧林，池鱼思故渊。开荒南野际，守拙归田园。方宅十余亩，草屋八九间。榆柳荫后檐，桃李罗堂前。"这首诗中，"羁鸟恋旧林，池鱼思故渊"描写了诗人做官时的心情，表达了厌倦旧生活、向往新生活的情绪。"鱼"在此处也是自由的象征，诗人因无法忍受官场的束缚，辞官归隐，躬耕田园。全诗抒发了作者辞官归隐后的愉快心情和乡居乐趣，表现了对田园生活的热爱。

韩愈《海水》诗云："海有吞舟鲸，邓有垂天鹏。苟非鳞羽大，荡薄不可能。我鳞不盈寸，我羽不盈尺。一木有馀阴，一泉有馀泽……我鳞日已大，我羽日已修。风波无所苦，还作鲸鹏游。"这首诗借鱼抒发心中的豪情壮志，诗中的鱼也具有自由、强大的含义。

中唐诗人章孝标的《鲤鱼》诗云："眼似珍珠鳞似金，时时动浪出还沉。河中得上龙门去，不叹江湖岁月深。"这首诗栩栩如生地描绘了鲤鱼的形象、习性、情态，深刻地让人感受到了鱼儿的自由、活泼。

在古人的一些绘画作品中，鱼也具有自由的象征意义，表现出画家强烈的感情色彩和复杂的精神内涵。八大山人（1626—1705 年），名耷，明末清初画家，中国画一代宗师。在他的鸿篇巨作《鱼鸟图卷》中，鸟在画面下方，而鱼在画面上方，看起来鱼不是在水里游，而是在天上飞。画上的题跋写道："东海之鱼善化，其一曰黄雀，秋月为雀，冬化入海为鱼；其一曰青鸠，夏化为鸠，余月复入海为鱼。凡化鱼之雀皆以脰，以此证知漆园吏

---

①　方勇．庄子［M］．北京：中华书局，2010：2.

②　张俊梅，熊坤新．庄子散文中"鱼"意象的文化内涵［J］．孝感学院学报，2012（1）：92-95.

（指庄子）之所谓鲲化为鹏。"这就明确表示，所画的鱼鸟是证知"鲲化为鹏"，是画了一个"鱼鸟互转"的故事。该画幽深远阔，意境深邃，以言简意赅的笔墨营造出"海阔凭鱼跃，天高任鸟飞"的自由磅礴之美，也有"去雁数行天际没，孤云一点净中生"的寥落渺茫之意，是情感与技巧的高度融合，其艺术创作已进入到一个自由王国的境界。[①]

八大山人还有一幅名为《鱼》的画作，题诗为："点笔写游鱼，活泼多生意，波清乐可知，顿起濠濮思。"画中鱼眼呈"白眼向人"之状，传达出画家的傲兀不群以及对心灵自由的追求。

八大山人的画对后世影响深远，清代中期的"扬州八怪"，晚期的"海派"以及现代的齐白石、张大千、潘天寿、李苦禅等巨匠都受其熏陶。

二、爱情

新月派代表诗人和学者闻一多指出，"在中国语言中，尤其在民歌中，隐语的例子很多，以'鱼'来代替'匹偶'或'情侣'的隐语，不过是其间之一。"[②] 如"鱼水之欢""鱼水和谐"之类词语，就表达了这一含义，青年男女间互比为鱼，其意就是"你是我最理想的配偶"。[②]在以鱼表现爱情的诗歌中，西晋初年的文学家傅玄的乐府诗《秋兰篇》十分典型。诗歌以女子的角度写下了对爱人的坚贞情意，感情表达热情而又奔放。诗云："秋兰映玉池，池水清且芳。芙蓉随风发，中有双鸳鸯。双鱼自踊跃，两鸟时回翔。君其历九秋，与妾同衣裳。"诗中的双鱼代表恋爱中的双方，表达了女子对夫君的爱历久弥坚，想要生生世世与君厮守。宋代佚名词人的《鱼游春水》云："佳人应怪归迟，梅妆泪洗。凤箫声绝沉孤雁，望断清波无双鲤。云山万重，寸心千里。"双鲤同样代表爱情双方。南宋词人蔡伸的《卜算子》云："望极锦中书，肠断鱼中素。锦素沉沉两未期，鱼雁空相误"，这里鱼雁中的鱼也有爱人之意。

在爱情与鱼的故事中，比目鱼是必须要提到的主角。比目鱼最早记载于《尔雅·释地》："东方有比目鱼焉，不比不行，其名谓之鲽"。传说中此鱼只生一目，须两两相并才能游行，故人称之为"比目鱼"，更具体而言，雌鱼和雄鱼各有一左一右一只眼睛，二鱼左右相贴而行，眼睛各观察一侧动静，确实是和睦恩爱，羡煞旁人。其实，比目鱼有双眼，只是长在了身体的同一侧，而且，比目鱼包含鲆类、鲽类等不同鱼类，鲆类双眼均在左侧，鲽类双眼均在右侧，因此同种鱼类不可能两两相并游行。我国沿海地区目前有养殖的比目鱼，广泛食用的牙鲆鱼就是其中的一种。但在古人的认知中，比目鱼是代表爱情的奇鱼，古曲古诗中都有它的身影。

> 悠悠比目，缠绵相顾。婉翼清兮，倩若春簌。
>
> 有凤求凰，上下其音。濯我羽兮，得栖良木。
>
> 悠悠比目，缠绵相顾。思君子兮，难调机杼。
>
> 有花并蒂，枝结连理。适我愿兮，岁岁亲睦。
>
> 悠悠比目，缠绵相顾。情脉脉兮，说于朝暮。

---

① 许莹. 从八大山人的〈鱼鸟图卷〉品读中国文化的美丽精神 [D]. 北京：中央美术学院，2007.
② 闻一多. 闻一多全集 [M]. 上海：三联书店，1982：117.

有琴邀瑟，充耳秀盈。贻我心兮，得携鸳鹭。

悠悠比目，缠绵相顾。颠倒思兮，难得倾诉。

兰桂齐芳，龟龄鹤寿。抒我意兮，长伴君处。

这首古曲很好地表现了恋人相识、相知、相爱、相伴的情感。

初唐四杰之一的卢照邻曾写下被誉为"初唐七言歌行体代表作"的名篇《长安古意》，描绘了长安城的繁华景象与各色人等，其中有"得成比目何辞死，愿作鸳鸯不羡仙。比目鸳鸯真可羡，双去双来君不见"的诗句，用比目鱼比喻男女双方，赞美了轰轰烈烈的爱情。同为初唐四杰之一的骆宾王写下《艳情代郭氏答卢照邻》，有"此时离别那堪道，此日空床对芳沼。芳沼徒游比目鱼，幽径还生拔心草"一说，却是在替蜀地女子郭氏谴责卢照邻的不辞而别，一去不回。有研究认为，卢照邻并非有意如此，他是得了当时被视为不治之症的"风痹"，再无可能替郭氏赎身，迎娶进门。诗人结局悲惨，由于政治上的坎坷失意及长期病痛的折磨，最后投颍水而死。比目鱼的形象也出现在其他诗人的作品中。西晋文学家潘尼曰："沉钩出比目，举弋落双飞"，唐代诗人王建在《横吹曲辞·望行人》里写道："自从江树秋，日日上江楼。梦见离珠浦，书来在桂州。不同鱼比目，终恨水分流。久不开明镜，多应是白头"；北宋诗人梅尧臣《八月二十二日回过三沟》诗云："不见沙上双飞鸟，莫取波中比目鱼"；清代学者顾陈垿《分拟鲍参军〈白头吟〉》诗曰："昔为比目鱼，今作分飞禽"；民间七言婚联也有"荷叶池中鱼比目，蓝桥石畔凤双飞"的内容，这些都是将比目鱼比作爱情或有着爱情的男女双方。清代五大言情小说中有一部名为《比目鱼》，作者为明末清初文学家、戏曲家李渔，描写的就是才子佳人的爱情故事。

除了诗词书信等外，也有与鱼相关的实物表示爱情，非常著名的当属金代（1115—1234年）的双鲤鱼纹铜镜。金国是女真族在北方建立的国家，铜镜是女真人日常正衣冠的生活用品，正面为抛光面，背面则装饰各种图案。金代的铜镜中鱼纹镜所占比例很大，分布也广，这主要与金国水域广布、渔产丰富、女真人祖先以渔猎为生有关。鱼纹造型多为双鲤鱼，双鱼鱼鳍展开，雌雄相随，同向回泳，作追逐嬉戏状，其设计含有情爱、完美等寓意。金双鲤鱼纹铜镜铸造工艺独树一帜，背面采用高浮雕工艺，将双鱼塑造得丰肥饱满，栩栩如生，有"尺水兴波"之感。[①] 双鲤鱼纹铜镜寄托了女真人对爱情、对幸福生活的向往。随着社会发展，双鱼纹图案被广泛应用到玉器、瓷器、银器等器物上，发展成为大众喜爱的经典纹样。

三、志向

鱼因为"余"的谐音，莲因为"连"的谐音，组成"连年有余"，在民间习俗中有保生活富裕兴旺的含义，除此之外，鱼、莲还有另外的含义，这要从鱼形玉器说起。鱼形玉器在新石器时期就已出现，在长江下游太湖流域的良渚文化时期和西辽河上游流域的红山文化都有少量发现，到西周时期，已有较多的鱼形玉器出现。宋代，不少鱼形玉器做成能够戴在身上的玉佩。这些玉佩大多造型精美，做工精细，重写实，求意境，多为片雕，还

---

① 陈红波. 客从远方来，遗我双鲤鱼—Z0916金双鱼纹铜镜的文化内涵［J］. 天水行政学院学报，2017（1）：114-116.

出现了真正的圆雕。在一些玉佩上，弯曲跳跃的鱼常常与莲共存，人称莲鱼佩，表现的是一种鱼莲同池共生的生活场景。玉在中国的文明史上有着特殊的地位，一方面因为贵重，一方面古人赋予了美玉许多人性的品格，"玉"在古人心目中代表美好、高尚，在诗文中常用玉来比喻和形容一切美好的人或事物，如人们将谦谦君子喻为"温润如玉"。宋代进行科举制度的改革后，皇室鼓励人读书科举，参政治国，以使得朝廷能够广招贤士，治理天下，因此，玉佩饰在文人入仕者非常流行。佩戴莲鱼佩，一方面祈福，另一方面也是佩玉明德，鱼、莲表示"廉洁有余"，这是当时文人士大夫的一种情怀，也体现了入仕者的一种操守与自我要求。①

---

① 方林．宋代玉鱼的文化认识 [J]．文物世界，2013（5）：3-5.

第七章
中国渔文化的文艺形态

渔业渔事活动是人类重要的生存和生活构成，又因为它们都与水有直接的关系，而在中国传统文化语境里，"水"是一个内涵丰富的文化符号，因此渔业渔事活动成为诗人作家们经常予以审美和描述的对象。与之相关的文艺作品也经常出现在古典诗词和笔记小说里。由于渔业渔事活动有强大的民间因素，故而中国渔文化的文学形态又呈现出鲜明的民间文艺色彩。这在鱼类故事和渔谚渔歌中表现得尤为显著。

第一节　古代诗词中的渔文化

古代诗词中的渔文化，以《诗经》为滥觞。《诗经》中很多篇章都以"鱼""渔"为起兴的手法，同时又记载了大量渔事工具、捕鱼技巧等现实性资讯，开创了渔文化的文学书写沿着审美和现实主义手法描述的两大源流。

一、柳宗元《江雪》和《渔翁》

古典诗词中的渔文化歌咏非常丰富。它们都不是简单的咏物诗，而是高雅意境和崇高人格的诗化描绘。唐代柳宗元的《江雪》及《渔翁》，就是这样的千古名篇。

这两首渔父诗，都写于柳宗元被贬永州任永州马司时期，所以都有"迁谪释怨"的属性。但是这种"释怨"，却借助于一个卓然而立的渔翁形象予以"反释"。也就是说，柳宗元的"怨"，是通过树立一个暗寓自我的"镜子形象"来反证的。

"千山鸟飞绝，万径人踪灭。孤舟蓑笠翁，独钓寒江雪。"这是清韵流播千年的《江雪》诗。它描述了一个钓鱼的画面：在雪花纷飞的寒冬，江面上不见鸟飞，江边山路上没有任何人活动的踪迹，却有一个人，戴着挡雪的斗笠，穿着遮风的蓑衣，坐在一条小船上钓鱼。这是包含丰富的渔文化信息的一首诗。从纯钓鱼的角度来说，冬天本是钓鱼的最佳季节之一，"冬钓鲫"是一句流传很广的渔文化谚语，况且是在下雪天。有钓鱼经验的人都知道，下雪的时候，气候滋润而又不特别寒冷，鲫等鱼类很活跃，觅食积极，所以往往能获得钓鱼丰收。

这首诗的深刻之处，在于表层的钓鱼活动，因一句"独钓寒江雪"而有了强烈的象征意义。这是一个渔父形象的塑造，是从渔夫向渔父的升华。"渔父"形象的文化渊源来自于屈原的《渔父》。那个唱着"沧浪之水清兮，可以濯吾缨；沧浪之水浊兮，可以濯吾足"飘然而去的渔父，是孤傲清高的象征。柳宗元寒江独钓的形象，是独醒独清的智者，是不与世俗妥协的高人。

《江雪》之后，柳宗元又写了《渔翁》，从而构成了渔文化文学性表达的两座"江峰"。

渔翁夜傍西岩宿，晓汲清湘燃楚竹。

烟销日出不见人，欸乃一声山水绿。

回看天际下中流，岩上无心云相逐。

如果说《江雪》呈现的是一个孤傲清高的钓者形象，那么《渔翁》则是一个由傲入逸的诗性渔父。通篇没有写渔父的渔事活动，没有捕捞，没有垂钓，没有渔获，而是渔事开始前或者结束后，渔父的脱俗生活：晚上傍着西山的岩石歇宿，在晨曦中醒来后，汲取清澈的江水，以透露着一股清香的楚竹为柴做饭。太阳出来了，江雾散尽，江面上却不见了渔翁的人影。只听见有欸乃摇橹的声音从碧绿的山水中传来。回身一看，那个渔翁已驾舟行至江河的天际，与白云融化在一起。这是天人的境界和形象。在柳宗元的笔下，渔文化拥有了政治清白的象征和诗意生活的潇洒这样崇高的品质。

二、张志和"渔歌子"系列

渔歌子，又名"渔父""渔父乐""渔父词""秋日田父辞"等，本是一个词牌的名称。但以此为题的作品，基本上都与渔文化有关系。其中尤以唐代张志和的五首"渔歌子"和孙光宪《渔歌子·泛流萤》及五代李煜《渔父·一棹春风一叶舟》最具经典性。

张志和（732—774年）年轻的时候曾经担任过翰林待诏、左金吾卫录事参军、南浦县尉等职。后弃官隐居于太湖流域的苕溪与霅溪一带，扁舟垂纶，渔樵为乐。张志和不但是渔文化的创造者，也是渔文化的实践者。这是他与众不同的地方。

《渔歌子·西塞山前白鹭飞》是张志和的五首"渔歌子"中的第一首，也是公认的代表性作品，是最好的一首。

西塞山前白鹭飞，桃花流水鳜鱼肥。

青箬笠，绿蓑衣，斜风细雨不须归。

这首词轻快自然，却又内涵丰富。在表层上，它描写了江南水乡春汛时节的一幅鲜活的捕鱼图：白鹭飞翔，桃花流水，斜风细雨，渔翁勤劳。整首词色泽鲜明，动感十足。其深层的美感，来自那个青笠绿蓑的渔夫形象。与屈原的"渔父"和柳宗元的"钓者""渔翁"不同，张志和的渔夫形象更具有普通钓者的神韵，他的政治品德寓意显得更加含蓄。

张志和的第二首"渔歌子"是这样的：

钓台渔父褐为裘，两两三三舴艋舟。

能纵棹，惯乘流，长江白浪不曾忧。

如果说《渔歌子·西塞山前白鹭飞》聚焦的是一个诗化钓者形象，那么这首《渔歌子·钓台渔父褐为裘》则塑造了一个大江中搏浪的渔者。这个渔者穿短衣，驾小舟，在风浪中纵横出没，这副天不怕浪不怕的勇者形象，张志和用"渔父"予以表述。这就大大拓展了渔父的内涵：渔父不但是政治清高的隐者，而且也是搏击风浪的勇者。

张志和第三首"渔歌子"，把歌咏和抒情的渔文化客体，从汹涌的长江转为宁静的小溪。

　　　　　　　　　　雪溪湾里钓鱼翁，舴艋为家西复东。
　　　　　　　　　　江上雪，浦边风，笑著荷衣不叹穷。

　　雪溪是太湖的一条支流，正是作者隐居的地方。这里的钓鱼人，在很大程度上是作者自况，所以这是一首渔文化的践行之作。那个钓者肆意雪溪，舴艋为家。风雨冰雪中的渔隐生活是艰苦的，但钓者却是笑对苦难，虽是荷叶遮身，却不以为苦。因为精神上是自由的，心灵上是舒畅的。结尾句"笑著荷衣不叹穷"直接点明了诗人的高洁志趣，表达了诗人豁达乐观的思想感情。

　　张志和第四首"渔歌子"，描写了一幅渔人宴友图，非常具有渔家生活情趣。

　　　　　　　　　　松江蟹舍主人欢，菰饭莼羹亦共餐。
　　　　　　　　　　枫叶落，荻花干，醉宿渔舟不觉寒。

　　诗中的"松江"，指的是水系吴淞江，并非是松江府。它是太湖三大支流之一。"蟹舍"指的是水乡渔家。诗里说，在枫叶落尽荻花飞絮可扬的深秋季节，松江边上的渔家，用太湖秋肥的螃蟹和菰饭莼羹招待客人"我"。这秋蟹太好吃了，菰饭莼羹太鲜美了，"我"都不知不觉喝醉了，就留宿在渔家的小船里，感觉到的只有渔家的热情，哪里还会有秋寒。有人联系张志和曾经去太湖拜访颜真卿的史实，认为这里的主人指的就是颜真卿。其实不必如此直解，还是泛指渔家比较恰当。

　　如果说上面一首"渔歌子"，写的是渔家乐中的味乐，那么张志和第五首"渔歌子"，抒发的则是纵情于渔猎活动本身的乐趣。

　　　　　　　　　　青草湖中月正圆，巴陵渔父棹歌连。
　　　　　　　　　　钓车子，橛头船，乐在风波不用仙。

　　青草湖在湖南的洞庭湖东南部。张志和的五首"渔歌子"共出现了 6 个地名。第一首"西塞山前白鹭飞"中的西塞山在湖北黄石市（也有人认为是指湖州西塞山），第二首"钓台渔父褐为裘"中的钓台是长江；第三首"松江蟹舍主人欢"的松江是吴淞江，第四首"雪溪湾里钓鱼翁"的雪溪在太湖边上，第五首"长江白浪不曾忧"写的是长江。这六个地方，除雪溪外，其余五个都在长江沿岸，上自洞庭湖畔，下至吴淞江。这与张志和"浮三江，泛五湖，自称烟波钓徒"的自况是完全相符的。

　　这第五首"渔歌子"，生动塑造了用钓车子这样简单的钓鱼工具，出没于大湖里，乐在其中自成仙的巴陵渔父形象。从第一首的渔事"不须归"，第二首的渔夫"不曾忧"，第三首的钓翁"不叹穷"，第四首的渔家主客"不觉寒"，到最后这首的渔父"不用仙"，这五首"渔歌子"层层递进，写出了"渔家"从精神到人生形态各方面的独特品位，从而使得渔文化的文学书写具有极高的境界。

三、孙光宪两首"渔歌子"

　　在张志和完成五首"渔歌子"后 150 多年，出身于四川的孙光宪（901—968 年）又写了两首"渔歌子"。

　　虽然这两首"渔歌子"没有明确的写作时间，但学界普遍认为它们都是孙光宪归宋以后的作品，并且都以太湖风光和渔家生活作为审美对象。

太湖是张志和隐居过的地方，也是他著名的五首"渔歌子"诞生的地方。所以孙光宪的"渔歌子"，传承的是张志和渔文化的人文意识和精神。且看第一首《渔歌子·草芊芊》：

> 草芊芊，波漾漾，湖边草色连波涨。
> 沿蓼岸，泊枫汀，天际玉轮初上。
> 扣舷歌，联极望，桨声伊轧知何向。
> 黄鹄叫，白鸥眠，谁似侬家疏旷？

这首词抒写渔家情怀。它的视野非常开阔。"草芊芊，波漾漾，湖边草色连波涨"，上片开首三句，由远而近，由近而远，写出了春夏时节太湖的一个"阔"字，为渔家活动提供了一个深远的背景。"沿蓼岸"三句，写舟泊枫汀，素月初辉，将渔家生活由俗转雅，进行文化升华。

下片写渔家之乐。扣舷而歌，骋目而望，摇着桨儿在湖上自由自在地荡漾。听着黄鹄的叫声，见到白鸥栖息，渔人更感到自己同鸟儿一样的自由。结尾句"谁似侬家疏旷"里的"侬家"，既指渔家，也暗指诗人自己。"疏旷"意为自由自在，旷达放纵。所以这首"渔歌子"，表面上写太湖渔家的诗性生涯，实际上是抒发诗人自己纵情山水自然的怡然自得之乐。这与张志和"渔歌子"词的精神是一致的。

再看孙光宪第二首《渔歌子·泛流萤》：

> 泛流萤，明又灭，夜凉水冷东湾阔。
> 风浩浩，笛寥寥，万顷金波重叠。
> 杜若洲，香郁烈，一声宿雁霜时节。
> 经雪水。过松江，尽属侬家日月。

这首词写的是秋夜里的太湖景色。"泛流萤，明又灭。"一个"泛"字表明太湖秋夜的流萤之多，萤火点点，忽明忽灭，显出了湖边的幽静。也有人认为，这里的"流萤"，既指萤火虫，也指在太湖中从事夜钓夜捕作业的渔业活动。秋夜是捕捞螃蟹的好时节，也是夜钓的好时机。无论是夜捕还是夜钓，都需要使用灯笼进行照明和诱捕。游动的灯笼，远远看去，的确是很像萤火虫的。"夜凉水冷"承首句而来，暗示出已经到了深秋。"东湾阔"，是指雪水入湖处的辽阔水面。而雪溪是当年张志和隐居的地方，所以这首《渔歌子·泛流萤》是对张志和"渔歌子"创作的直接呼应。作品从渔家渔事转向更加深邃而抽象的思想境界。"风浩浩，笛寥寥，万顷金波澄澈"更是可以与宋朝大诗人张孝祥《念奴娇·过洞庭》"素月分辉，明河共影，表里俱澄澈"相媲美了，已经有政治品德自况的韵味，所以结句"侬家日月"，是与张孝祥词中"孤光自照，沧浪空阔，万象为宾客"和苏东坡的《念奴娇·赤壁怀古》相参照的。

四、李煜《渔父·一棹春风一叶舟》

渔而鱼，鱼而水，水而江河湖泊，江河湖泊而世外桃源而隐者高人，"渔歌子"书写成为一种文化传统和一种特殊的渔文化形态。张志和、孙光宪之后，著名的大词人南唐后主李煜（937—978 年）也有一首"渔歌子"《渔父·一棹春风一叶舟》传世。

> 一棹春风一叶舟，一纶茧缕一轻钩。

花满渚，酒满瓯，万顷波中得自由。

据说这首词是有一天李煜在观赏卫贤之画《春江钓叟图》的时候，一时兴起而作的题画词。当时李煜为避政治猜忌，一直小心翼翼，埋首典籍，所以该词赞美渔父自由自在的渔家生活，流露出自己的遁世之心。

但是从渔文化的角度而论，这首"渔歌子"却是一首好词。它描述的也是钓者的形象。与柳宗元坐在船里冒雪独钓的静止钓者不同，李煜笔下的钓者却是一个充满活力的行动者。风是动的，船是动的，钓线和钓钩也在风和浪中晃动，写出了一个"万顷波中得自由"的精灵般的钓者形象。这显然是一种"走钓"的形态。钓鱼历来有静坐而钓和游走而钓两种。前者犹如得道入定的修炼者，后者则是矫健搏击的行动者，他们都是渔文化中具有主流价值的形象。

第二节　笔记小说中的渔文化

古代笔记中有丰富的渔文化资讯。作为一种文学形式，古代笔记小说很少对正常态鱼类进行记载。作家的兴趣主要集中在变异态和象征态鱼类的记载和描述里。它们的文化源头是《山海经》。"大鳣居海中""陵鱼人面手足鱼身，在海中"和"有鱼偏枯，名曰鱼妇……风道北来，天乃大水泉，蛇乃化为鱼，是为鱼妇"的记载，也是倾向于文学性而不是生物性描述。这种人文形态的"鱼"叙事，既包含着图谶思维的奇特附会，又折射出对于海洋女性的某种歧视性评价，也就是说，普通的鱼类书写被注入了很多政治和人伦的因素。

一、夸张性鱼类描写

源于《山海经》"大鳣"记叙的大鱼形象，是涉渔文化笔记体小说中的一个体系性叙事。

晋崔豹著《古今注》在"鱼虫"条下就记叙了一条大鱼："鲸鱼者，海鱼也。大者长千里，小者数十丈。"说明早在魏晋时代，古人就已经认识了鲸鱼，而且还熟知鲸鱼的繁殖习性。

另外一个晋人干宝在他的被后人誉为小说之祖的《搜神记》中，也几次描述了大鱼："永始元年春，北海出大鱼，长六丈，高一丈，四枚。哀帝建平三年，东莱平度出大鱼，长八丈，高一丈一尺，七枚。皆死。灵帝熹平二年，东莱海出大鱼二枚，长八九丈，高二丈余。"北海和东莱海面，就是现在的渤黄海一带。这段记载也说明，渤黄海的渔文化历史记载，是非常悠久的。

宋朝前后，随着海洋渔业的大踏步发展，有关鱼类性渔文化的笔记小说也大量出现。这在宋朝李昉等编的《太平广记》里可以得到充分证明。虽然这部笔记小说汇集了宋朝以前的大多作品，但是这些涉渔文化小说的大量存在，显示出宋朝人对于海洋文明的重视。

《太平广记》里的"水族"卷，是专门记载和描述淡水和海洋鱼类的。其中有《东海大鱼》和《南海大鱼》两篇："海中有二山，相去六七百里，晴朝远望，青翠如近。开元末，海中大雷雨，雨泥，状如吹沫，天地晦黑者七日。人从山边来者云，有大鱼，乘流入二山，进退不得。久之，其鳃挂一崖上，七日而山拆，鱼因而得去。雷，鱼声也；雨泥，是口中吹沫也；天地黑者，是吐气也。""东方之大者，东海鱼焉。行海者，一日逢鱼头，七日逢鱼尾。渔产则百里水为血。"

这鱼之大几乎无以复加:一条可以与山岭媲美,已经大得惊人了;而另一条渡海的大鱼,人们居然需要七天时间才能从头看到脚,这只能从夸张的修辞角度才可以予以理解了。

古代笔记小说中的"大鱼"叙事还有变种,从"大鱼"演化为"大蟹"等其他巨大无比的海洋生物。《太平广记》第四百六十四卷就记载了一种"南海大蟹"。"近世有波斯(商)常云,乘舶泛海……随风挂帆,行可四十余里,遥见峰上有赤物如蛇形,久之渐大。胡曰:'此山神惜宝,来逐我也,为之奈何?'舟人莫不战惧。俄见两山从海中出,高数百丈,胡喜曰:'此两山者,大蟹螯也。其蟹常好与山神斗,神多不胜,甚惧之。今其螯出,无忧矣。'大蛇寻至蟹许,盘斗良久,蟹夹蛇头,死于水上,如连山。船人因是得济也。"从海面上涌起的两座小山,居然是大蟹的两只螯,这种夸张,真是无以复加的了。

还有一种"海鳅"也是如此。《太平广记》记载说:"海鳅鱼,即海上最伟者也,小者亦千余尺。吞舟之说,固非谬矣","鳅"是"鳅"的异体字,但是不同于"鳅"。从该文的"双目闪烁,髻鬣若簸米箕"的描述来看,也许更接近于"鱿鱼""章鱼",或"大王乌贼"之类。这种鱼的体型可以长到难以置信的地步。

连海虾也被描述成硕大无比。《太平广记》记载说:"刘恂者曾登海舶,入舵楼,忽见窗板悬二巨虾壳。头、尾、钳、足具全,各七八尺。首占其一分,嘴尖利如锋刃,嘴上有须如红箸,各长二三尺。双脚有钳,钳粗如人大指,长二尺余,上有芒刺如蔷薇枝,赤而铦硬,手不可触。脑壳烘透,弯环尺余,何止于杯盂也。"这种硕大无比的海虾,如果不是现今已经灭绝的古代海洋生物,那也肯定属于夸张性文学想象了。

二、变异和附会式鱼类描写

古代笔记小说中的渔文化叙事,除了对于鱼类作夸张处理外,还常常采用超自然的变异手法。一些本来很寻常的海洋鱼类等生物,到了文人们的笔下,往往成为匪夷所思之物,甚至有些鱼类,还被附会成某些政治符号。

晋张华《博物志》:"东海有牛体鱼,其形状如牛,剥其皮悬之,潮水至则毛起,潮去则毛伏。"南朝任昉《述异记》也转录了这则笔记。这种形状如牛的鱼不知为何物,更奇的是它的毛发竟然能够辨别涨潮与退潮,显然这是一种变异性写法。

《太平广记》对普通海洋生物的变异性处理也非常普遍。如《鹿子鱼》描述鹿子鱼,因为鱼皮花纹有鹿斑,赤黄色,就发挥说:"南海中有洲,每春夏,此鱼跳出洲,化而为鹿。曾有人拾得一鱼,头已化鹿,尾犹是鱼。南人云:'鱼化为鹿,肉腥,不堪食。'"还有一种"海燕鱼",更是奇特。"乘潮来去,长三十余丈,黑色无鳞,其声如牛,土人呼为海燕。"作者不知有些鱼类的形态和名称为什么如此奇特,就乱解释一番,结果匪夷所思。

变异式描述很多已经是牵强附会,进一步发展,普通的鱼类现象就成为政治图谶。如《太平广记》第四百六十四卷"乌贼鱼":"乌贼,旧说名河伯从事。小者遇大鱼,辄放墨方数尺以浑身,江东人或取其墨书契,以脱人财物。书迹如淡墨,逾年字消,唯空纸耳。海人言,昔秦王东游,弃算袋于海,化为此鱼,形如算袋,两带极长。"乌贼即墨鱼,其能够放墨自保和逃遁,本是自然性生理现象,可是在作家的笔下,乌贼被与秦始皇牵涉在了一起。普通的墨鱼放墨的生物现象,就成为一种政治话语。

干宝《搜神记》在描述大海频出大鱼的现象时，引用《京房易传》的话说："海数见巨鱼，邪人进，贤人疏。"把一种自然现象，与宫廷政治斗争联系在一起。另外南朝刘敬叔《异苑》卷四"海凫毛"记载："晋惠帝时，人有得一鸟毛，长三丈，以示张华。华惨然曰：'所谓海凫毛也。此毛出，则天下土崩矣。'果如其言。"一根海鸟羽毛的出现，竟然被视为天下将要大乱的征候，海洋生物被附加了不堪承受的政治因素之重。这些都是典型的符图谶纬思维的反映。

三、"人鱼"描述中的道德附加

古代笔记小说中出现的鱼类，除了生物性、变异性和图谶式记载外，还有"人鱼"的存在。它分成"男性人鱼"和"女性人鱼"两种形态。

"男性人鱼"的标志性形象为"鲛人"。晋人张华《博物志》："南海外有鲛人，水居如鱼，不废织绩，其眼能泣珠。"晋干宝《搜神记》"鲛人"，继承了张华的鲛人形象。他们笔下的鲛人，有这样几个基本要素：一是来自"南海"，二是如鱼一样生活在海中，三是他的眼泪能化成珍珠。

南海出海珠，古人也许早就知道了。鲛人故事也就有了可靠的事实基础。"水居如鱼"也没有什么特异，但是"其眼能泣珠"就很生动形象了，眼泪晶莹浑圆，与珍珠有形态上的相似性。说鲛人的眼泪能变成珍珠，就很有文学创意了。

从此鲛人和珍珠就紧密联系在一起，在以后的涉海叙事里经常出现，一直到了清代，沈起凤创作了《鲛奴》。它塑造了一个知恩图报的海洋人形象，是古代有鲛人叙事中形象最为丰满的一个。

"女性人鱼"叙事非常丰富。但奇怪的是，"女性人鱼"形象大多呈现负面倾向。南北朝时期任昉《述异记》，有一条"懒妇鱼"记载：江南有懒妇鱼，民间传说，从前有杨氏家妇，为姑溺死，化为鱼。这种鱼的脂膏，可以作为灯烛来照明。奇怪的是，用它来照鸣琴博弈等玩乐的事情，则灿然有光；如果用来照纺绩等劳作性事情，则暗淡无光了，所以叫"懒"。这则故事赋予了鱼妇"懒惰"的因素，鱼妇形象很是不佳。不仅如此，到了唐朝段成式《酉阳杂俎》里，鱼妇不但懒，而且还"淫"了。"非鱼非蛟，大如船，长二三丈，色如鲇，有两乳在腹下，雄雌阴阳类人，取其子著岸上，声如婴儿啼。顶上有孔通头，气出吓吓作声，必大风，行者以为候。相传懒妇所化。杀一头得膏三四斛，取之燃灯，照读书纺绩辄暗，照欢乐之处则明。"这里的"欢乐之处"暗指性器官。鱼妇形象更加不堪了。

宋聂田《祖异志》中的《人鱼》故事，写的也是鱼妇的负面性："待制查道，奉使高丽，晚泊一山而止。望见沙中有一妇人，红裳双袒，髻发纷乱，肘后微有红鬣。查命水工以篙扶于水中，勿令伤。妇人得水，偃仰复身，望查拜手，感恋而没。水工曰：'某在海上未省见此，何物？'查曰：'此人鱼也。能与人奸处，水族人性也。'""待制"是宋朝的一种官职，这个查道是政府官员，他居然说这种雌性人鱼能与人发生不正当关系，这是"水族人性"的体现。

不过必须指出的是，这种歧视性、侮辱性的女性人鱼描写，到了明代，已经有所改观。黄衷《海语》在《人鱼》描述说："人鱼长四尺许，体发牝牡，人也，惟背有短鬣微红耳。间出沙汭，亦能媚人。舶行遇者，必作法禳厌，恶其为祟故也。昔人有使高丽者，偶泊一港，适见妇人仰卧水际，颅发蓬短，手足蠕动，使者识之，谓左右曰：'此人鱼也，慎毋伤之。'令以楫扶置水中，噀波而逝。"虽然也显示出它的"性"因素，但抛弃了以前的邪恶和淫荡，航海人对其的态度也大为改观，"此人鱼也，慎毋伤之"，对其更多的是敬而远之，取一种包容的态度。明代是人伦比较开放的朝代，对于"女性人鱼"这种比较尊重的描述，或许也是社会思想的一种折射吧。

第三节　民间文艺中的渔文化

从古至今，民间创造了大量的鱼类故事、渔谚、渔歌等。它们中有些属于解释鱼类形体何以如此，有些用来架构鱼类之间的有趣关系，有些则是渔业气象、捕捞技能等的总结，还有好多反映了渔民世界的情感追求。它们是民间文学的瑰宝，也是渔文化中具有浓郁世俗气息的文化遗存。

一、诙谐有趣的鱼类故事

鱼类故事在民间大量存在。古乐府《饮马长城窟行》中"客从远方来，遗我双鲤鱼。呼儿烹鲤鱼，中有尺素书"，就是一个温馨的鱼类故事，后来还演化成"鱼传尺素"的成语。

海洋鱼类故事在各渔村和海岛普遍存在。舟山和温州洞头都有国家级海洋鱼类故事非物质文化遗产保护项目。其中，洞头县从1979年开展采集海洋动物故事，至1987年，采集到涉及海洋动物的传说、故事200多篇，属特定含义的海洋动物故事近百篇，整理成文的80余篇。这些故事发表后，反响极大。全国民间文学界专家学者赞扬"为我国民间故事开辟了新的领域""对于民间故事研究极为珍贵"。其专集《东海鱼类故事》，获全国首届（1972—1982年）民间文学作品二等奖。全书收入海洋动物故事44篇，其中流传在洞头的28篇，流传在舟山的16篇。

从《东海鱼类故事》中可以看出，故事的主角非常多，有鲻鱼、鳗鱼、河豚、章鱼、黄鱼、梅鱼、带鱼、鳓鱼、鲨鱼等。故事的构架也五花八门。有的根据鱼类的生理特点来编排情节，如《海蜇行路虾当眼》。故事说，现在的海蜇都是没有眼睛的，但以前的海蜇不是这样的，眼睛亮得很。有一天，海蜇参加虾的婚礼。正当大家高高兴兴的时候，乌贼突然闯进来抢亲。乌贼是海里的强盗，大家都很害怕，只有海蜇挺身上前，大声呵斥乌贼，保护小虾。乌贼恼羞成怒，逃走之前放出毒液，海蜇的眼睛不幸被喷中，永远失明了。小虾为了报恩，就天天为海蜇引路，充当它的眼睛。这个故事虽然意在解释为什么海蜇与小虾之间有这种共存关系，却也被赋予了人伦道德的主题。这是海洋鱼类故事普遍性的思维形式。

有些鱼类故事的构思，则是说明一些鱼类的神奇功能。如章鱼通体无骨头，可以在各种缝隙的海底礁石里自由进出，《章鱼学功》就演绎了这种"缩骨功"的来历：原来章鱼与乌贼一样，背上也有一根大骨头。有一年海龙王下令众鱼献骨，章鱼为了表示对于龙王的忠诚，毫不犹豫地把这唯一的背脊骨献了上去，却因此造成了全身瘫痪。龙王得知后就把它留在龙宫里养伤。海和尚被章鱼的精神所感动，就把它送到自己所修炼的海岩寺里，请师傅传授章鱼缩骨功。三年之后，章鱼不但学会了缩骨功，而且八只须爪强大无比，成为大海里的武功高手。

东海鱼类故事中，有些故事流传很广，几乎家喻户晓。如《梅鱼说亲》故事说，样子与黄鱼差不多但个头差太多的梅鱼长大成人了，他开始计划讨老婆的事情了。可是他挑肥拣瘦，说水潺鱼骨头粗，嫌红虾头太尖，就这样一直耽搁下来。有一年他得知龙王三公主要出嫁的消息，他异想天开想成为龙门女婿，就央求箬鳎鱼做媒。箬鳎拗不过他的哀求，只好答应试试。箬鳎来到了龙宫，向龙王转达了梅鱼的请求。龙王一听，只有三寸长的梅鱼居然也敢来求亲，他勃然大怒，一巴掌把箬鳎打成了饼，所以后来箬鳎的身子就永远是扁的了。躲在柱子后面偷窥的梅鱼吓得赶紧逃走，却由于慌张，一头撞在了柱子上，头立即红肿起来，从此就成了大头梅鱼了。[①]

总之，鱼类故事内容非常丰富，情节曲折有趣，多方面传播了鱼类的生理、形状等特征，也委婉曲折地表达了渔民社会的审美情趣和道德追求。

二、包含丰富渔业经验的渔谚

渔谚是渔民多年捕捞活动的经验总结，各渔区都普遍存在，一些海洋渔谚还成为民间文学类非物质文化遗产保护项目。

很多渔谚描述的是鱼类（尤其是海洋鱼类）的洄游规律以及渔民根据这些洄游规律进行捕捞而形成的渔汛。如"春分起叫攻南头""清明叫，谷雨跳""正月拘鱼闹花灯，二月拘鱼步步紧，三月拘鱼迎旺风""岸上桃花开，南洋旺风动""田鸡（蛤蟆）跳，黄鱼叫""夜里田鸡叫（指青蛙叫），日里洋地闹"等。

有些渔谚反映的是渔民根据节气和水温的变化，来判断渔汛前景的好坏。比如说小黄鱼一般在清明前后是旺发期，但是小黄鱼是一种暖水洄游鱼类，天气暖得早，平均气温高，鱼发就有希望比较好，因此渔民就总结出了这样的渔谚："二月清明鱼似草，三月清明鱼似宝""二月清明鱼迭街，三月清明断鱼卖"。意思是说，清明在二月份，天暖得早，鱼发得好，捕的鱼多得像草一样；如果清明节在三月里，说明天气暖得迟，鱼发也差。鱼市场里就没有小黄鱼卖了。

大黄鱼的季节性也极强，一般是在立夏前后开始进入近海集群产卵，直到夏至结束，所以又有这样的渔谚产生："大黄鱼勿叫，小满水勿旺""落洋夏至鱼满舱，上洋夏至吭鱼鲞""洋生花开黄鱼来""山景好（天时暖）渔汛好，大麦黄，渔汛旺""大麦秆，鱼眠床，麦秆收起好晒鲞"，这都说明到了"洋生花开""大麦黄""山景好"的季节和气温，就是大黄鱼旺发的先兆。

大黄鱼曾经是东海渔民主要的捕捞对象，所以涉及大黄鱼的渔谚不但特别多，而且还特别细致，如有一些谚语是反映风向、潮流与大黄鱼鱼发关系的："东风摧潮是鱼叉，西风阻潮鱼扫光""春雷勿离山顶，大黄鱼勿离滩边""一潮夜东涨，高产有指望""日叫西水，夜叫东水，亮水尾巴暗水头""十二、十三喜上洋，十八、十九鱼满舱"等，都是渔

---

① 邱国鹰，等. 东海鱼类故事［M］. 浙江人民出版社，1981.

民根据鱼体生理状态和它的洄游规律，以及当时潮流涨落情况，经过长期生产实践所总结出来的捕捞经验。而且，许多用于谚语中的专用名词，也都是渔民自己根据实践经验而创造出来的。

三、慷慨奔放的渔民歌谣和号子

渔民歌谣和渔民号子，都是经典的渔文化民间文艺。譬如流行于浙江舟山群岛洋山岛一带的《十二月鱼名调》，结合渔汛，介绍了虎鱼、鲨鱼、鳓鱼、鳗鱼、铜盘鱼、鲻鱼、米鱼、黄鱼、鲈鱼、带鱼等十二种鱼类，非常富有渔文化特色。

渔民号子是渔歌的一种特殊形态，山东和浙江等地的渔民号子，很多都已经是代表性非物质文化遗产保护项目。

渔民号子直接来自海上劳动第一线。目前传承下来的舟山渔民号子，其主要类型有起锚号子、拔蓬号子、摇橹号子和起网号子等二十多种。在这些号子所涉及的劳动中，起网、拔蓬都是高强度的海上劳动；而摇橹号子，如果是赶在风暴前的紧急摇橹，则劳动强度更高，心情更为急迫。至于起锚号子，表示的是起航的意思，无论是起航生产还是起航回家，心情相对来说都比较轻松，所以是一种比较愉快的号子。

但更多的渔民号子，则产生于渔民的海上劳动，表达的都是紧张、急促或欢乐、愉快的劳动者心情，是一种直抒胸襟的情绪宣泄。如山东的渔民号子中的"急号"。所谓急号，一般用于海上劳作时比较"紧急"的情况下，如追赶汛期中意外碰到的鱼群或暴风雨来临时避险逃难，渔民们为了协调劳动节奏和缓解极度紧张的心理，所唱的"疾风暴雨"式的渔民号子，渔民们将这类"渔号"均称为"紧号"或"急号"。如追捕鱼群时发出阵阵吼叫的"追鱼号"、加急摇船以便躲避风暴的命令式的"紧橹号"、风暴突然来临紧急拔锚用的"抽船号"等。这类紧急性的"渔民号子"，由于情势紧急，渔民心情焦虑，所以吼唱的速度都相当快，音乐节奏非常紧凑，领唱、合唱也都是"短促领唱短促合唱"，音调高亢，情绪急迫，整个号子气势磅礴，有排山倒海的气概。[1]

由于是在辽阔的大海中诞生和交流，因此渔民号子基本上都是吼叫性的。这种吼叫对于渔民心理情绪的调整具有巨大的价值。他可以调剂船上枯燥单调的生活，可以调整渔民的劳动节奏，还可以调整船上渔民之间的关系。它还有一种"欢快宣泄功能"，那就是表面上的"吼叫"，发泄的不是紧张、恐惧情绪，而是欢快和舒畅，那是一种海上人特有的心情放松和对于海上劳作的独特的享受。[2]

虽然诞生和形成于帆船时代的海洋渔民号子，随着海洋渔业作业和海洋运输技术以及条件的进步与改变，已经失去了它最初的功能，并快速地退出了海洋捕捞和海洋运输的第一线，但是作为一种文化遗存，仍然在发挥重要的作用。譬如舟山的渔民号子就是如此。2004年中央电视台综艺频道（CCTV-3）录制了舟山渔民号子传承人之一的周文利的渔民号子节目。2007年"舟山渔民号子王"电视总决赛，周文利凭借一曲自己创作的《拔蓬号子》获得"最佳风采奖"和"大众人气奖"，成为整个赛场的焦点。同年11月舟山的渔

---

① 王毅．关于胶东渔民号子的探究［D］．山东师范大学，2009.

② 倪浓水，陈小观．舟山渔民号子的特征及功能研究［J］．文化艺术研究，2014（1）：24-29.

民号子表演队，与其他渔歌演唱者组成了浙江省代表队，受邀参加了中国渔歌邀请赛，凭借《拔锚号子》一举获得了第一名的好成绩。

第四节　渔文化的奇葩海错诗

"海错"，意为海中产物错杂繁多。《辞海》引《尚书·禹贡》"海物惟错"予以解释，说明"海错"一词最早来自《尚书》，历史非常悠久。其后许多诗文典籍经常使用这个词来描述海洋生物的丰富，并往往与"山珍"配合使用。例如唐代诗人韦应物《长安道诗》中说："山珍海错弃藩篱，烹犊羊羔如折葵。"南北朝时候沈约的《究竟慈悲论》有"山毛海错"一句，都将山珍与海味联系在一起。

海错诗与渔文化有直接的关系。它是渔文化中的一朵奇葩。

一、海错诗中的鱼类

海错诗中歌咏的对象，绝大部分是鱼类。其中黄鱼和带鱼较为典型。

黄鱼，又名黄花鱼。因其鱼头中有两颗坚硬的石头，叫鱼脑石，故又名石首鱼。初夏端阳节前后是大黄鱼的主要汛期，清明至谷雨则是小黄鱼的主要汛期，此时的黄鱼身体肥美，鳞色金黄，发育已经完成，最具食用价值。鱼腹中的白色鱼鳔可作鱼胶，历史上就是贡品，非常珍贵。海错诗里有许多首都是歌咏黄鱼的。

流传于浙江三门湾的《黄鱼》诗有两首。

其一：

金口银牙实风光，金面金身如金装；
头内暗嵌玉宝石，腹中膘胶赛宝藏。

其二：

黄盔黄甲黄将军，龙王封赐官非轻，
候等来年春三月，渔郎网围来奉君。

第一首从黄鱼的形态特征入手，基本是写实的。语言朴实无华，估计是渔民的民间创作。第二首写东海龙王敕封黄鱼为海族国黄将军的故事，采用了写意手法。语言华丽灵动，应该是文人的作品了。

清朝时候的象山名士王莳蕙，留下了《象山海错诗》一书，前几年由当地书法家书写后，由书冷印社出版发行。其中也有一首《黄花鱼》：

琐碎金鳞软玉膏，
冰缸满载入关舠。
女儿未受郎君聘，
错伴春筵媚老饕。

这首诗的后两句说自己的女儿并未许聘给郎君呀，郎君你不是错来筵间媚悦食客吗？这里的"郎君"另有所指。原来象山县爵溪镇的黄鱼鲞，历史悠久，非常有名。据新编《爵溪镇志》记载："元、明时，镇上已加工黄鱼鲞，迄今600余年。"实则宋志及有关文献所载，早在宋代即有黄鱼鲞产售。宋宝庆《四明志》云黄鱼"盐之可经年，谓之郎君鲞"。原来黄鱼鲞，雅称郎君鲞，后来"郎君"一词也就成为黄鱼的代称了。

另外，当时的镇海诗人邵嗣贤曾来象山石浦游玩，顿顿食黄鱼，特赋《食黄鱼》诗："四月石首鱼，出水立嗔金。烹鲜盘餐美，东南第一珍。"将黄鱼称为东南第一美味，赞誉之意可谓到达极点了。

除了黄鱼外，带鱼也经常成为歌咏对象。带鱼的名称来自它修长的形体。带鱼是东海"四大家鱼"之一，所以也就成了海错诗主要的吟咏对象。

清朝学者兼官员朱绪曾，著有《昌国典咏》一书，里面有 20 首海错诗，其中也有《带鱼》诗：

> 万尾交衔栽满艘，
>
> 相连不断欲挥刀。
>
> 问谁留得腰围肉，
>
> 龙伯当年暂解袍。

带鱼有自相咬尾吞食的习性，渔民用垂钓法捕捉带鱼时，往往钓起一条可以带上一串，"万尾交衔栽满艘，相连不断欲挥刀"正写出了这种习性。

王莳蕙《象山海错诗》也有《带鱼》诗：

> 王准深衣归制裁，
>
> 素绅三尺曳皑皑。
>
> 波臣新授银台职，
>
> 袍笏龙宫奏事来。

作者利用带鱼银白长带的形态特征，巧为设计，借助龙宫世界的神话传说，从而塑造了一个得意扬扬新赴任的"带鱼大臣"形象，这样的海鲜绝句在艺术上是别开生面的。

带鱼是三门湾沿海产量最高的一种经济鱼类，有首《带鱼》诗流传至今：

> 头戴银盔好名声，
>
> 身穿白袍水内行；
>
> 龙宫抛出青龙剑，
>
> 渔网取来敬弟兄。

这首诗描述带鱼"头戴银盔""身穿白袍"，完全是翩翩公子形象；又赞扬它们"好名声"、善于"水内行"，对带鱼的好感溢于言表。

在《昌国典咏》和《象山海错诗》以及三门湾和奉化等地的海错诗中，其他如章鱼、鲳鱼、弹涂鱼等，都曾被吟咏。

二、海错诗中的贝类

中国海洋贝类众多，可以食用的有 130 多种。贝类的味道鲜美，曾经是沿海地区古人的主要食物，至今仍然是大家喜爱的海鲜，因此多有海错诗歌咏之。

清人朱绪曾《昌国典咏》有《龟脚》诗：

> 曾闻龟脚老婆牙，
>
> 博得君王一笑夸。
>
> 潮满蛤毛茸豆荚，

泥香蚬壳吐桃花。

这首诗歌咏了四种贝类，其中还包含了一个故事。四种贝类分别是龟脚、老婆牙（海瓜子）、蚬蛤、泥螺。这四种贝类味道都非常鲜美，据说有一天皇上在吃龟脚和海瓜子的时候，觉得味道实在鲜美，就问它们的名称，侍者一时答不出，可他是浙江人，知道它们的俗名，就回答说"螺头、新妇臂（一种鱼的名称）、龟脚和海瓜子，四者皆海鲜也。"皇上觉得这些名称实在有趣，就莞尔一笑。

《昌国典咏》还有一首《蚝山》诗：

骊山高簇万蜂房，

尔蛎移来峙海疆。

不耐火攻峰拆倒，

笑他开户学颠柱。

蚝即是牡蛎，生长在礁石上，起初往往为拳头大，后来渐渐长大，大的有一米来长，巍峨如山，这就是所谓的蚝山了。牡蛎就藏身其中，每次潮水涌来，它们就张开，一遇见人立即关闭，坚硬如铁，要用斧头、铁锹之类工具才能挖取，味道非常鲜美。

清代象山文人王莳蕙写有多首海错诗，其中也有咏贝诗的《蛤蜊》：

潮纹如线晕重重，

曾受甘圆内史封。

食可升天真上药，

云何不隶玉房供。

诗里引用了一个典故。据说以前有个名叫毛胜的人，在任吴越忠懿王功德判官职务时，写了一篇《水族加恩簿》，对各种主要海洋水族进行"封官授爵"。其中说蛤蜊"重负双宅，闭藏不发，既命之为含津令，升之为悫诚君矣。粉身功大，偿之实难，宜授紫晖将军甘松左右丞监试甘圆内史。"说蛤蜊双壳紧闭，深藏不发，很有城府，可以委以重任，所以先封它为含津令，复升之为悫（音 què，诚实、谨慎）诚君。而蛤蜊壳烧成的灰，是重要的建筑材料，对人类贡献更大，因此又加封为甘圆内史。

王莳蕙海错诗中还另有《丁香螺》《沙蜻》《吐铁》《海瓜子》，都写得生动形象，饶有趣味。

三门湾海错诗中也有一首《蛤》，却带有比较浓厚的民间味道了：

天字加口本是吞，

桌上摆起是花蛤。

花蛤本是涂中出，

前生贵子后生孙。

这首咏蛤诗开头用拆字法点出"蛤"字，中间说明它的地方俗名和来自泥涂，结尾赞美它的繁殖能力，虽然语言朴实无彩，意象平庸世俗，但情感真挚，具有海洋生活情趣。

三、海错诗的渔文化情趣

海错诗中的大多数为文人所作，文人赋诗作文又习惯包涵讽喻，所以海错诗中的海错物，往往被赋予某种象征，常表现为动物性和人性相结合的艺术特点。

民间流传着许多龟臣鳖相、虾兵蟹将、乌贼算吏、辣螺姑娘之类的故事，这些故事的基本构思就是将海错物拟人化。海错诗也是如此。如前述王莳蕙咏贝诗《蛤蜊》运用了毛胜封蛤蜊的故事；朱绪曾《昌国典咏》里的《带鱼》诗、王莳蕙的《带鱼》诗、三门湾的《带鱼》诗，都利用带鱼银白长带的形态特征，借助龙宫世界的神话传说，将带鱼塑造成了一个喜气洋洋去赴任的"带鱼大臣"形象，赋予了带鱼很强的人性象征。

这方面，流传于宁海的海错诗似乎更胜一筹。宁海文人在尽享海错胜味的同时，吟诗作赋，留下了许多海错诗。这些海错诗在紧扣海洋生物的特点的同时，往往因物兴寄，借题依托，在具体的海错物形象中蕴藏着相当程度的寓意和哲理。如华骥的《弹涂》诗：

> 辱在泥涂自古今，
> 再三弹处乐幽沉。
> 想因生爱泠泠曲。
> 流水声中学鼓琴。

又如署名双如的《虾姑》诗：

> 嫁得虾公好适从，
> 山人莫辨拟蜈蚣。
> 蟹奴鱼婢应羞涩，
> 敢借秋波妒婉容。

这两首诗都是利用弹涂鱼和虾姑的形态和名称特点，将人弹琴与鱼弹涂、人姑婚嫁与鱼姑婚嫁巧妙地结合在一起，既写鱼，又写人，极有趣味。

另一个宁海文人鲍淦的《乌贼》："墨汁洒淋漓，羡汝腹何饱。正欲斟醇醪，那肯餐腐鲍。以此饫枯肠，文心拙应巧。"借乌贼正式名字为墨鱼，而墨又是读书人的标志，所以特意说食此鱼文心大增，构思和表述也非常巧妙。

第八章
中国渔文化的当下状态

/ /

现代文明的出现、电视的普及、交通的便利、人群的流动等，特别是互联网的出现极大加速了各种文化的融合及相互影响。渔文化也不例外，首先打破的是地理隔离，其次是人员流动带来的各民族、各地域的渔文化融合，再加上养殖品种、捕捞品种的相互流通及推广，使得这种融合和变化变得更加绚丽多彩。

渔文化中相互交流、影响最大的是渔菜文化，渔菜文化里面交流、影响最大的是食材——水产品的相互交融，被保留得最好、发展最快的也是渔菜文化，正是它的独特性才是其发展的基础。

改革开放后，各地政府及民间组织在保存文化方面，做了大量的发掘、恢复和发展工作。其中很多渔文化的发掘、恢复、发展是跟旅游及当地经济发展相结合的。

第一节　各民族渔文化的相互影响与融合

每一个民族都有自己的经济形式、物质文化和精神文化方面的一些特点，并由此产生了劳动工具、住宅、服饰、风俗、遗存等方面的特征。这些民族特征的世代留存，既是民族传统的效验，也是民族自我意识的体现。在渔文化方面得以保存下来的，有台湾高山族的渔祭节、贵州苗族的杀鱼节、云南白族的渔潭会、满族的鱼图腾、维吾尔族的鱼生肖、黎族的鱼茶、侗族的酸鱼席、撒尼族的酸菜鳅、布朗族的卵石鱼汤、雅美人的拼板舟、摩梭人的猪槽船、藏族的马头船、赫哲族的鱼皮服等。

一、不同的渔俗，共同的追求

由于民族文化传统的不同，各民族的渔俗文化也有各自的不同，但是它们祈福平安和庆祝丰收的心愿，则是一致的。

渔民首次出海拉网，当捕到鱼之后，首先要拣大鱼蒸熟盛于盘中，在船头奠酒焚香，祈祷龙王爷保佑海上发财。几条船在一起捕到鱼的时候，谁的船先打上鱼来，就放鞭炮、敲锣鼓，并拣最大、最好的鱼供在船头。

传统的渔民节，盛况有如过年。节前几天，家家忙着杀鸡宰鸭、买肉打酒，妇女们还要蒸制象征吉庆的红枣大馍。有趣的是，手巧的妇女还得用面团做成白兔，蒸熟。谷雨清晨，待丈夫出海捕鱼归来提着大鱼进家时，便出其不意地把白兔塞进他怀里。"打个子腰别住"是当地的古老风俗，她们让丈夫怀揣象征吉祥的白兔，祝福亲人出海平安、捕鱼丰收。谷雨这天，家家香烟缭绕，鞭炮连天。渔民抬着整猪至海边设供，祭海祈丰收、保平安。祭毕，他们或盘坐船长家的炕上，或在渔港码头、海边沙滩欢聚，大块吃肉，大碗喝酒，划拳猜令，尽情痛饮，必一醉方休。与此同时，渔民们在海上开展了划船、摇橹、拉船、织网多项富有渔村特色的比赛。入夜，在石岛港湾内举办海上灯会。荣成沿海广泛流传海神娘娘举红灯为渔民导航的故事。为了纪念海神娘娘，每年谷雨节，家家户户挂灯，示吉祥。根据这种习俗举办的海上灯会，处处显示出渔村的特色，70多个彩灯杰作，布置在千米港岸上，焰火与水光衬托，景象十分壮观。灯品中有"鲤鱼跳龙门""八仙过海""荷花仙子"等传统题材，也有反映渔民现实生活的"现代渔村"景物组灯。

二、民族特殊的渔文化是一种精神和心理的外化

每个民族保存下来的渔文化各有不同，这可能与他们所尊崇的信仰、信奉的宗教、所处的环境，以及长期以来的饮食习惯等息息相关。比如在藏族人民的渔文化中，他们是不吃鱼的。在西藏，大多数藏族人是不吃鱼的，这其中最多的一个说法是因为水葬，但这不是藏族不吃鱼的主要原因。藏族信佛，主张不杀生，那么有人会问他们也杀牛羊作为食物啊，但在他们的观念里，生命也是有区别的。比如，杀一头牛能喂饱十个人，但一条鱼却只能喂饱一个人。他们相信这些杀生记录都会被记下来，多了就会有因果报应，所以同是生命，他们会选择杀一头牛而不杀一条鱼。这是构成藏族人不吃鱼的一个原因。古时候，在藏东地区，人们几乎不食鱼，也不能触摸蛇、蛙等动物，他们认为鱼、蛙这些水生动物是龙神的宠物，若伤害或触摸会染上疾病。延续到现在，这种观念已不是特别强烈，但人们已经习惯大口以牛羊为食，反倒对吃鱼这种细致的去刺吃法倍感不惯。这是藏族不喜吃鱼的又一原因。在高原地区，西藏的鱼属冷水鱼，生长周期较长且成鱼较少，加上捕获工具不健全，久而久之，人们几乎不会考虑把鱼当作食物了。在西藏，鱼被放生是很常见的，而且吃放生的动物是有极大罪行的，被放生的鱼也不像被放生的牛羊一样可以做标记，所以，为了防止吃到被放生的鱼，几乎所有鱼都不吃了。在西藏高原地区，牛羊是象征，在藏族人中，谁家的牛羊多谁家的地位就高，同样，吃牛羊肉也是地位高的象征，所以，人们对鱼在食物方面几乎毫不在意。

赫哲族是我国人口较少的少数民族之一，也是东北地区唯一现存以渔猎为主要生产方式的民族，古有"鱼皮部"或"使犬部"之称。以渔猎文化为主要特征的赫哲族历史文化，是在漫长的历史发展过程中逐渐形成的，并与赫哲族的形成发展同步展开，相互影响。在我国的清代时期诞生于三江流域的赫哲族，在继承女真族系的文化基础上，融摄了满、蒙、汉、鄂伦春等民族文化的有机内涵，凝练了以渔猎文化为基本特征、具有丰富内涵的赫哲族历史文化。赫哲族世居松花江、黑龙江和乌苏里江流域，三江流域为赫哲族提供了丰富的水产资源和野生动物资源。因此，由女真族系形成的生产方式——渔猎生产，被赫哲族所继承并发展成其最基本的生产方式和主要经济生活来源。史有"夏捕鱼作粮，冬捕貂易货"之说。然而，在历史发展过程中，赫哲族以渔猎生产方式为主的物质生产文化也在不断发生着变化：一是逐渐由自然经济向商品经济转化；二是由较单一的渔猎经济

不断向多元经济转化。到清代康熙年间，由于"贡貂"任务完成后，对于多余的貂皮等猎获品，可就地与官商以物易物，换取铁锅、刀斧、针、线、棉、布匹、食盐、小米等生产生活用品，因此产生了商品交换，但这种交换是以简单的较原始的方式进行的。商品交换现象的出现，逐渐使赫哲族渔猎生产从自给自足的自然经济型向商品生产经济型转变。伴随着清初在赫哲族地区设旗、编户制度的实施，农业经济开始兴起，并获得了持续的发展。随着农业在赫哲族经济中的比重不断增加和商品交换现象的出现，打破了传统的渔猎经济独步天下的局面，形成了渔猎、农业及商品交换经济兼容并存的格局，改变了赫哲族单一的渔猎经济结构。

赫哲族所创造的文化是以渔猎文化为"核心"的文化。渔猎经济贯穿于赫哲族古代社会各个发展阶段，渔猎文化渗透到赫哲族社会生活的方方面面。赫哲族的生产活动、生活习俗、精神生活、文学艺术、宗教信仰等都同渔猎文化密切相关，紧紧相连。赫哲族生活习俗也是在渔猎生产、生活中发展起来的，具有浓厚的民族特色和风格。

三、庙会和渔文化紧密结合的"渔潭会"

渔潭会作为民族文化，每年农历八月十五至二十一日，在云南的洱源县渔潭坡举行，是滇西仅次于三月街最大的物资交流会，以经营嫁妆为主。会期为每年农历八月十五至二十一日，因八月十五日始会，又称"八月十五会"。这里是苍山和洱海的最北端，滇藏公路紧挨渔潭坡西侧穿过。渔潭坡依山傍水，水陆交通皆较为方便，乘车可北上丽江、中甸，南下可达大理、下关。乘船可达双廊、挖色、海东、大理、下关。

渔潭会其性质同大理三月街一样，为农贸物资交流会，主要以农产品、畜牧、嫁妆和渔具为主。过去习俗是在卖各式各样竹编渔具和渔网的摊点前面，还要摆一桶（盆）鱼，以尾为单位买卖。街市开始时，先卖渔具。渔具卖完后才开始其他的贸易。会上还举行各种文体活动。近年来因规模逐渐扩大，渔潭坡容纳不了，改在沙坝举行。渔潭会地点在洱源县沙坪渔潭坡，1980年，会址迁到北距沙坪3千米的沙坝。届时，各地商人结棚为市，交易物资以著名的邓川奶牛、剑川木雕家具、腾冲玉器、白族妇女金银首饰、民间剪纸、挑花刺绣品等为主。大理地区白族人的婚礼多在每年秋收后举行，渔潭会刚好在秋收前举办，凡要嫁娶的人家都要到渔潭会备办结婚用品，故渔潭会又称"嫁妆会"。

会期成双结队的白族男女青年云集渔潭会，采购金银首饰、玉器用品、箱箱柜柜和桌椅等家具以及电视机、收录机、单车、手表等高档商品。外地商贾云集渔潭会，则购买邓川乳牛、骡马、耕牛和药材等地方土特名产，外商多来自山东、河南、陕西等地和省内思茅、临沧、保山、丽江、中甸等专州。会期还有前来观光旅游的外国人和我国港澳同胞，他们在渔潭会选购各自喜爱的商品。

据考，渔潭会始于唐代。相传唐永徽年间，在渔潭坡油鱼洞中，有一条修炼成精的红鱼精，经常到洱海中兴风作浪，倾没渔船，伤害渔民，当地人民苦不堪言。一天，观音路过渔潭坡，红鱼精正在洱海中兴风作浪，只见洱海上空乌风暴雨，渔潭坡上飞沙走石，一艘艘渔船沉没海中，无数渔民葬身海底，于是观音抛出一张大网将红鱼精罩住，顿时风停浪止、晴空万里。观音制服了红鱼精，与红鱼精约法三章，准它于每年农历八月十五日出洞活动一次，其余时间均在洞中，鱼精一一应允，于是又把它放回洞中。为防止红鱼精出洞后再兴风作浪，观音让当地渔民于每年农历八月十五日红鱼精出洞这天在渔潭坡上赶会，交易捕鱼网具和鱼叉，当红鱼精出洞时，看到熙熙攘攘的渔民们在交易捕鱼网具，又退回洞中，不敢出洞作祟。随后渔潭会由交易捕鱼网具发展为物资交流大会。至今在渔潭会开始的头天早上，即八月十五日清晨，渔民们仍在渔潭坡油鱼洞的青官庙前的两棵大青树下，交易渔具，当太阳出山后即散，转为交易其他物资。交易渔具这种习俗，相传就是唐代渔潭会习俗的遗留。

近现代，由于交通业和旅游业的发展，很多不同民族以前鲜有人知的渔文化逐渐走进了大众的视野。更多特色的渔文化也让更多人所熟知，得到了流传。另外，随着时代的发展，各民族传统的渔文化也开始在其他民族交融、流传。这是时代发展的必然结果。

第二节　不同地域渔文化的相互影响与融合

渔文化作为一种具有地方特色的文化形态，在幅员辽阔的中华大地，呈现出千姿百态。如香港渔民的天后诞、澳门百姓的妈祖祭、太湖渔家的献头鱼、湖南汉寿的鱼龙全、山东即墨的上网节、天津北塘的跑火把、山区百姓的木雕鱼、青藏高原的牛皮船、安徽黄山的蚌壳舞、浙江温岭的大奏鼓、江西鄱阳湖的渔鼓鱼灯、福建浦源的鱼溪鱼冢、白洋淀渔家的船轿迎亲、新安江"九姓渔民"的抛新娘，这些极具地方特色的文化形态，推动着各地历史的进步和文化的传承。

一、北方地区"鲤鱼文化"的相互影响和融合

北方及中西部地区，由于地理、水文、生态等原因，鱼种少，只有鲤鱼、鲟鱼、鳇鱼等少数常见食用种类，受此影响其文化多以鲤鱼、鲟鱼、鳇鱼等鱼种为对象，鱼种涉及少，形式和内容也比东南沿海地区单一。比如，在陕西一带民间剪纸中的鱼基本为鲤鱼。在新疆和内蒙古，草地非常多，而水源很少，人们主要消费家畜，水产品就成为珍贵食品。在东南沿海之地，因为水多，鱼多，天天吃鱼，其渔文化所包容的生物种类也非常多，涉及鱼、虾、贝、蟹、藻等很多种类，而且衍生出多种捕鱼方法、烹调技术、神话传说、传统风俗，内容与形式都非常丰富。如广东的鲤鱼灯舞，至今仍保留浓郁的传统特色。五条鲤鱼，一雄四雌。雄鲤灯绿色，象征化龙的鳌；雌鲤灯为红色。整个鲤鱼灯舞分群鲤嬉春、双鲤比美、喜跃龙门三段。

二、南方渔区"天后"文化的普遍存在

天后诞是中国民间节日之一。中国民间相传，天后娘娘法力无边，经常在海上拯救遇难者，渔民们把她尊为守护神，后来沿海一带的人们，不仅视其为海神，还视其为赐福降运之神，故在港九一带，到处可见天后庙宇。天后是我国香港渔民的守护神，每年农历三月二十三日（阳历4月或5月）是天后诞辰日，香港各区的天后庙均有庆祝活动。渔民为了祈求平安、风调雨顺和满载而归，会将渔船粉饰得鲜艳多彩，浩浩荡荡地驶至西贡大庙湾，酬神上香；在元朗大球场，还有巡游和舞狮表演等。

香港位于中国珠江口东侧岛屿，历来渔业发达，至今至少有40座天后庙，其中最古

老的是建于 1266 年的佛堂门天后庙。每年的天后诞期间，凡有天后庙的地方，必大事庆祝，特别是水上人家，至为隆重，视为一年中的大节，迎神出游，请亲友来吃饭等。有的地方虽无天后庙，但有天后像，也要礼拜祭祖，如香港西贡、广州河南沙园一带，颇为热闹。

三、南北方共有的祭海习俗

青岛上网节是山东青岛地区民间节日之一。每年公历 3 月 18 日，是青岛周戈庄村渔民们自己的传统节日。周戈庄位于田横镇东端的横门湾畔，是个远近闻名的小康村。上网节，俗称祭海。过去沿海居民多有海难，为寻求精神依托，渔家人只有崇神敬佛，祈求海神保佑消灾得福，沿袭日久，便形成了祭海的习俗。

最初的祭海主要是渔民一户一船零散进行，没有固定日期，因"谷雨百鱼上岸"，渔民多在此前后选一吉日祭海。约在 100 多年前，周戈庄上网节粗具规模，形成以家族或船组为单位的集体祭海活动，广泛分布于沿海各渔村。受"文化大革命"思潮影响，周戈庄的祭海活动曾一度销声匿迹。自 20 世纪 90 年代初，以周戈庄村为主的祭海活动逐渐恢复，日期固定在每年的 3 月 18 日。自 2004 年开始，青岛即墨文化局，田横镇党委、政府以此为基础，将周戈庄上网节增加了巨书表演、威风锣鼓、扭秧歌等民间文化活动；2005 年，增添了请财神、喝壮行酒、吴桥杂技、斗鸡等民俗表演以及祭海民俗摄影大赛、香饽饽面塑大赛、民俗研讨等内容；2006 年又首次提出了"人海和谐，兴我家邦"主题口号，增加了仿古祭海表演、开船仪式等新的内容。

这种祭海习俗不仅山东半岛存在，在南方各沿海地区也普遍存在。浙江象山的开渔节和岱山的谢洋节，还是国家级非物质文化遗产保护项目。

四、渔区民间文化的影响和融合

至今流传的鄱阳渔鼓发源于唐朝，成型于宋朝，流行于明朝。其腔调与中国古代唐诗的音律有关，是江西省民间曲艺的一种形式，是早年鄱阳湖畔最为流行、具有浓郁水乡风情的农家休闲取乐的击乐曲艺。其主要代表作有《谋兰记》《二观音》等。鄱阳渔鼓是江西省民间曲艺的一种形式，是江西道情的一个分支，是一朵盛开于鄱阳湖上的民间奇葩，丰富了渔民的业余生活。如今，这一民间艺术因后继乏人而濒临失传。近几十年，该县高度重视，成立抢救委员会，制定了《鄱阳渔鼓抢救和保护及申报国家文化遗产方案》，设立了鄱阳渔鼓抢救和保护基金，全力抢救和保护鄱阳渔鼓。

"鄱阳渔鼓"融合民间小曲、方言鼓书等元素，形成富有江南特色的民间击乐曲艺。其取材广泛、说唱内容丰富、鼓词朴实、曲调优美，融说、唱、表演为一体，具有浓郁的水乡风韵和地方特色。可是，这一民间艺术因后继乏人而濒临失传。目前，在鄱阳县只有一位会唱鄱阳渔鼓的民间艺人徐安主（双目失明盲人）掌握着这一艺术。而且在长期流传过程中产生的优秀传统剧目，因缺乏整理、挖掘、提炼和舞台展示而濒于失传。

蚌壳舞俗称蚌壳、蚌壳精、蚌舞、蚌壳灯、戏蚌壳，是一种中国传统灯舞。表演时，一少女饰"蚌壳精"藏身于蚌壳中，双手抓住蚌壳作翕张动作，另一人扮渔翁作观蚌、理网、撒网、涉水、摸捞等动作擒捉蚌壳，网打手抱均得不着，蚌壳精扇动蚌壳时而夹住打鱼人的头，时而夹住打鱼人的手脚戏耍，直至蚌精就擒。

蚌壳精以民间吹打乐伴奏（二胡、笛子间奏），曲牌常为民间广为流传的《八板》。鄂西宜昌等地在表演此舞时，另增添有第三个角色作滑稽表演，或者加一哑巴孩童，手舞足蹈地替渔翁帮倒忙；或加一手提破竹篓的老姬，意欲得蚌；或者加一手敲木鱼的"和尚"，状若救苦救难而常与"蚌壳精"调情，表演诙谐幽默，情趣盎然，有竹笛、二胡、打击乐伴奏，但有舞无歌。涪陵等地表演时，一男子扮着鹭鸶，与渔翁、蚌壳一起表演"鹬蚌相争、渔翁得利"的情节，形象生动，寓意深刻，也因此称为"鹬蚌舞"或"鹬蚌灯"。

大奏鼓是流传在浙江省温岭市石塘镇箬山渔区的民俗舞蹈，据说是从福建民间传入的。大奏鼓舞蹈动作粗犷而诙谐，边奏边舞，舞者全为男性，服饰打扮却为女性，在舞蹈中不多见，具有独特的地方色彩。2008年，大奏鼓被列入第二批国家级非物质文化遗产代表作名录。作为一种民俗文化，大奏鼓相传始于清初，后传承于温岭石塘里箬村，演员7~9人，男扮女装，重彩化妆，身着红衣，腰系绿带，光脚板，佩戴脚镯和手镯，左手高举木鱼，右手执木槌，随鼓声跳跃。每人手持一样乐器，有木鱼、扁鼓、唢呐、汤锣、铜钹、铜钟等，边敲边跳，表情风趣诙谐，富有渔村特色，整个舞蹈以唢呐和扁鼓为基调，舞姿粗犷，节奏明快，音调热烈，反映渔民满载而归的欢乐心情。《中国民间舞蹈集成大全》称大奏鼓是中国唯一一个渔村舞蹈，是中国渔村第一舞。

大奏鼓表演时，最初的化装采用牙粉加水涂于脸上，随手撕下未褪色的春联红纸在两边脸上印两个大红圈，化装简易，后来用红白戏剧油彩取代以前的化装材料。大奏鼓最初的服装为清一色闽南惠安女子打扮，老式大襟便服，花布衫，头饰用布条、纱巾，装上羊角尖，耳带简易自制的大耳环，赤脚套脚环。后改成上穿深蓝色斜襟短袄，下穿橘黄色大口裤，衣衫边角绣上橘红色鱼纹图案花边，头戴橄榄形黑色羊角帽，两耳挂着金花、大耳环，套上手镯脚镯，全队赤脚板。后来为了突出打鼓者，将打鼓者改为男装（身穿对襟短袄，头扎红布条）。

每年岁末，为祈愿丰收和平安，渔民们就跳起大奏鼓，舞者均为健壮男子，八九人、十几人不等，除一人外，全部男扮女装，粗大的脚板穿着绣花鞋，走起路来忸忸怩怩的活像戏曲中的媒婆。起舞时，那些"女人们"手执木鱼、扁鼓、唢呐、锣、钹、磬等乐器，随着那男人调动大奏鼓的节奏，时而碎步轻移、柔美婉约、如醉如痴，时而腾挪跳跃、粗犷激越、欢快有力；时而是生命的细语；时而是灵魂的呐喊，强烈地展示着渔民内在情感的冲动及征服大海的自信。

不同地域的渔文化与其历史渊源以及自然环境相得益彰。这些千姿百态的渔文化也是每个地域发展的见证，是我国历史长河中形成的文化瑰宝。各地区渔文化的差异性使得我国的渔文化更具有地域代表性。时代的发展使得各地域的渔文化同其他传统文化逐渐走上历史舞台，并得到不断的发展和完善。

第三节　中国对渔文化的贡献

渔业，是人类最早的生产活动，也是中华民族最早的产业之一。中国是渔业大国，也是渔业发达国家。渔文化是农业文化的一种，它是渔民在长期的渔业生产活动中创造出来的具有流转性和传承性的物质文化、非物质文化及制度文化的成果总和。渔文化与鱼文化具有交集关系，二者既有联系又有本质的区别。我国的渔文化历经千百年的沉积、调适与传播，其内涵及象征意义也随之发生改变，但是其所蕴涵的文化价值却十分丰富。

一、中国是世界上利用鱼类最早而又最广泛的国家之一

中国渔业历史渊源久远，在长期发展中形成了内涵丰富、广博深邃的渔文化。我国的地理优越，环境多样，适于多种鱼类的生长繁殖。鱼类与我们的生活息息相关，不但是重要的食品美味佳肴，还是休闲渔业的重要组成部分。随着我国人民生活水平的提高，吃鱼找健康，观赏鱼找和谐，已经成为当今人们生活中的一种时尚。在我国悠久的文明历史长河中，鱼类在人们生活中已经形成了一整套独特的鱼文化，成为中华民族文化中的一颗璀璨明珠。比如太极图，即由两条鱼造型变化而成。

在我国几十万年前的原始人类社会，人们就已经以鱼类为食，并开始把鱼类作为猎取的对象，捕鱼或用于捕捉，最先是鱼鳔、弓箭，后发明使用网具。古代传统中，中华民族的先祖伏羲教先民捕鱼，使我国渔业有了快速发展。

利用鱼类，我国是世界上最早而又最广泛的国家之一。早在商代（公元前1395—公元前1123年）殷墟出土文物的甲骨文中，就有"鱼"形文字出现，在青铜铭文中有更多鱼形文字再现，可以说这是我国鱼文化的萌芽期。春秋战国时期的《诗经》（公元前770—公元前220年），是我国人民识别记载物种最早的一部古籍，书中记载了鲂等20种鱼类。从南朝梁陶弘景著《神农本草经》到清末吴仪洛的《本草从新》，众多的"本草"更为详尽地记载了鱼类的形态、生态、分布、食用和药用等方面的知识。

二、中国渔文化成为中华文化的有机构成

老子曰："治大国、若烹小鲜"，孔子曰："钓而不网"，周代渔人置柴木于水中、诱鱼栖息围而捕取的"罧"渔法，是今日人工鱼礁的雏形；汉代渔人置木制红鱼于水中，引鱼上钩，成为后世拟饵钓之先导；东晋渔人以长木击板、惊吓鱼类入网的"鸣木良"，成为后来的声诱渔法；东海渔民以绳编连植于滩涂的竹子、捕获退潮时被竹枝所阻鱼类的"沪"渔法，成为大上海的简称。我国周代关于禁渔期、禁止毒鱼和密网捕鱼等规定，正是现行《中华人民共和国渔业法》对渔具、渔法的限制。

从人类创造文字、以图记事时起，中国渔文化就已经产生，之后就像生物进化树一样，在文化进化树中萌发新枝，并与其他文化交织，形成新的文化支系。于是，中国渔文化历经几千年，深深植根于中国传统文化，关于鱼的诗歌、民谣、神话传说等不可计数。在中国古代哲学、宗教、文学、艺术、民俗等领域，都可以找到渔文化的印记与影响。

陶思炎认为"中国渔文化是中华民族的伟大创造，是中国文化史上光彩夺目的一章"。至少在5万～1.5万年以前的旧石器时期，鱼类就已成为中华远古先民有意识、有心智的实践对象。北京周口店山顶洞人遗址出土的涂红、穿孔的草鱼眼上骨，提供了最早实证，

同穿孔兽牙，蚌壳等一样，鱼类在山顶洞人生活里已展示出"文化"特征。鱼不再仅仅是一种食物，而是精神世界的重要意象。

原始人类把鱼骨作为饰物，绝非单纯出于原始的唯美心理，而是寄托着对自然力的崇拜，寄托着与自然沟通、同化并受惠于自然的祈望。鱼类一旦摆脱了单纯的食物价值，成为人类物质生产与精神生活的对象，渔文化的系统长链便开始前生、演化和发展。

至新石器时代，在磁山文化、仰韶文化、大溪文化、河姆渡文化、红山文化、良渚文化、龙文化遗址等处，出土了多种捕鱼器具和各大形质的鱼线图案，中国渔文化达到早期高峰。此后几千年，渔文化虽呈盛衰涨落的演变曲线，但至今绵亘不绝。可以毫不夸张地说，凝聚着中华民族创造精神的各类鱼图、鱼物和鱼俗，构成了我国文化史上历时最久、应用最广、民俗功能最多、民间性最强的文化长链。中国鱼文化的持久生命力就在于它丰富的内涵和广博的功用，而功能不仅是鱼文化生命的根系，也是其文化价值的前提。

三、中国是世界上池塘养鱼最早的国家

中国养鱼历史非常悠久，是世界上池塘养鱼最早的国家。殷商出土的甲骨文"贞其鱼，在圃渔""在圃渔，十一月"。这里的"在圃渔"，即园圃之内的鱼，它证明我国殷商时代已开始池塘养鱼了，至周朝，池塘养鱼业更为流行昌盛。

公元前460年左右，范蠡的《养鱼经》详细地介绍了池塘养鲤的建池、选种、确定交配数目、制作鱼巢等方法，它是世界上第一部养鱼的专著，为世界所关注。汉代养鲤已形成规模生产，稻田养鱼始于东汉，青鱼、草鱼、鲢鱼、鳙鱼养殖始于唐代，鲻鱼养殖始于明代。明朝黄省曾的《鱼经》、徐光启的《农政全书》及清朝屈大均的《广东新语》等古籍，对养鱼的论述更为详细。

我国不但养鱼历史最早，而且还有许多优良品种，现已成为我国乃至世界优良养殖种类，如鲤鱼原产于我国东部，移植到国外，现已成为世界最广泛的一种淡水养殖鱼类，1986年世界总产量50.7万吨。

在长达3 000多年的历史中，中国劳动人民光辉的淡水养鱼历史，不仅促进了中国的养鱼事业，而且推动了欧洲和世界其他地区的养鱼业。

四、中国的捕捞技术、鱼类烹饪艺术丰富又先进

中国古人已发展并创造出9种主要捕鱼方法：①徒手捕鱼。②用木棒打鱼，生活在川滇交界处的纳西族曾用木刀砍鱼，这是用木棒打鱼的衍生方法。③用弓箭射鱼，今鄂伦春族和台湾高山族仍旧沿用。④用鱼镖、鱼叉刺鱼，欧洲后期旧石器时代最末一期文化的马格德林文化遗存中就发现鱼镖、鱼叉。⑤用鱼钩钓鱼。新石器时代以来，世界各地各民族普遍采用此法并延续至今。⑥用竹篾或细木条编织成的筍捕鱼，形制呈圆锥形，尖端封闭，开口处装有一倒须式漏斗。浙江吴兴钱山漾遗址出土过实物，在福建永春有同类器具。⑦用网捕鱼。⑧用鸬鹚（俗称鱼鹰）捕鱼。⑨借助竹筏或船捕鱼。

中国先民们留下很多极为珍贵的渔文化遗物：如周口店山顶洞人钻上小孔、涂有红色的草鱼上眶骨，新石器时代的鱼钩、鱼叉、鱼镖、鱼枪和石制、陶制网坠，仰韶文

化的典型标志"人面鱼纹"彩陶盆，殷商时代"贞其雨、在圃渔"的甲骨卜辞，象征双手拉网捕鱼、用手持竿钓鱼的甲骨文字"渔"。挂在山顶洞人脖子上、用野藤串的贝壳项链，不亚于当今的金银首饰；古人"以贝为钱"，影响到"财、贸、贵、贱、赚、赔"等字的形成。

在我国古代，人们就把鱼类作为一种肉食，为人们所津津乐道。孟子说："鱼，我所欲也；熊掌，亦我所欲也。二者不可得兼"，把鱼和熊掌并列为珍品，特别是鱼中之珍品。古籍中赞扬鱼味美的实例很多，如隋炀帝称松江鲈"金齑玉脍，东南佳味"；洛鲤伊鲂贵于牛羊；宁去屡世宅，不去鲥（斑鳞）鱼额；宁可弃我三亩稻，不可弃我鳖鱼脑；鲥鱼味美在鳞；鲢之美在腹，鳙之美在头；河豚水族之奇味等。近代人赞鱼美味的谚语也不少，如飞禽强于走兽，鱼鳖可比山珍；吃鱼的女士更漂亮，吃鱼的男士更健康，吃鱼的孩子更聪明等。这些谚语是有一定道理的，因为从鱼生活环境污染相对较小，营养价值较高等方面看还是很有科学道理的。鱼，在中国传统文化中是富庶、繁荣的象征，上至王公贵族下至平民百姓都喜欢吃鱼，逢年过节、喜庆筵席及亲朋好友团聚，总少不了一道鱼肴，透着喜庆，传达着人们"年年有余""富贵有余"的美好愿望。

我国烹制鱼类的方法很多，历史也很悠久。在人们普遍喜爱的川、鲁、粤及江浙四大菜系中，有不少的鱼类名菜。我国烹饪大师张恕玉（2010）著的《鱼典》，介绍了人们常吃的 39 种鱼（含类）的营养成分及 204 种鱼类菜肴的功效及烹制方法。

近些年，我国各地举办的以鱼为主的美食也不少，如 2018 年 6 月北京怀柔区举办的虹鳟鱼类美食节。虹鳟原产于美国，为一种营养价值很高的冷水鱼类，我国于 1959 年引进，20 世纪 80 年代，北京房山、门头沟、延庆、怀柔等地开始养殖，发展很快，养殖游钓场 600 余家，年产量 200 万千克以上，其中怀柔产量占北京市的 95% 以上。

第四节　时代发展和科技进步对渔文化的影响

渔文化是一种仍在不断发展进步中的文化形态。时代的发展和科技的进步，是促使渔文化发展变化的重要因素。

一、改革开放有力促使了渔业视野的发展

改革开放以来，由于中国对渔业经济体制和价格体制进行了改革，极大地调动了渔民发展生产的积极性，使中国渔业走上了一个快速发展的阶段，水产品产量大幅度提高，自1990 年起连续十几年位居世界第一位。渔业的发展不仅满足了人们的水产品需求，扩大了水产品出口，而且为调整和优化农业产业结构、增加渔民收入做出了重要的贡献。近年来，随着产业的不断发展，中国渔业经济增长方式开始发生重大转变，从过去单纯追求产量增长，转向更加注重质量和效益的提高；注重资源的可持续发展。为了减缓海洋捕捞产量高速增长对资源造成的压力，对海洋渔业结构实行战略性调整，自 1999 年开始，首次提出海洋捕捞产量"零增长"的目标，后又进一步提出"负增长"的目标，对海洋捕捞强度实行了严格的控制制度。自 2002 年起，为减缓新的海洋制度实施对中国海洋渔业造成的影响，国家实施了海洋捕捞渔民转产转业工程，连续三年由中央政府出资对渔民报废渔

船实施补贴，引导渔民压减渔船，退出海洋捕捞业。近年来中国水产品产量增长幅度保持在 3‰～4‰，呈现稳定发展的态势；其中养殖产量增长幅度较大，而捕捞产量已开始出现下降的趋势。

二、时代文化促进了渔文化的变化

随着时代的变迁，近代"渔文化"的研究范围进一步拓展。很多学者认为渔文化研究仅仅局限于渔业生产和渔民生活的领域其价值是有限的。渔业发展和渔民队伍的强大对于维护国家海防安全、水资源环境保护、开发渔村旅游文化资源等意义重大。

与各种文化的相互交融，促进了渔文化的时代进步。我国渔文化融进了现代科学技术、新闻媒体和市场经济精髓，内涵迅速膨胀，功能更为显著，交流日益频繁，形成强大的产业带动效应，经济社会效益逐渐增长。如广东阳江的南海开渔节、广西阳朔的渔火节、海南博鳌渔家的平安节、台湾地区台东的旗鱼文化节、浙江舟山的海鲜美食节、江苏泗洪的金秋螃蟹节、山东田横岛的祭海民俗节等。

随着经济全球化的影响，文化冲突问题引起越来越多国家的重视。一场文化扩张，主要是美国文化的泛世界化浪潮与世界众多国家本土文化保护的竞争日趋激烈。如果文化的传播与借鉴是时代发展的必然，那前提是要保留与发扬本土优秀传统文化。否则所谓借鉴，便是自我文化迷失。中国改革开放后，面对越来越多形式新颖的外来文化影响，传统优秀文化的继承与弘扬就显得尤为重要。作为中华传统优秀文化的一部分，渔文化也需要在新的时代面前，被重新审视、整理、挖掘、研究与弘扬。

在新时期，中国渔文化呈现出大型化、现代化和国际化趋势。出席中国开渔节的外国嘉宾不断感叹："中国的渔文化真是了不起，太好看了！""中国普通渔民对海洋的热爱和保护，太令人感动了！"

三、新型渔业催生了渔文化的新内涵

随着新型渔业的不断涌现，近年来学术界出现各种各样的术语，既反映了渔业日益繁荣的局面，也反映了各种新型渔业类型及特点。当前我国主要有三种新型渔业。

国外 20 年前就提出"都市渔业"概念。都市渔业被认为是依托并服务于现代化城市的综合性新兴水产业。其内涵包括高科技渔业、菜篮子工程、休闲观光渔业等内容。在我国许多大中城市，如北京、上海、深圳、大连等，都在积极探索都市渔业。都市渔业主要类型有观赏鱼养殖业、游钓服务业、流通加工业、设施渔业、良种培育业、渔业信息服务业等。骆乐认为在养殖业中推行产业化是都市渔业的重要内容。苏永信认为，都市渔业有渔业工业型、苗种培育型、加工流通型等模式。

休闲渔业又称娱乐渔业，涵盖观赏渔业与游钓渔业等内容，着重满足现代人休闲放松需要的渔业。休闲渔业于 20 世纪 70 年代在西方迅速兴起，并成为日本、西欧、美国的重要产业。美国人每年用于休闲渔业的消费约 400 亿美元。休闲渔业的产值是常规渔业的 3 倍以上。张峰、骆乐等将休闲渔业划分为生产经营型、休闲垂钓型、观光疗养型和展示教育型，并认为其产业依托是大都市，具有地域性。香港水产学会副主席梁荣峰认为，休闲渔业经济和社会效益可观。休闲渔业通过对渔业资源、环境资源、人力资源的优化配置和合理利用，把现代渔业和休闲、旅游、观光及海洋知识的传授有机结合起来，实现一、二、三产业的相互结合和转移，从而创造出更大经济效益和社会效益。中国水产学会2001年9月5日在深圳设立了休闲养殖示范基地——大鹏休闲渔庄。国际水产养殖经济与管理协会主席克林曼·特思德尔，称其为中国休闲渔业的一个代表，是中国休闲渔业与世界接轨的一个窗口。休闲渔业在中国方兴未艾。

钓鱼是观光休闲渔业的一部分，从中可取得较大的经济效益，如日本、西欧和美国，休闲渔业对本国经济的影响可谓举足轻重。以美国为例，根据最新研究资料表明，该国每年有约3 520万成年（16岁以上）钓客，在休闲渔业上花费达378亿美元，若把休闲渔业当成一个企业来看，其创造的收入足以在美国《财富》杂志500强企业排名第13位（王有基等，2006）。我国的江苏太湖、杭州西湖、哈尔滨长岭湖渔坊、北京怀柔等著名钓鱼区，以及各地随着双休日、旅游事业的发展，纷纷推出旅游观光型渔业这一新事物，吸引了众多海内外游客，经济效益看好，已成为经济的一个新的增长点。

观赏渔业在我国历史悠久。今天，随着人们颐养性情、亲近自然的需要，观赏鱼的种类日益繁多，目前世界上可饲养的观赏鱼有1 100多种，如金鱼、锦鲤、胭脂鱼、热带鱼等，其社会地位和经济功能日益凸显，迅速发展成为一个新兴产业——观赏渔业。观赏渔业是典型的劳动密集型产业。由于国外劳动力成本高，现在世界观赏鱼生产出口中心，已逐渐由新加坡、印度尼西亚、马来西亚、日本等国向中国转移。以前，观赏鱼大都是达官贵人赏玩之物，而今，许多群众家里也都置办了水族箱。观赏鱼走进大众，使观赏鱼养殖产业化。中国水产学会也适时成立了观赏鱼分会。

观赏渔业有个分支，叫观光渔业，在国外有海底探险、鲸鱼探奇、海豚表演、近海观鲨等游乐项目，产值巨大。

水族箱的扩大，或者说观赏效果的放大，就是水族馆。水族馆具有典型的都市性和观赏性。香港、青岛等地都兴建了水族馆，成为当地旅游观光和科普胜地。上海也分别建设了长风公园大洋海底世界、浦东新区的上海海洋水族馆、上海水产大学鲸馆等，每天吸引着大量游客。

四、科技进步也深刻影响了渔文化的发展

科学技术的进步对于渔文化的发展有着举足轻重的作用。随着科技的发展，我国的捕鱼技术以及鱼类的养殖和观赏方式也发生了翻天覆地的变化。捕鱼技术已经由原来的较为原始的捕鱼方式，如徒手捕鱼、小型船只捕鱼、网鱼等，发展为现在的大型捕鱼船和超声波赶鱼技术等更为先进有效的方式。应用现代化的捕鱼技术可以在更短的时间内捕获更多的水产品，使捕鱼变得更加高效。随着科技的进步，科学化养鱼的推进也越来越快速，使得养殖方式更加多元化，水产品的产量和质量也大幅度提高。

科技发展使得我国的渔业及渔文化得到了进一步发展，但是由于我国渔业发展起步较其他国家稍晚，所以我国的渔业在某些方面与发达国家还有一些距离，尤其是我国的造船业。

发达国家为了合理利用近海渔业资源，建立了科学的渔政管理体系，十分重视渔具的选择性研究，每年派渔业调查船在世界各海域进行新渔场新资源的调查，为本国海

洋捕捞船队提供新的作业渔场。日本、英国等海洋捕捞业发达的国家，为了对现有渔具渔法进行革新，对各种渔具渔法进行大量的基础研究，使其结构日趋合理，提高了网次的产量。

目前美国、日本有世界上最先进的卫星导航、探鱼系统，他们可以从天上、海底、沿岸领域探测追踪鱼群，能随时知道鱼群的动向，保障渔船的捕捞成功率。

远洋渔业远离生产基地、独立性强的特点，必然要求船体轻、速度快、网具操作自动化、加工自动化、系列化。随着工业现代化程度的不断提高，渔船的马力、吨位、航速、舱容量、捕捞机械自动化程度、综合生产能力、自我维修能力、加工能力等技术装备水平不断提高，国外渔船装备的先进程度大大高于发展中国家。如西班牙的金枪鱼船队的旗舰 ALBACORA 号围网船，是世界上最大的金枪鱼围网船。该船长 105 米，型宽 10 米多，总吨位 2 640 吨，鲜鱼冷藏能力 3 000 吨，速冻能力 2 350 米^3。其制冷设备包括 6 台73.5K 压缩机，26 个冷海水储藏室，每天可速冻 140 吨。该船不仅发动机主机先进，航速大，辅助设备也颇为先进，助绞机、起网机、动力滑车、吊车也十分先进。另外，驾驶室内装有 3 台雷达，卫星导航仪、回转式罗盘、自动导航和计程仪，以及单边带和甚高频通信设备。船上还配有一架用来侦察鱼群的休斯 500E 型直升机，飞行最大高度达2 900米，时速为 150 千米。

冰岛在 20 世纪 90 年代中期，研究出一船拖两网的捕虾系统。这种捕虾系统使用的网具是两顶 ANGMAGSALIK 拖网，总长 102 米，两顶网具的网口张开距离各为 25 米，网口高度各为 11 米。捕捞结果显示，尽管渔船在作业时燃料增加了 30%，但产量增加了70%，在 19 天捕捞中，产量达到 210 吨。

据统计，一艘 8 000 吨级大型远洋拖网渔船价值量超过 18 万吨级好望角型散货船，而一艘先进的南极磷虾捕捞船价值则高达 1.7 亿美元，超过万箱集装箱船，属高技术高附加值船舶。

采用单船进行中层拖网捕捞，是目前世界各国中层拖网作业的主要形式。其操作技术与单船底拖网相似。保持网具的水层位置也主要通过调节曳纲长度、拖速来进行。捕捞对象目前主要为鲱鱼，也用于捕南极磷虾。

休闲渔业是我国现代渔业五大产业之一。近年来，全国休闲渔业蓬勃发展，逐渐成为渔业一、二、三产业融合发展的新路径和现代渔业经济发展的新亮点，是推进渔业供给侧结构性改革的重要方向，也是渔民就业增收和产业扶贫的重要途径。

休闲渔业是指利用各种形式的渔业资源（渔村、渔业生产资源、渔法渔具、水产品及其制品、渔业自然生物及人文资源等），通过资源优化配置，主动将渔业与休闲娱乐、观赏旅游、生态建设、文化传承、科学普及以及餐饮美食等有机结合，向社会提供满足人们休闲需求的产品和服务，实现一、二、三次产业融合发展的一种渔业产业形态。具有以下基本特征：①利用各种形式的渔业资源开展生产和服务活动；②向社会提供满足人们休闲需求的产品和服务；③须包含有"渔"的要素，包括渔村、渔业、渔文化、渔法渔具、渔业产品等。

休闲渔业需要同时具备这三个基本特征，如利用海洋水面开展的水上运动及海洋游艇服务业，具备前两个基本特征，属于休闲服务业，但是由于缺少"渔"的要素，则不属于休闲渔业。如果是利用海洋游艇开展海钓或体验式捕捞等活动，则可以归到休闲渔业。

在生活水平提高的同时，人民的消费水平也发生了很大改变。人们对于水产品已经不仅仅满足于食用，大家都开始关注渔文化中休闲渔业这一方面。当然由于休闲渔业的起步较晚，所以其发展空间相对来说是非常广阔的。休闲渔业同时也是近几年渔文化中发展较为迅速的一个产业。

第九章
中国渔文化传统与休闲渔业发展

//

广义而言，渔文化是人类在渔业活动中所创造出来的人与水生生物、人与渔业、人与人之间各种有形无形的关系与成果，比如有关渔神信仰、渔船渔具、渔歌、渔号子、渔风渔俗、渔业伦理、渔业法规与制度等文化事项。狭义而言，渔文化主要指人类在渔业活动中所创造的精神财富的总和。渔文化不仅包含鱼文化，而且包括有关贝类、蟹类、虾类、藻类等其他渔业经济生物的文化事项①。渔文化的内容十分丰富，包括渔业生态文化、渔区传统历史文化和渔区现代文化②。

休闲渔业又称娱乐渔业，涵盖观赏渔业与游钓渔业等内容，着重指满足现代人休闲放松需要的渔业。如果说传统渔业为人们提供丰富的优质蛋白质，那么休闲渔业则使人们身心愉悦地享受这些蛋白质③。

中国渔文化中包含娱乐竞技、旅游观光、展示观赏、渔业节庆等，无不包含着休闲渔业传统，休闲渔业发展以渔文化为基础，中国渔文化的传承离不开休闲渔业的发展。

第一节　中国渔文化中的休闲传统

目前，休闲垂钓、渔家乐、渔业博物馆、海洋文化节、民俗旅游等休闲渔业形式在全国各地蓬勃发展，中国渔文化中的休闲传统主要体现在娱乐竞技、旅游观光、展示观赏等方面。

一、娱乐竞技

娱乐竞技主要包括休闲娱乐和水上竞技两类。

1. 休闲娱乐

休闲垂钓是休闲渔业的主要形式，其中所体现的垂钓文化也是中国渔文化的重要组成部分。我国垂钓文化起源于古代先民的渔猎生存斗争，随着生活环境的日趋安定和生活水平的逐渐提高，从最初的生产活动中分离出来，成为充满趣味、富有智慧、包涵活力、格

---

① ③ 宁波. 试论渔文化、鱼文化与休闲渔业 [J]. 渔业经济研究，2010 (2)：25-29.
② 杨子江. 基于体验经济视角的休闲渔业及其发展模式探讨 [J]. 上海海洋大学学报，2007 (5) 470-477.

调高雅、有益身心的娱乐活动。中国幅员辽阔，水域资源丰富，为休闲垂钓提供优良的自然钓场和丰富的鱼类资源，在新石器时代的出土文物中发现很多鱼叉和骨质的鱼钩。在郑州商朝早期遗址的出土器物中还有青铜鱼钩，在中国其他地方发掘的古文化遗址中也都发现许多骨制鱼钩，这些鱼钩造型多样，有的在钩尖下面磨出倒刺，多数鱼钩还磨有拴钓线的槽。可见，当时的垂钓活动已具有较高水平。此外，不少古籍如《诗经》《左传》等中蕴藏大量丰富的垂钓文化，比如在《季风》中有"竹竿以钓于淇"，"淇"指黄河的一条支流，位于河南省北部，说明春秋战国时期，人们已使用细细的竹竿在江河中垂钓。古往今来，从"姜太公垂钓于渭滨"到柳宗元的"独钓寒江雪"，历代文人墨客都对钓鱼情有独钟，留下许多脍炙人口的名篇。除了休闲垂钓外，划船撒网、赶海捕鱼、采贝挖蟹等其他形式的休闲娱乐亦得到长足发展，这些活动融娱乐与健身为一体，丰富人们的业余生活。

2. 水上竞技

人们在长期的渔业生产实践过程中逐步创造形成众多依托水域包括江河湖海等的水上竞技类活动。在原始社会时期，人类捕鱼摸虾掌握水性后，出现古称"水嬉"的游泳。随着历史进步和社会发展，在沿海沿河地区出现弄潮、戏水、追鱼比赛、赛龙舟、帆船比赛等。赛龙舟是我国南方民族普遍奉行的一种文化习俗。其起源甚早，大约可追溯至春秋以前。当时的龙舟竞赛活动主要在吴越文化圈内，后来逐渐扩展到荆楚地界，最后扩大到东南亚各国。近代以来，英美等国亦仿效我国人民的做法，举办龙舟竞赛活动。历史上，有关龙舟竞赛起源的传说很多，有起于楚人哀悼屈原说，有源于伍子胥说，有起于勾践说，还有源于曹娥说、马援说、白洁夫人说、岩洪蹩说，因地域、民族不同而有种种附会[1]。贵州苗族举行"龙船节"以庆祝插秧胜利和预祝五谷丰登，云南傣族同胞在泼水节赛龙舟以纪念古代英雄岩红窝，现在南方不少地区每年端午节都会举行富有本地特色的龙舟竞赛活动。唐代诗人张建封《竞渡歌》，"鼓声三下红旗开，两龙跃出浮水来。棹影斡波飞万剑，鼓声劈浪鸣千雷。鼓声渐急标将近，两龙望标且如瞬。前船抢水已得标，后船失势空挥挠。"这些诗句淋漓尽致地描绘出龙舟竞渡的壮景。1980年赛龙舟被正式列入中国国家体育比赛项目，此后每年举行"屈原杯"龙舟赛。赛龙舟体现人们心中的爱国主义和集体主义精神，同时也彰显出深厚的文化底蕴。水上竞技蕴含着深厚的渔文化，使参与者和观看者在休闲娱乐的同时，还能了解到更多的传统渔业知识和文化[2]。

二、旅游观光

渔村文化和景观遗址是旅游观光的重要组成部分。

1. 渔村文化

渔村文化是渔文化的重要缩影，蕴含着浓厚的历史文化和时代特色。杜甫在《江村》中写道："清江一曲抱村流，长夏江村事事幽。自去自来梁上燕，相亲相近水中鸥。老妻

① 潘年英. 赛龙舟习俗的原始意义考 [J]. 中南民族学院学报（哲学社会科学版），1992（2）：19-22.

② 赵蕾，刘红梅，扬子江. 基于渔文化视角的休闲渔业发展初探 [J]. 中国海洋大学学报（社会科学版），2014（1）：45-49.

划纸作棋局，稚子敲针作钓钩。"寥寥数笔，生动地再现唐代一个小渔村的生活图景。沈周有诗云："吴江本泽国，渔户小成村。枫叶红秋屋，芦花白夜门。都无三姓住，漫可十家存。熟酒呼儿女，分鱼喧弟昆。不忧风雨横，惟惮水衡烦。鸥趁撑舟尾，蟹行穿屋根。怡然乐生聚，业外复何言。"描述的是明代吴江水乡的渔村风光和渔民的生活细节。民国时，缪荃荪有诗云："水村山郭，沃壤平原，州渚相间，阡陌相连，柴门流水……农舍约船，云帆浪楫，蟹簖鱼筌。"，展现民国时期苏南渔村的繁荣景象[1]。由于处于较为封闭的地区和环境中，区位相对偏僻，一些历史悠久的古渔村能够在漫长的历史发展过程中较完好地保留下来，如浙江象山的石浦古镇、山东威海荣成市河口"胶东渔村"，都较为完好地保留了古渔村的风土人情。随着市场经济开放程度的日益深化，传统的渔村文化开始同现代的外来文化相互交汇融合，渐次生成一种迎合时代的新渔村文化。"渔家乐"就是利用新渔村文化来发展休闲渔业的一种重要形式。很多沿海或海岛的渔民利用渔村风光、民俗民风、渔业生产等特色资源，吸引游客直接参与各种丰富多彩的渔业生产活动，如划船撒网、捕鱼采贝、赶海垂钓等，与渔民同吃同住同出海，亲身体验渔民生活，领略渔家风情。"渔家乐"既能让游客在休闲度假中感受渔村文化，丰富业余生活，又能增加当地渔民收入，带动渔区经济[1]。

2. 景观遗址

水是渔文化的重要载体，也是人类文明的起源。渔文化景观或遗址遗迹往往聚集于沿河、沿海流域或地区。这些与渔业有关的自然景观、遗址遗迹和人文景观是渔文化的重要内容，具有较高的历史、旅游和科研价值。

（1）自然景观　沙滩、海底火山、海蚀景观、岛礁等具有独特性、地域性，具有较高的旅游休闲价值和极高的科研价值。依托这类资源，可以建设垂钓场、水上娱乐场、水上运动场等，开展休闲渔业项目[2]。

（2）遗址遗迹　遗址是从历史、审美、人种学或人类学角度看具有突出的普遍价值的人类工程或自然与人联合工程以及考古地址等地方。遗迹是指古代人类通过各种活动遗留下来的痕迹。以浙江宁波为例，在象山的"中国渔村"，有印证明代抗倭将士伟绩的二湾摩崖石刻，有建于明代、雕镂精美的城隍庙，金鸡山上有明代的烽火台遗址，花岙岛上明末张煌言屯兵抗清的遗迹历历在目[1]。

（3）文化景观　包括以渔文化和海洋文化为依托的海岛旅游和富有宗教信仰色彩的景观建筑等。中国海岛众多，风光奇特，海洋渔业和旅游资源丰富。目前，不少海岛开发了海岛生态旅游区、海滨度假区、海滨健身疗养基地、海滨探险基地、海岛狩猎区、海钓基地、影视拍摄基地等以休闲渔业、海洋文化和海洋休闲度假等为主题的旅游产品。部分海岛如舟山"海天佛国"普陀山、桃花岛、东极岛、广东的伶仃岛，以及山东的长岛等著名

---

① 赵蕾，刘红梅，扬子江. 基于渔文化视角的休闲渔业发展初探［J］. 中国海洋大学学报（社会科学版），2014（1）：45-49.

② 柴寿升，戴欢丹，王海建. 休闲渔业资源的分类及其开发评价研究［J］. 中国海洋大学学报（社会科学版），2010（1）：32-37.

的海岛旅游胜地，都蕴含着丰富的渔文化，融合了多元的历史、文化和民族特色①。

三、展示观赏

渔文化的展示观赏包括水生生物和渔业生产展示。休闲渔业的观赏价值主要集表演、科普教育、观赏娱乐于一体的休闲渔业开发形式，通过珍奇性和历史文化性来体现。

民间传统的观赏鱼文化与休闲渔业相结合不仅具有重要的文化价值，还具有较高的经济价值。具有科学性、知识性、趣味性的形形色色的水族馆、海洋馆、水产科研基地和海底世界，让人们可以与水生生物近距离接触，观赏各种形态各异的鱼贝虾蟹龟鳖等，了解其生活习性，增长知识，使人们了解与海洋渔业生产活动有关的渔文化，以及各地的风土人情、民间故事等①。综合型的渔业主题公园，集休闲、旅游、度假、人居为一体，将主要的渔业休闲活动和功能集中在较小的地域范围内，让人们在有限的时间和空间内得以全面领略和感受渔业休闲的魅力和乐趣，休闲价值极高。比较典型的如象山的"中国渔村"和香港的海洋公园②。

四、渔业节庆

渔业节庆是渔业文化的重要内容，也是休闲渔业中具有较高参与性和观赏性的民俗体验活动，主要包括传统渔业节庆活动和现代渔业节庆活动。作为一种独特的文化形态，传统渔业节庆具有很强的地域特色和民族特色，是在长期的历史发展过程中受当地的地理环境、社会经济条件、生产生活方式等影响而产生的与渔有关的一系列民俗节日和庆典活动。传统渔业节庆由于其历史悠久、文化传承性较强，因此对游客的吸引力较大。如各种形式的祭海节和渔业庙会：云南丽江纳西族居住区的"龙王庙会"、香港各区天后庙的"天后诞"、澳门渔民的"妈祖祭"等。近年来，民俗旅游日渐受到人们的关注和青睐，一些地方政府为拉动当地旅游经济，以渔业资源和历史文化资源为依托，结合当地的自然地理条件和社会经济条件，开发出各种开渔节、海钓节、海洋文化节、海鲜节、渔民节等具有一定规模的新的渔业节庆活动。现代渔业节庆的内容丰富，娱乐性和参与性较强，涵盖民俗旅游、文化展示、餐饮美食、经贸洽谈、体育竞技等各种形式的活动①。现在许多地区将渔业与节庆相结合，推出了多种现代渔业节庆活动，如中国大连国际渔业展览会、宁波象山的开渔节和国际海钓节、广东阳江的开渔节、舟山（沈家门）的海鲜美食文化节、青岛的中国国际渔业博览会和海洋节、荣成的国际渔民节、威海的国际钓鱼节等。这些现代节庆活动与传统节庆相比，往往综合性强，规模大，娱乐价值高，参与性突出，对于塑造节庆举办地的区域形象、提升知名度、加强宣传、保护传统资源发挥着重要作用②。

---

① 赵蕾，刘红梅，扬子江. 基于渔文化视角的休闲渔业发展初探 [J]. 中国海洋大学学报（社会科学版），2014（1）：45-49.

② 柴寿升，戴欢丹，王海建. 休闲渔业资源的分类及其开发评价研究 [J]. 中国海洋大学学报（社会科学版），2010（1）：32-37.

第二节　现代休闲渔业的基本概念

休闲渔业又称娱乐渔业，涵盖观赏渔业与游钓渔业等内容，着重指满足现代人休闲放松需要的渔业。19世纪初美国东部大西洋沿岸，休闲渔业已露端倪。20世纪60年代，休闲渔业诞生在拉丁美洲的加勒比海地区。20世纪七八十年代，休闲渔业盛行于社会经济和渔业发达的国家和地区，如日本、美国、加拿大和欧洲以及我国台湾地区[①]。

一、休闲渔业内涵特征

在何为"休闲渔业"的问题上，学术界仍然观点纷呈，认识各异，国内外学者各自从不同角度对这个新概念进行表述，其中较有代表性的休闲渔业概念有：

①海洋休闲渔业，是充分利用海洋、文化传统、景观等区域资源而经营的沿岸渔村地区人们新兴生计的总称。

②海洋休闲渔业，不仅是过去的渔业，也是有效地利用海洋、渔村资源的观光、运动、教育、文化等事业的产业总称。

③海洋休闲渔业，是渔民或渔业合作社等为谋求经营的多样化和高附加值化而进行的新兴业态。如垂钓船业，渔村民宿、渔家饭庄、系船池等经营，早市和自产自销等直接连接生产者和消费者的流通事业等。

④娱乐渔业（或运动渔业）是指以娱乐或健身为目的的渔业行为。只含陆上或水上运动垂钓、休闲采集、家庭娱乐等，但并不包括渔村风情旅游内容。

⑤休闲渔业指除购买之外，以其他任何方式得到鱼。休闲渔业的渔获物出售是不合法的。

⑥娱乐渔业指提供渔船，供以娱乐为目的者在水上采捕水产动植物或观光之渔业。前项所称观光，系指乘客搭渔船观赏渔捞作业或海洋生物及生态之休闲活动[②]。

⑦休闲渔业是利用渔港、渔村设备、渔业活动空间、渔业生产的场所与产品，及渔业经营活动、生态、渔业活动空间的自然环境与渔村人文资源，经过规划设计，以发挥渔业及渔港、渔村之休闲旅游功能，增进国人对渔业与渔村环境之体验，提升休息品质，并提高渔民收益，促进渔业发展。

⑧休闲渔业，是利用海洋和淡水渔业资源、陆上渔村村舍、渔业公共设施、渔业生产器具、渔产品，结合当地的生产环境和人文环境而规划设计相关活动和休闲空间，提供给民众体验渔业活动并达到休闲、娱乐功能的一种产业。换句话说，休闲渔业就是利用人们的休闲时间、空间来充实渔业的内容和发展空间的产业。

⑨休闲渔业指将渔业资源、旅游资源和环境资源等进行优化配置，将旅游观光、休闲娱乐、餐饮、健身、科普等与渔业有机结合的一种新兴产业。

⑩休闲渔业指人们劳逸结合的渔业活动方式。

---

① 宁波．试论渔文化、鱼文化与休闲渔业［J］．渔业经济研究，2010（2）：25-29.
② 包特力根白乙，王琛，王天令．休闲渔业内涵界定及其市场特性论析［J］．农业经济与管理，2008（3）：44-50.

⑪休闲渔业，即将现代渔业与旅游观光有机结合，通过优化资源配置，提供给民众体验渔业活动并达到休闲娱乐功能的一种产业。

⑫休闲渔业，指以休闲娱乐为目的，利用渔船和渔场，提供参观、体验渔业生产和渔民生活等服务的商业经营行为。

⑬休闲渔业是集渔业与游钓休闲、旅游观光和娱乐为一体的产业。它既是第一产业和第三产业的有机结合，也是第一产业的延伸和发展。

以上列出的诸定义中，不同的国家或地区对休闲渔业的称谓有所不同。日本称为"海业"，并将其外延限定在海洋，然而在其他国家或地区，这种"海洋"休闲渔业的内涵要素却非常丰富；美国称为"娱乐渔业"或"运动渔业"，我国台湾地区起初也称为"娱乐渔业"，这种休闲渔业的内涵要素相对贫乏（表4)[1]。

综上所述，休闲渔业（Recreational Fishing）是通过对渔业资源、环境资源和人力资源的优化配置和合理利用，把现代渔业和休闲、旅游、观光及海洋知识的传授有机地结合起来，实现一、二、三产业的相互结合和转移，从而创造出更大的经济效益和社会效益[2]。休闲渔业有狭义和广义之分。狭义的休闲渔业是指利用海洋或淡水渔业资源以及渔村资源，提供垂钓、休闲娱乐和观光旅游服务的商业经营行为。广义的休闲渔业是指利用海洋或淡水渔业资源以及渔村资源，提供沿岸渔村地区人们全方位服务的商业经营行为[1]。

表4　休闲渔业诸定义内涵要素构成[1]

定义	地区	采捕	垂钓	休闲娱乐	观光旅游	运动健身	体验	餐饮	教育科普	传统文化	民宿	系船池	自产自销
1				√						√			
2	日本	√	√		√	√			√	√			
3			√					√			√	√	√
4	美国	√	√	√	√								
5	澳大利亚	√	√										
6	中国台湾	√	√		√								
7					√								
8				√			√						
9	中国大陆			√	√	√	√	√					
10			√	√	√	√		√					
11				√			√						
12					√		√						
13		√	√	√									

---

[1]　包特力根白乙，王琛，王天令.休闲渔业内涵界定及其市场特性论析［J］.农业经济与管理，2008（3）：44-50.

[2]　平瑛.休闲渔业的规划设计［J］.渔业现代化，2004（2）：3.

由此可见，休闲渔业内涵具有三大特征。①涉水性：休闲渔业的展开应是以海洋和江河、湖泊、水库、池塘等水域为活动空间；②涉渔性：休闲渔业的展开应是以渔业乃至水产业为本体或媒介，体现为产业升级的新型经济形态；③商业性：休闲渔业是商业渔业开发行为，其从业者应是渔业生产者或渔业经济组织，从业者提供活动空间和全方位服务，消费者参与活动并为此付费，从而双方构成市场等价交换的商业性行为（图1）[①]。

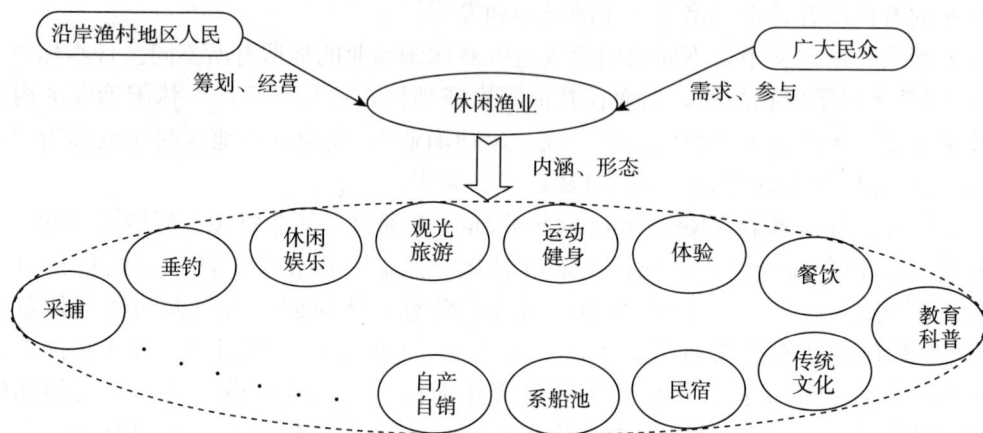

图1　休闲渔业概念图

二、休闲渔业外延与形态

我国乃至全球休闲渔业发展的模式可以由三个模块组成，即休闲渔业资源模块、休闲渔业设计和经营模块和渔业休闲体验模块。三大模块不同要素的配对组合，便形成现实世界绚丽多彩的休闲渔业模式。休闲渔业资源模块是指休闲渔业赖以发展的资源，可以进一步划分为自然资源、景观资源、产业资源、人文资源、文化资源等五大类。①自然资源：包括海况、水文和气象资源（潮汐、海市蜃楼、溪流、河床、山涧、瀑布、温泉、浪花、日落日出、彩虹、星相、季风等），水生生物资源（鱼、虾、贝、藻、水草、蟹类、鸟类、昆虫及潮间带生物等）。②景观资源：包括地形地貌景观（湖沼、潭泽、水库、鱼塘、海岸线、潮间带、海滩、沙洲、海岸洞穴、奇石、珊瑚礁岩、渔区平原、步道、峡谷、河滩、曲流、峭壁等），建筑景观（渔村传统建筑、寺庙建筑、鱼排景观、渔村风情、盐田景观等）。③产业资源：包括各种传统捕捞、水产养殖和加工工艺等产品和服务（水上游钓体验、观光垂钓养殖渔场、假日鱼市、渔制品观摩与采买等均可作为设计体验活动的资源）。④人文资源：包括渔村乡坊的历史人物、知名人士、特殊技艺的农渔民，有特色的农渔村的群众活动。⑤渔（鱼）文化资源：包括传统渔村建筑资源（渔村古代建筑遗址、古道老街、古宅、古城、古井、古桥、废墟、旧码头等），传统渔业手工艺品（具有地方特色的石雕、木雕、竹编、纺织、服饰、古渔机具及渔民家居用具等渔业艺术品），传统节庆、婚嫁礼仪、民间杂耍及健身

---

①　包特力根白乙，王琛，王天令.休闲渔业内涵界定及其市场特性论析 [J].农业经济与管理，2008（3）：44-50.

活动等渔村民俗活动（如龙舟赛、王船祭、宋江阵、祭祀庙会等），以及各种文化设施与活动（如有特色的农渔牧博物馆、历史遗迹等）。利用自然资源、景观资源、产业资源、人文资源、文化资源等五大类休闲渔业可资利用的资源，针对开放场所型、半开放场所型、封闭场所型、社区和家庭渔乐型等休闲渔业设计和经营方式，开发出娱乐体验、教育体验、遁世体验、美学体验等渔业休闲体验模式。三个模块中 13 类要素的排列组合，可以形成很多种类渔业休闲体验模式（图 2）①。

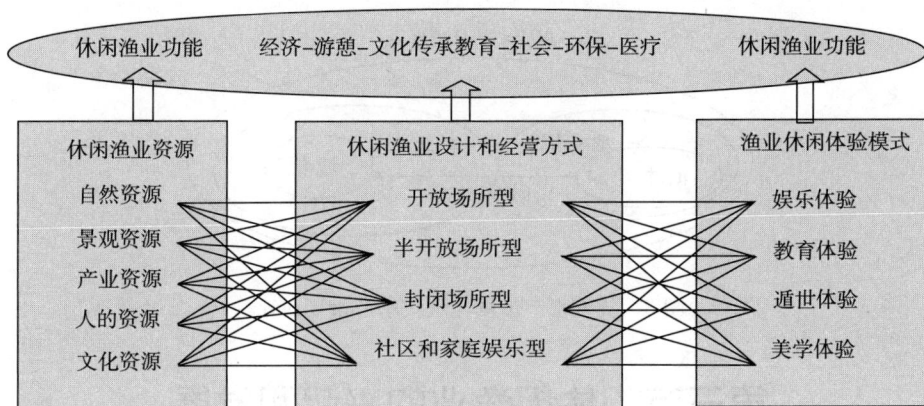

图 2 休闲渔业发展的模式

三、休闲渔业的市场特性

休闲渔业的发展，促使广义的水产品市场（水产品供给和水产品需求及其相互作用所实现的水产品交换关系的总和）发生变化——形成新的"地域市场"并与以往的"广域市场"并存（图 3）。所谓地域市场是指以休闲渔业的兴起为背景而形成的以渔业基地或渔村地区为平台，满足休闲消费者需求的产地市场；而广域市场是指以大都市为核心而形成的全国性的水产品需求市场。为了符合地域市场的需求，渔户经营正在向多样化发展，如流通、制品、渔业休闲、观光、体验学习等诸形态方面的改革。新兴的"地域市场"，不同于原有的"广域市场"。休闲渔业所形成的"地域市场"有如下特征：①交易场所在产地，即渔业基地或渔村；②消费者为特定的人群，其需求具有地域性。既有休闲需求，又有食物需求，并构成生态型市场；③市场价格虽由地域供求动态所决定，但其主导权在于休闲渔业经营者；④休闲渔业经营者和消费者共同负担流通经费，形成"面对面"的关系，其体系既安全又放心；⑤提供的商品形态包括有形的"物"和无形的"服务"或"经营点子"。随着休闲渔业中流通"商品"概念的扩张，渔业基地和渔村地区的产业姿态已超越传统渔业的框架并趋向多样化。因而休闲渔业作为现代渔业、生态渔业的一个分支，在渔区振兴和新渔村建设中扮演着非常重要的角色。

---

① 杨子江. 基于体验经济视角的休闲渔业及其发展模式探讨 [J]. 上海海洋大学学报，2007（5）：470-477.

传统水产市场

现代水产品市场

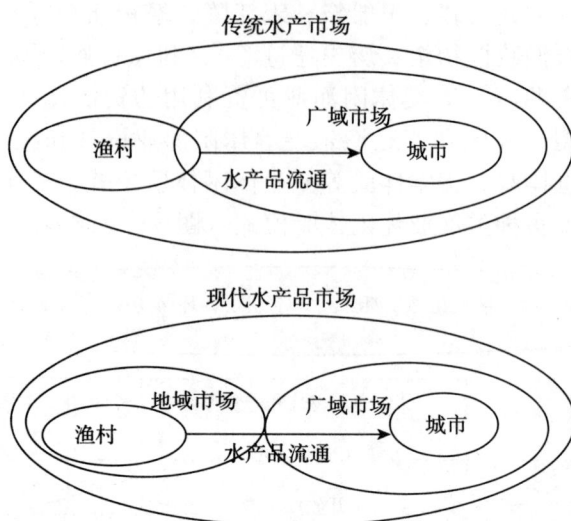

图 3　传统水产市场与现代水产市场对比

第三节　休闲渔业的兴起和发展

随着社会经济发展和人民生活水平提高，人们为释放生活和工作的压力，追求人生乐趣，休闲需求与日俱增，传统的旅游项目已经不能满足旅游市场发展的要求。21 世纪是休闲世纪，休闲将成为人类生活的重要组成部分。休闲渔业可以从娱乐、运动、餐饮、观光、怡情和求知等方面满足人们休闲的需要；同时，休闲渔业作为一种新型渔业发展方式和新型休闲和旅游方式，把旅游、观光、观赏等休闲活动与现代渔业方式有机结合起来，以其独特魅力吸引大量游客，实现第一产业与第三产业的结合配置，开辟新的旅游市场。

一、国际休闲渔业兴起与发展

19 世纪初美国东部大西洋沿岸，休闲渔业已露端倪。20 世纪 60 年代，休闲渔业在拉丁美洲的加勒比海地区诞生。在随后的 20 年里，在社会经济和渔业发达的国家和地区，如日本、美国、加拿大和欧洲以及中国台湾，休闲渔业开始盛行和发达[①]。休闲渔业将渔业与休闲、娱乐、健身逐渐结合起来，并进一步与旅游、观光、餐饮行业有机融合。在这一产业边界融合的过程中，渔业的产业内容更为丰富，渔业的发展空间更加拓展，渔民增收和渔村繁荣的途径更为宽阔。目前，休闲渔业在许多发达国家已成为一项重要的产业。

美国休闲渔业历史悠久，起初以垂钓俱乐部等为主要形式，美国人每年用于休闲渔业的消费约 400 亿美元，休闲渔业的产值是常规渔业的 3 倍以上。据美国内务部鱼类及野生动物管理局（FWS）"2001 年休闲渔业狩猎和野生动物观赏调查"：美国居民参与各种休闲渔业活动的总人数达到 4 430 万人，占美国总人口的 20％ 左右，其中 16 岁及以上的有

---

3 407万人，是美国休闲渔业消费的主体[①]。在美国，每年约有 3 520 万成年（16 岁以上）钓客，在休闲渔业上花费达 378 亿美元；每年休闲渔业消费对全社会的直接和间接经济总效益为 1 084 亿美元，给全国各地提供 120 万个工作机会，创造总计 283 亿美元的总消费，增加 24 亿美元的州政府税收和 31 亿美元的联邦政府税收[②]。

在日本，1993 年从事游钓的人数已经近 3 730 万人，占全国总人口的 30%，而从事游钓导游业的人数达 2.4 万人，其中 90% 是与渔业相关的兼业人员[②]。日本的休闲渔业发展极为迅猛，据农林水产省《2002 年度休闲渔业调查报告》显示，2001 年 1—12 月，日本娱乐渔船上服务人员总计为 14 300 万人，休闲捕鱼者总计为 448.7 万人，总捕获量为 29 300 吨，约为沿岸渔业捕捞量的 2%[①]。

二、中国休闲渔业兴起与发展

我国最早出现"休闲渔业"一词是 20 世纪 80 年代的台湾。我国的休闲渔业始于 20 世纪 90 年代初，广东、福建和浙江先行。目前，休闲渔业在国内蓬勃发展，具有巨大的发展潜力和良好的发展前景，越来越受到社会的关注和高度重视。2000 年农业部做出关于调整渔业产业结构的部署："与渔业发展相适应的第三产业要大力发展，在有条件的地方应积极鼓励、引导发展休闲渔业。"《全国海洋经济发展规划纲要》也提出"要把渔业资源增值与休闲渔业结合起来，积极发展不同类型的休闲渔业"，把发展休闲渔业纳入政府工作要点，并作为渔业产业结构战略性调整的一项重要内容。2004 中国国际休闲渔业大会上，农业部渔业局副局长陈毅德作题为"大力发展休闲观赏渔业，努力开拓渔业新的发展领域"的主题报告[③]。20 世纪 90 年代以来，我国休闲渔业发展也步入快车道。广东东莞、北京怀柔、河北平山和江苏一些市县先后建设上万家以水产养殖场为基础的休闲渔业基地。福建厦门、辽宁大连、山东青岛、天津塘沽等地先后建起以海上游览和海上捕鱼观赏为基础的休闲渔业基地。江苏南京、徐州、扬州、苏州等地以庭院为依托的观赏休闲渔业已粗具规模。浙江舟山、大连长海、四川成都、湖北武汉等地兴办的渔家乐（或称渔家旅店）已成为渔家风情游的龙头。北京、青岛、秦皇岛和北海等地的海鲜馆、渔乐馆、水族馆、海底世界游客如织[②]。

2003 年 9 月 18 日，财政部办公厅和农业部办公厅对《海洋捕捞渔民转产转业专项资金使用管理暂行规定》进行了修订，并印发《关于印发〈海洋捕捞渔民转产转业专项资金使用管理规定〉的通知》（财办农〔2003〕116 号）：第七条　转产转业项目资金主要补助能吸纳一定数量的转产捕捞渔民，有利于改善渔业生态环境，有助于提高渔民就业技能，带动渔区经济发展的不立养殖、水产品加工、水产市场、休闲渔业、转产渔民培训以及利用报废渔船做人工鱼礁等项目建议。

根据《农业部办公厅关于开展休闲渔业示范基地创建工作的通知》（农办渔〔2012〕

① 宁波. 试论渔文化、鱼文化与休闲渔业 [J]. 渔业经济研究，2010 (2)：25-29.

② 杨子江. 基于体验经济视角的休闲渔业及其发展模式探讨 [J]. 上海海洋大学学报，2007 (5)：470-477.

③ 卢飞. 基于满意度的休闲渔业体验研究——以甘水湾休闲渔业民俗村为例 [D]. 青岛：中国海洋大学，2009.

108 号）精神，农业部采取自下而上、逐级推荐、择优申报、专家评审的方式组织开展"全国休闲渔业示范基地"评选。第一批全国休闲渔业示范基地于 2012 年 12 月 3 日公布，有 111 家，有效期至 2016 年 12 月 31 日；第二批全国休闲渔业示范基地于 2013 年 11 月 13 日公布，有 153 家，有效期至 2017 年 12 月 31 日；第三批全国休闲渔业示范基地于 2014 年 12 月 11 日公布，有 133 家，有效期至 2018 年 12 月 31 日；第四批全国休闲渔业示范基地于 2016 年 1 月 22 日公布，有 92 家，有效期至 2019 年 12 月 31 日（表 5）。

表 5　2015 年度全国休闲渔业示范基地名单

序号	地区	基地名称
1	河北省（2家）	河北省涿鹿县丰达水产养殖有限公司
2		河北省阜平县怡心园度假村有限公司
3	内蒙古（1家）	呼伦贝尔市诺干湖农林牧实业开发有限公司
4	吉林（1家）	延边大河渔业有限公司
5	大连市（4家）	大连广鹿岛彩虹滩旅游服务有限公司
6		大连长海林阳水产有限公司
7		大连五虎石海珍品有限公司
8		大连市金州区鹿鸣岛度假村
9	江苏省（9家）	江苏太湖雪堰休闲渔业示范基地
10		神一弛园休闲渔业基地
11		双凤现代渔业产业园区
12		泗阳县盛世桃源休闲渔业示范基地
13		洪泽湖穆墩岛休闲渔业示范基地
14		江苏大丰蓝色旅游开发有限公司
15		江苏登达休闲渔业示范基地
16		南通白鹭湖生态农业发展有限公司
17		南通如皋金岛生态园
18	浙江省（6家）	杭州浦阳江农庄有限公司
19		杭州毛潭江农业开发有限公司
20		上虞市滨海农业开发有限公司
21		开化县何田乡清水鱼协会
22		江山市耕读农业科技有限公司
23		衢州市柯城华军渔家馆

（续）

序号	地区	基地名称
24		鑫光青麓农林生态发展有限公司
25		金寨县响洪甸齐山休闲库钓有限公司
26		马鞍山春盛农业生态园
27	安徽省（7家）	城北湖渔场休闲渔业示范基地
28		安徽省肥东县漫水湾水产养殖有限公司
29		安庆市泊湖渔业有限公司
30		望江县武昌湖休闲渔业示范基地
31		福州罗源湾海洋世界休闲渔业示范基地
32	福建省（4家）	光泽县亿帆农业综合开发有限公司
33		福建云灵山旅游发展有限公司
34		湄洲岛渔村古堡
35		南昌玉明农庄休闲渔业示范基地
36	江西省（4家）	江西省三清古法鱼养殖发展有限公司
37		芦溪县官塘水产专业合作社
38		江西振发农业发展有限公司
39		莱州湾蓝色海洋休闲渔业园区
40		莱州明波休闲渔业示范基地
41		威海华夏城休闲渔业基地
42		威海环翠北海旅游度假区休闲渔业示范基地
43		威海钓鱼台山庄休闲渔业基地
44	山东省（12家）	河口"胶东渔村"休闲渔业示范基地
45		日照阳光休闲海钓示范基地
46		山东轩辕休闲海钓基地
47		日照市欣彗水产育苗有限公司
48		东楮岛休闲渔业示范基地
49		威海长青休闲渔业示范基地
50		荣成靖海湾休闲渔业示范基地
51	青岛市（2家）	青岛南芦湾生态度假园
52		青岛西海岸海洋牧场
53	河南省（2家）	栾川高山渔村休闲度假有限公司
54		南阳市卧龙区龙王沟水库休闲渔业基地

（续）

序号	地区	基地名称
55	湖北省（6家）	湖北龙王恨渔具集团休闲渔业示范基地
56		湖北金卉庄园现代都市农业观光示范园
57		潜江市楚潜村韵家庭农场有限公司
58		湖北鄂人谷生态旅游度假村
59		湖北保康县寺坪南河渔业农民专业合作社
60		湖北丹江口国际路亚垂钓基地
61	湖南省（4家）	桃江县宁洋农业综合开发有限公司（洋泉湾水产养殖基地）
62		湖南省湘台现代农业科技有限公司
63		湖南省湘阴县鹤龙湖农庄
64		益阳市泊湖岭绿色农林有限公司
65	广东省（4家）	广东珠海一棵树休闲农庄有限公司
66		中山市现代渔业博览园管理有限公司
67		江门市明润休闲渔业船舶管理有限公司
68		阳江市海陵岛海乐旅游有限公司
69	广西（1家）	钦州市银湖休闲山庄
70	重庆市（3家）	龙虎休闲度假村
71		西彭三鼎华乡休闲渔业基地
72		潼南县浩然居田圆山庄休闲度假村
73	云南省（5家）	楚雄市九龙甸山庄
74		西盟富民农业科技开发有限公司
75		个旧市大屯镇众兴休闲农庄
76		个旧市鸡街镇莲花缘餐厅
77		云南凤庆县平润养殖专业合作社休闲渔业示范基地
78	贵州省（1家）	贵州海龙生态农业科技有限公司
79	陕西省（1家）	陕西宝深眉县逸乐生态农业发展有限公司
80	甘肃省（4家）	甘肃森洋农牧生态产业有限责任公司
81		甘肃泾川县金龙渔业园
82		甘肃白银渔水人家养殖农民专业合作社
83		磨嘴子神泉山庄
84	青海（3家）	互助县玉伟冷水鱼养殖农民专业合作社
85		互助县军军水产综合养殖农民专业合作社
86		大通县植物园鱼乐苑

（续）

序号	地区	基地名称
87		宁夏广勤养殖实业有限公司
88	宁夏（3家）	青铜峡市清逸园水产养殖专业合作社
89		中宁县天元文化产业发展有限公司
90	新疆维吾尔自治区（1家）	新疆呼图壁县杨寿良渔业养殖农民专业合作社
91	新疆生产建设兵团（2家）	石河子市旺江特种水产养殖公司
92		阿克苏湘农休闲度假山庄

三、中国休闲渔业发展的意义

休闲渔业的兴起和发展不仅能够促进传统渔业的改造，丰富现代渔业的内涵，而且具有拓展渔业非生产性功能和提供休闲享受的重要功能。休闲渔业作为生产、生活和生态保护"三位一体"的可持续发展产业，其发展动因具有积极的经济、社会和生态意义。

1. 经济意义

（1）有利于渔业产业转型　近十年来，全国渔业三产业结构，传统渔业（捕捞和养殖）、渔业工业和建筑业、渔业流通和服务业的产值比重得到很大的改善。休闲渔业起步容易、投入少、见效快，能带动第三产业的壮大。当前和今后一个时期我国渔业经济发展面临着资源与市场的双重约束，面临着发展经济与保护环境的双重任务，面临着国内市场与国际市场的双重挑战，面临着确保渔民收入增加与确保水产品安全有效供给的双重目标。渔业结构调整是突破约束、迎接挑战、完成任务、实现目标的重要战略措施，而发展休闲渔业是渔业结构调整优化的重要手段[①]。香港水产学会副主席梁荣峰认为，休闲渔业通过对渔业资源、环境资源、人力资源的优化配置和合理利用，把现代渔业和休闲旅游观光及海洋知识的传授有机结合起来，能实现一、二、三产业的相互结合和转移，从而创造出更大经济效益和社会效益[②]。

（2）有利于对资源的充分利用　发展休闲渔业可以在空间和时间上有效地利用资源。渔区往往有着秀丽的江河湖库或漫长的黄金海岸和众多的海洋奇观，是潜在的旅游资源。随着近年旅游市场的开发，沿岸沿海渔村已经成为城镇居民向往的游息之地。由于多坐落于依山临水之处，传统渔区大多数仍保留着原始的自然风光和渔文化，最有条件发展旅游业；传统渔场的缩小和伏季休渔导致渔民闲暇时间增多以及渔船渔具的闲置，发展休闲渔业是充分利用水圈旅游资源和渔村资源的长效渠道。

（3）有利于渔民增收、渔业增效　近年来，"渔民增收、渔业增效"作为战略目标，同渔业可持续发展一起摆在全国渔业工作之核心。前些年，尽管渔区经济持续增长，但是由于受资源环境约束、产品价格约束、税费负担约束和投入风险约束，渔业相对效益下降，渔民增产不增收，甚至出现增产减收现象，渔民收入增长至今呈徘徊趋势。发展休闲

① 杨子江. 基于体验经济视角的休闲渔业及其发展模式探讨 [J]. 上海海洋大学学报，2007（5）：470-477.

② 宁波. 试论渔文化、鱼文化与休闲渔业 [J]. 渔业经济研究，2010（2）：25-29.

渔业是渔民增收、渔业增效的战略措施。

2. 社会意义

（1）有利于渔民安置工程　2002 年以来，政府开始在沿海各省（区、直辖市）组织实施渔民减船转产工程，渔民安置工程成为当前渔业工作的重中之重。休闲渔业形态多样、内容丰富，与之相关产业众多，并且多为劳动密集型产业，可以为渔民提供广阔的就业空间，缓解渔区生产、生活中的一些矛盾，确保社会经济稳定，为和谐社会的构建创造条件。

（2）有利于新渔村建设　休闲渔业作为现代渔业和休闲、旅游、观光、渔文化传承和海洋知识传授的有机结合体，也作为第一产业、第二产业和第三产业的相向延伸和转移体，其发展必将带动和促进诸如交通、通讯、旅游、餐饮等行业的发展。休闲渔业项目的开发需要为游客提供方便、舒适的休闲环境和多样化、个性化的服务。为吸引游客，渔村环境整治和家庭建设等必须有大改进。道路的开通、卫生条件的改善以及环境的美化都是新渔村建设的基础。

（3）有利于提高国民的生活品质　近年来，由于经济快速增长，在国民收入增加的同时，国民生活形态逐渐发生变化。人们生活在紧张与忙碌中，每天承受不小的压力。因此，在现代紧凑而忙碌的生活中适当休息并提升生活品质成为必需。休闲渔业可以提供逃离一成不变的生活轨迹，去寻求短暂的松弛和休息的绿洲。休闲渔业以旖旎的自然风光、生动的人文景观、良好的休息环境，将纾解人们承受都市生活和工作的过多压力，亦能提高人们的文化素养，陶冶情操，增强身体素质，进而满足人们的享受需要和发展需要，优化服务消费结构。

（4）有利于城乡交流　多年来，城市与农村一直保持着"二元"经济结构，发展的割裂，城乡无法形成互补。由于"工业反哺农业"的战略构想，工业产业链延伸到农村或渔村以后，城乡形成互动发展态势。休闲渔业作为连接城市和渔村的新的交流场所，提供精神性、文化性交流融合的机会。渔民通过经营休闲渔业项目可以将渔业社会发展史、渔业变迁、渔业文化底蕴等元素注入休闲产品和服务中。同时，也有利于渔民接受现代都市文明，转变观念，增强对市场的认识和竞争意识，有利于培养有文化、懂技术、会经营的新型渔民，提高渔民的整体素质。通过城乡交流，不仅产业多样化，地区变得更加活跃，并形成了人和人的交流、人和自然的接触、物和信息文化的交流。

3. 生态意义

休闲渔业是把渔业资源、渔村设备与空间、渔法渔具、渔业产品等与当地的渔业自然环境及渔村人文资源等结合起来，提供给人们体验渔业，并达到休闲游憩的功能[①]。休闲渔业的发展有利于渔业资源的合理开发、利用和保护。由于共有水域中的渔业资源产权性质很模糊，因而掠夺性捕捞难以抑制，使渔业资源迅速衰竭、恶化。发展休闲渔业是控制渔业资源盲目捕捞，降低渔业捕捞强度的积极措施之一。通过发展休闲渔业项目，可以使部分传统渔民减船转业，分流到休闲渔业之中。把一些报废拆解渔船经过去污、灌注后改建为近岸人工鱼礁或增设必需的安全、娱乐设施改造成休闲游钓渔船，既有利于开发新的旅游资源，更有利于减轻近海和江湖捕捞强度，增殖水生生物资源，保护渔业生态环境[②]。

---

① 刘悦. 渔文化内涵变迁及其价值研究［D］. 青岛：中国海洋大学，2014.

② 包特力根白乙，王琛，王天令. 休闲渔业内涵界定及其市场特性论析［J］. 农业经济与管理，2008（3）：44-50.

第四节 休闲养生理念与休闲渔业

进入新时代，随着人民收入水平的提高，消费结构从生存型向发展型，再向享受型转变，服务性消费占比大幅度提高，消费升级成为新时代的特点。人民群众对休闲提出新的要求，更加关注休闲养生需要，休闲渔业迎来发展的大好时机。休息垂钓、旅游欣赏、水产美食成为休闲渔业消费的重点。

一、消费升级理论

人的需要具有无限发展性、层次性和社会性，需要层次决定消费层次性，人需要的提升推动消费内容的升级。现代社会中，需要的不同层次并存，但是，在特定的经济社会条件下，某种需要的主导性会更加突出，这种主导性需要的变迁对应的正是消费结构变迁。从消费手段和形式维度来看，消费升级意味更好的消费体验，即更高的消费品质。比如，现在的食品消费要比以往都更加讲求营养和健康，更加注重色香味；现在的住房要比以往更加强调安全性、舒适性。总之，衣食住行的基本消费需求仍然存在，但是满足需求的具体形式已发生重要改变，这种改变主要是基于技术含量和文化含量的改变。因此，消费升级至少存在两个维度：其一是消费内容的升级，即大多数研究所强调的消费结构升级；其二是消费品质的升级。两个维度之间存在重要的联系，消费品质提升往往以消费内容升级的实现为前提。

消费升级具有不同的维度，并且不同维度的影响因素也存在差异，但是背后的理论逻辑却是相同的，即本质上，消费升级是供给和消费需求之间的均衡。影响消费升级的因素包括需求端因素和供给端因素两个方面。

（1）影响消费升级的需求因素 消费升级必须基于客观存在的消费需求，本质上这种需求由人的需要决定。人的需要具有层次性，主导层次的变迁成为消费升级的基础，同时，人的需要，具有无限发展性，对于消费升级来说，只要有人的需要，就会成为消费需求，才具有现实意义。"需要"和"需求"的区别在于，需求是有购买力支撑的需要，收入决定消费升级。现实社会中，消费者又具有异质性，在年龄、消费观念、收入水平、社会属性等方面都存在较大差别，直接导致个体消费需求的不同。因此，不同群体的消费者，他们的消费升级表现也不同。一般而言，在以中等收入阶层为主的经济和以低收入阶层为主的经济中，由于主导性消费需求不同，消费升级路径与特征也不同（图4）。

（2）影响消费升级的供给因素 只有供给与需求相匹配才能实现消费升级，如果供给难以跟上需求，则消费升级也难以实现。因此，供给因素对消费升级产生重要影响。从经典生产函数来看，广义生产要素包括劳动力、资本、技术和制度，这些要素的组合形成生产力，最终生产消费品。比如，在向服务消费演进的过程中，作为劳动力的服务供给者显得非常重要，而在整个人类社会消费升级的过程中，技术起到重要作用，工业革命和信息革命推动的供给发展已经不仅仅是单纯地被动满足需求，在某种程度上，还创造消费需求。

（3）消费升级的路径 不同群体在消费内容和消费品质两个维度下的升级存在差别。

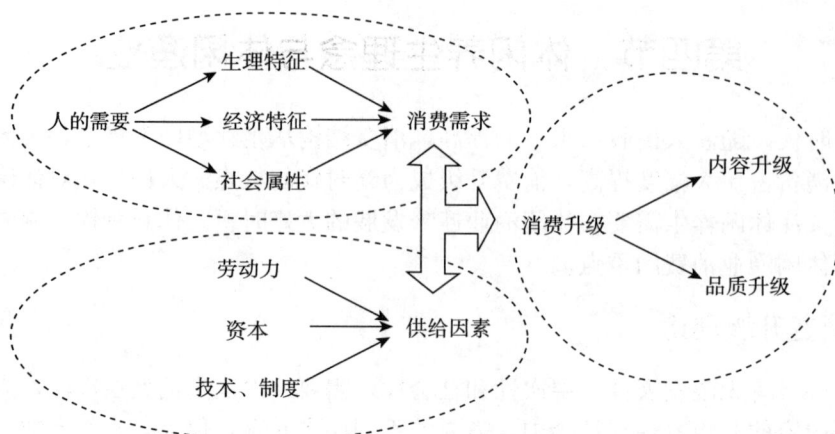

图 4　消费升级的逻辑框架

一般来说，高收入群体处于消费结构高端，他们将成为整个社会消费升级的引领者，而群体规模最大的收入阶层将决定消费升级的整体路径。除了收入分层外，其他因素亦将对消费升级的路径产生重要影响（图 5）。例如，在英国，贵族文化根深蒂固，贵族消费能够引领其他群体的消费；在美国，由于特殊历史原因，明星等对消费升级的引领作用更为强烈①。

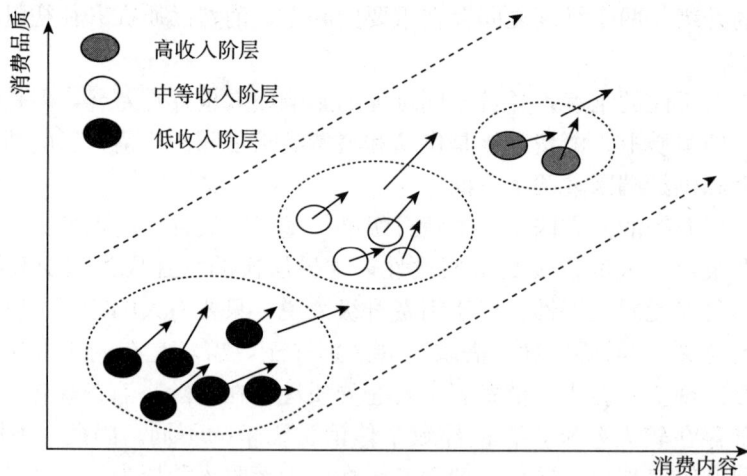

图 5　消费升级的路径

二、消费升级与休闲渔业

在新时代，伴随人民群众生活水平的提高，人们的消费也开始发生升级。对于传统渔业消费的升级，就是发展休闲渔业。

其一，休闲渔业具有多方面的比较优势，为休闲渔业的消费升级奠定扎实的产业基础。与传统渔业相比，休闲渔业具有以下优势。①功能优势：传统渔业功能较为单一，主

---

① 黄卫挺. 居民消费升级的理论与现实研究［J］. 科学发展，2018（3）：43-52.

要为渔业生产和工业原材料供给等方面。休闲渔业则拥有包括观光、休闲、教育、体验、度假、娱乐、康体等在内的诸多功能。②科技优势：传统渔业大多依靠个人生产经验，而休闲渔业经营者要生产出高附加值的名优特新产品，就必须以现代高新科技为支撑。③效益优势：传统渔业具有天然的弱质性，且风险度很高，近年来经济效益随着生产成本的提高，而有所下降。休闲渔业可大幅提升渔业经济效益附加值，其所产生的经济效益、社会效益、生态效益和文化效益共生机制，为传统渔业无法比拟。④产业链优势：传统渔业产业关联度相对较低，而休闲渔业则依靠市场经济形成的超强产业集群能力，把第一、二、三产业紧密联系起来，带动餐饮、住宿、交通物流、水产品深加工、文化展演、导游服务、旅游产品生产和销售、教育培训、艺术创意、规划设计等行业协同发展，构成农、旅、工、科、贸、教一体化产业集群发展态势。因此，对休闲渔业的消费升级无疑可提供众多机会。

与传统旅游业相比，休闲渔业具有以下比较优势。①休闲渔业更符合现代人的旅游休闲本意。人是大自然的一部分，对自然有一种天然的亲近感，每个人的内心深处都有回归自然的本性，尤其是长期生活在城市的人，在物质生活条件达到一定水平之后，这种被长期压抑亲近自然的本性需求喷泻而出，这也是休闲渔业越来越受到城镇居民青睐的原因之一。以往都是旅长游短，走马观花，跟团远途旅游，"上车睡觉，下车拍照，回去什么也不知道"。休闲渔业可为人们提供一种自主性强、可深度参与、享受慢游的体验之旅，更符合现代人的旅游休闲本意。②休闲渔业更能同时满足人的多层次需求。在休闲渔业园区，生理、安全、爱的归属、尊重以及自我实现的需求，均可从中获得满足。③更有利于提升旅游满意度。由于距离较近，休闲渔业园区大多分布在距离中心城市1～2小时车程之内，非常适合都市人利用周末或短假期进行1～2日游，不用长途跋涉，不会出现类似7天长假中的集中出游人满为患的情况。对老人和小孩而言，其体力精力都可以承受，大幅提高旅游质量。另外身临其境的慢游，可以使游人在旅游过程中充分调动个人的知识、阅历和经验，体会更细腻深刻，感知更独特丰富，回忆更难以磨灭，旅游效果更好。此外，休闲渔业普适度高，大众化，平民化，不同职业、年龄、收入水平的消费者都能找到适合自己且能消费得起的休闲项目。

其二，休闲渔业价值属性的产品组合有利于消费升级的实现。休闲渔业的产品组合是有形价值与无形价值的融合统一。首先，休闲渔业的基础是渔业，其产品组合中有形价值除了传统的水产品实物产品外，更重要的还在于科技成果推广应用基础上生产出来的绿色有机、安全环保、新奇特优的中高端水产品，其价值远超普通水产品，高、中、低多层次的产品组合结构，可满足现代消费人群多元化需求，其带动消费的能力更强。其次，休闲渔业产品组合中的无形价值被越来越多地挖掘和利用，进而成为消费升级源源不断的源泉。水产生产的自然环境与生产过程的展示与体验参与、渔文化的展演与朴实智慧的熏陶、丰富多彩的民风民俗等，都构成休闲渔业消费升级的无形价值基础，也是休闲渔业独具特色的魅力所在。双重价值的产品组合，为休闲渔业的消费升级奠定扎实的产业基础。

其三，休闲渔业异彩纷呈的发展模式有利于消费升级的实现。现代社会消费个性化与多元化趋势越来越凸显，而休闲渔业多元化发展模式可满足消费者的该种需求变化，提供消费升级空间。由于受地理区位、经营主体、产业结构、功能需要等多方面的影响，休闲渔业按不同的划分标准和类型，地理区位可以划分为城市郊区型、景区周边型、风情村寨型、基地带动型和资源带动型五种类型；按照经营主体可分为"市场＋农户""基地＋农户""公司（龙头企业）＋农户""协会（合作社）＋农户""中介＋农户"五种模式。异彩纷呈的发展模式，为休闲渔业的消费升级奠定扎实的产业基础。①

三、休闲渔业中的休闲养生理念

人们对于休闲渔业的养生需要，主要集中在休息垂钓、旅游欣赏、水产美食等方面。

1. 垂钓与健身

垂钓是指使用钓竿、渔线、漂、坠子、钓钩等工具，在江、河、湖、海、小溪及水库等，利用鱼饵使鱼入口获取鱼类的方法。垂钓在我国有着悠久的历史，可以追溯到 7 000 年前的新石器时代。据浙江余姚河姆渡的出土文物"骨刺鱼钩"证明，那时就有垂钓活动，与以网捕鱼同为人类求食的手段。很多古籍如《战国策》《吕氏春秋》《史记》《水经注》等都有记载。相传越国大夫范蠡曾在宁波市东钱湖的陶公山上隐居，最喜欢垂钓，他钓来的鱼进行饲养，后来根据自己养鱼经验写成我国最早的乃至世界最早的养鱼著作《养鱼经》。汉代，余姚严子陵隐居在富春江上以垂钓取乐。我国诗人留下了众多描写垂钓的诗篇，如唐代柳宗元的《江雪》，情景交融，脍炙人口，成为千古绝唱。宋代王安石的《钓鱼》抒发安邦、救国的抱负，把钓鱼活动升华到陶冶情操、修身养性的高度。这里不难看出垂钓是人类求食、发展养殖业、娱乐、休闲的重要活动。

进入近现代，垂钓成为人们在闲暇之余的一种休闲、娱乐、健身活动。随着人民生活水平的提高，闲暇时间的不断增多，垂钓这种陶冶情操、有益于身心健康的活动，越来越受到人们的喜爱。1983 年 9 月，国家体育运动委员会在江苏无锡成立全国钓鱼协会，同时举行首届个人钓鱼邀请赛，从此钓鱼在全国飞速发展。据不完全统计，全国的钓鱼爱好者已达 9 000 万人之多。在 20 世纪 50 年代，钓鱼已被列为国际体育比赛项目，在日本、荷兰、法国、瑞典等国家十分盛行。钓鱼是一项高雅、有趣、陶冶性情、有益于身心健康的运动，且以它特有的趣味性，吸引着广大钓鱼爱好者，并伴随着人们生活质量的提高和休闲时间的增加，世界各国呈现出钓鱼热，且将越来越高涨。钓鱼就其现状和未来发展而言，已成为一项集越野登山、探险、采集之大成的旅游行业的综合运动。

从古到今垂钓具有休闲、娱乐、健身、修身养性、陶冶情操的意义。垂钓可直接影响中老年人的生理健康。垂钓的整个过程对人的运动系统有积极影响。垂钓分为准备钓具、寻找垂钓场所和垂钓三个环节。每一个环节都需要动手、动脚、动脑。垂钓对中老年人的生理健康有很大的促进作用，其主要表现为：①有助于防治骨质疏松，防止肌肉萎缩。经常参加体育运动可以使骨直径增粗、骨密度增加，改善骨组织的相对构成，从而防治骨质疏松，预防骨折发生。经常运动可使肌纤维增粗，增强肌肉组织的代谢能力，从而防止肌肉萎缩。②有助于减缓内脏器官的老化过程。③促进新陈代谢，提高抗疲劳、抗衰老的能力。④增强体质，预防疾病，保持充沛精力。

---

① 王丽丽，李建民. 休闲农业消费升级的基础与对策研究［J］. 河北学刊，2015（6）：154-158.

　　垂钓可促进心理健康发展。现代医学的研究证明，种种不良情绪和心理活动，例如忧虑、颓废、感情过于激动等，对神经、心血管系统都可产生明显的不良影响，如心跳加快、血管痉挛、食欲下降、睡眠不安、头痛头昏等，其结果不仅影响身体健康，而且会加重一些老年性疾病（高血压、冠心病等）。中老年人经常会产生暴躁易怒、恐惧紧张、焦虑消沉等情绪，垂钓运动具有休闲、娱乐、健身、修身养性、陶冶情操等功效，促进心理健康发展。垂钓时可以达到忘我的境界，特别是鱼上钩的一刹那，可让人感到特别兴奋，忘掉一切烦恼；垂钓是一种较好的交际手段，与垂钓朋友进行友好交流与沟通。总之，垂钓能使中老年人的生活变得丰富多彩，有逸有劳，精神饱满，心情充实，解除孤独与苦闷，心情愉悦[①]。

2. 观赏与静心

　　我国的金鱼养殖历史悠久，已经逐渐形成观赏金鱼文化，并丰富了世界观赏鱼文化，为人类的文明进步做出了重要贡献[②]。世界观赏鱼可以分为金鱼、锦鲤、热带鱼、其他淡水性观赏鱼和海洋性观赏鱼五大类。目前开展贸易的主要是前三类。

　　金鱼是我国的特产，起源于我国普通的野生鲫鱼，是一种由银白色变成红黄色的金鲫鱼，再经过不同时期的家养，逐渐演变成花色多样的金鱼。世界观赏鱼的饲养起源之一是中国的金鱼，美称"水中牡丹""金鳞仙子"，丰姿绰约，艳丽夺人，深受世界各国人民的喜爱。金鱼品种很多，总括起来有草金、文金、龙金和蛋金四大类。各自代表的品种有金卿、草金鱼等；五彩文鱼、鹤顶红、高头、珍珠鱼等；龙睛、珍珠龙睛等；水泡眼、丹凤、狮头等。锦鲤是红色鲤的变异杂交品种，最早出现在 300 多年前的日本，是风靡世界的一种大型高贵观赏鱼，以体色差异而闻名，有红、白、金、黑、蓝等颜色，在庭院水池中最具装饰价值。锦鲤一般不吃静止的食物，以小虫（鱼虫）、小虾及昆虫为食，食量较大，个体可长到 1~2 千克，但遗传稳定性较差，精品不多。我国自 20 世纪 70 年代引进，目前在北京、上海等地有一定的生产养殖规模。热带观赏鱼是指生存于表层水温在 20℃以上水域内的观赏鱼，有淡、海水之分。除我国云南、广东、台湾有几例外，主要分布在世界热带和亚热带广泛的区域，体态形状大致分为文静类、活跃类和好斗类三类。我国的热带鱼生产养殖只是近几十年的事，主要品种从国外引入。现在观赏鱼又有新的范畴，将观赏种类扩充为观赏水生动植物，包括龟类、螺类及海藻类等[③]。

　　作为宠物的观赏鱼体现了人与自然的和谐。观赏鱼身姿奇异，色彩绚丽，美化生活，是一种天然的活的艺术品，历来为人们所喜爱和饲养。经济的发展，必然带来精神文化的发展。人类从艺术高度和文化深度发展形成了观赏鱼文化，以满足人们的精神享受。观赏鱼文化是人类在长期的历史过程中所创造的又一类物质和精神财富，影响着全世界的社会风尚、民族风俗、审美观念、文化艺术、价值取向等。观赏鱼具有以下文化价值：

　　（1）养性怡情，陶冶情操　养观赏鱼是闲暇时间的业余爱好，需要心静而有耐性，能

　　① 田恒，刘双和 . 关于中老年人垂钓与健康的研究 [J]. 湖北体育科技，2003（1）：97-98，101.

　　② 赵蕾，刘红梅，扬子江 . 基于渔文化视角的休闲渔业发展初探 [J]. 中国海洋大学学报（社会科学版），2014（1）：45-49.

　　③ 汪学杰，杨远志，于国浩 . 观赏水族 [J]. 森林与人类，2012（5）：34-35.

起到锻炼人的意志，修身养性的作用。观赏鱼饲养是项文明事业，适合大都市的特点。工余之暇饲养观赏鱼可把人们带入宁静、祥和的遐思之中，增添情趣，松弛神经，消除疲劳，有如神游天地之间，领悟大自然隽永之美，获得独特的艺术享受。若有亲友来访，谈及金鱼，常会津津乐道，功名利禄和世俗烦恼早就烟消云散，消除了疲劳，也陶冶了情操，激活生命力，提高工作效率。

（2）美化居室，贴近自然　在家庭窗前案头饲养置放观赏鱼，似房中有座袖珍花园，那感受如同置身于大自然一般。鱼虽无言，却是鲜活的生命，鱼的形态美、运动美，使居室生辉，环境更富魅力，可点缀居室，增添自然景色，让人们充分领略大自然的美，美化环境，丰富生活。而通过喂养、赏玩等一系列的活动，又可以享受似通人情的小生灵所给予的无穷乐趣。

（3）普及科学，促进科研　人类在饲养观赏鱼时掌握了不少有关鱼类的科学知识，提高了人们保护环境的意识，在保护和拯救濒危水族品种等方面，具有重要的作用。比如，日本定期出版有影响的观赏鱼杂志，每期要介绍市面出售和海洋中拍摄到的珍奇品种，开展观赏鱼展示活动，促进民间观赏鱼品种的研究及普及与指导。观赏鱼事业还促进了观赏鱼科学研究。例如，我国以童第周为首的科学家开展分子水平观赏鱼育种的研究，曾达到世界领先水平。观赏鱼水族箱和水族馆水质环境的自动清污研究、观赏鱼生态生理研究、养殖技术研究、生态化养殖研究等，也是一些值得关注的课题。同时，观赏鱼本身还为某些科学研究提供实验动物[①]。

（4）饮食与滋补　民以食为天，尝鱼鲜、吃渔家饭是渔文化中的美食文化在休闲渔业中的重要体现。海洋或淡水中的各类鱼虾贝蟹以及海参鲍鱼等水产海鲜，以其鲜美的口味、丰富的营养、独特的烹调技法，广受人们的青睐。有地方特色的渔文化饮食已成为一些沿海渔区渔村旅游观光中的一大亮点，当地政府除了推出将渔文化与美食佳肴融合而成、独具特色的美食文化节，例如舟山的海鲜美食文化节、阳澄湖的蟹文化节、盱眙的龙虾节、青岛红岛的蛤蜊节等，还将餐馆打造成围绕各种鱼主题的渔文化主题餐厅，或利用渔村农舍打造渔家特色宴，让游客在旅游观光的同时能够品尝到纯正地道的渔家饭和时令海鲜，挖掘和弘扬浓郁的地方饮食文化，进一步推动地方旅游业和餐饮业的发展[②]。

水产品营养价值的决定因素有蛋白质、脂肪、无机盐及维生素等，其中最主要的是作为生命存在形式的蛋白质。组成蛋白质的氨基酸、维生素、矿物质和亚油酸等计有40种营养素，若干个链连接在一起，美国前生化学会会长威廉赓士称其为"生命锁链"，它们相互协调、制约，缺少其一都将降低效用，以致影响人体健康。若要提供最完全"生命锁链"的食品、最理想而简单的方法就是吃鱼，也要多吃蔬菜[③]。

人体每天所必需的蛋白质，主要从动植物中获得。表6列举了几种主要食物的蛋白质含量[④]。显而易见，各类食物比较，水产品肌肉除去水分的干物中，蛋白质高达80%～90%。

---

① 朱伟伟，陈蓝苏．观赏鱼文化及对现代渔业经济的影响［J］．现代农业，2007（7）：64-65.

② 赵蕾，刘红梅，扬子江．基于渔文化视角的休闲渔业发展初探［J］．中国海洋大学学报（社会科学版），2014（1）：45-49.

③④郑福麟．关于水产品的营养与生理功能的探讨［J］．渔业信息与战略，1994（6）：16-19.

蛋白质生物价值取决于 8 种必需氨基酸的含量与完备程度，由表 7 看出，水产品又优于其他食物[①]。

表 6　几种主要食物的必需氨基酸含量

项目	赖氨酸	缬氨酸	亮氨酸	异亮氨酸	苏氨酸	苯丙氨酸	色氨酸	蛋氨酸
鱼类	9.9～11.8	5.6～7.3	7.4～9.4	5.0～7.4	5.2～6.0	3.4～5.2	1.1～1.4	3.1～3.7
对虾	9.9	4.4	5.6	3.8	4.1	4.4	1.0	2.5
兰蟹	8.9	5.0	9.0	4.7	5.2	4.8	1.6	3.0
牛肉	8.7	5.2	7.8	5.0	4.5	3.8	1.0	2.7
蛋	7.2	7.3	9.2	8.0	4.9	6.3	1.5	4.1
牛奶	8.1	—	11.8	6.6	4.8	4.6	1.4	2.2
大米	3.7	7.1	8.0	4.8	3.9	4.4	1.3	3.3
面粉	1.8	4.7	7.6	4.6	2.6	5.4	1.1	1.9
人体必需量	1.6	1.6	2.2	1.4	1.0	2.2	0.5	2.2

注：①表中食物的氨基酸含量为每 100g 蛋白质中的含量（g）；②人体必需量指体重约 70kg 人每天所需的氨基酸含量（g）。

表 7　主要水产经济动物的必需氨基酸含量（毫克/千克）[①]

名 称		粗蛋白（%）	必需氨基酸占氨基酸总量（%）	异亮氨酸	亮氨酸	赖氨酸	蛋氨酸	苯丙氨酸	苏氨酸	色氨酸	缬氨酸
贝类与棘皮动物	牡蛎	5.4	34.1	2 140	3 580	3 670	14 800	2 130	2 270	550	2 620
	杂色蛤	15.6	51.6	7 100	11 900	12 600	42 000	6 100	7 600	2 200	7 600
	鱿鱼	13.0	42.3	5 960	10 400	9 410	2 460	5 190	4 980	—	5 470
虾蟹类	中国对虾	18.3	47.8	8 040	14 500	14 850	4 220	7 100	7 620	1 680	9 250
	中华绒螯蟹	16.7	42.9	6 900	12 880	11 730	3 010	4 180	7 190	2 220	6 540
鱼类	青鱼	21.2	44.8	8 720	16 760	16 130	5 380	8 230	8 590	3 110	9 770
	鲢	19.6	47.7	6 100	16 500	19 300	5 600	8 500	8 800	1 630	1 050
	鲤	18.6	45.3	7 860	14 340	16 680	6 670	6 100	7 560	2 400	8 730
	鲫	21.5	47.3	8 200	16 590	19 630	6 210	10 610	8 910	2 900	10 130
	大黄鱼	16.6	46.8	7 360	12 220	13 710	4 460	5 920	7 450	2 090	8 090
	带鱼	18.2	48.1	7 870	14 440	16 870	5 600	8 200	8 730	1 740	8 720

---

①　刘焕亮. 我国主要水产品营养成分的研究［J］. 科学养鱼，2000（7）：11-12.

（续）

名	称	粗蛋白（%）	必需氨基酸占氨基酸总量（%）	异亮氨酸	亮氨酸	赖氨酸	蛋氨酸	苯丙氨酸	苏氨酸	色氨酸	缬氨酸
爬行类	中华鳖	18.3	49.0	9 470	16 040	13 960	6 860	9 440	8 180	—	9 320
畜禽	鸡蛋	12.7	41.7	5 430	9 260	7 140	3 200	5 940	4 290	1 740	6 040
	鸡肉	18.5	41.2	7 020	11 000	13 120	4 640	8 370	6 430	1 720	7 280
	牛肉	18.7	47.3	7 940	14 790	16 030	5 530	9 170	8 230	1 150	8 930
	羊肉	18.2	42.7	7 160	12 900	12 730	3 720	7 830	6 950	1 710	8 240
	猪肉	17.8	42.6	8 400	14 700	15 750	3 760	7 140	7 060	1 860	7 960

总之，水产品在防止脑血栓、心肌梗死、老年性骨折、缺钙症、癌症、胃部疾病等疾病，促进美容和滋阴清热等方面有着特殊疗效[①]。

渔文化是人类在长期的渔业生产实践活动中，创造并传承至今的物质与精神成果的总和。中国渔文化起源于旧石器时代，从原始社会到现代社会，人们从捕鱼、养鱼、吃鱼发展到赏鱼、写鱼、说鱼、唱鱼，逐渐形成了古老绚丽、丰富多彩的渔文化。中国渔业生产历史悠久，各地自然与人文环境差异巨大，形成地域和民族特色鲜明和兼收并蓄的渔文化。在新的历史时期，伴随现代科技和市场经济的发展，渔文化内涵更加丰富，功能更加多样化，不仅为当地居民提供丰富的食物来源和良好的生活环境，还具有生活休闲、旅游度假、景观文化等众多价值和功能。

经过长期历史积淀，在科学技术日新月异和市场经济迅猛发展的今天，中国传统渔文化为发展休闲渔业奠定了深厚的历史文化基础，提供了重要内容和发展思路。休闲渔业作为一种有别于养殖、捕捞、加工等传统渔业生产形式的新型渔业经营形式，为弘扬传统渔文化提供了新的契机。休闲渔业通过利用水域资源、渔业设施、渔村村舍、生产器具和水产品等，结合当地传统文化、历史背景和渔风渔俗，设计相关的休闲活动和空间来满足大众体验渔业的需求，实现了休闲娱乐的目的。悠久的历史景观、优美的自然风光和传统的民俗文化是休闲渔业发展的重要资源，休闲渔业拓展了渔文化的经济价值功能，与渔文化相结合的休闲渔业还能为渔业创造文化附加值，突出休闲渔业"渔"的特色，将传统渔文化融入现代服务经济中已成为发展休闲渔业的新亮点[②]。

在新时代，伴随人民生活水平的提高，人们的消费也开始升级。对于传统渔业消费的升级，就是发展休闲渔业。进入新时代，随着人民收入水平的提高，消费结构从生存型向发展型，再向享受型转变，服务性消费占比大幅度提高。消费升级成为新时代的特点，人们对休闲提出新的要求，人们更加关注休闲养生需要，休闲渔业迎来发展的大好时机。休息垂钓、旅游欣赏、水产美食已成为人们休闲渔业消费的重点。

---

① 郑福麟. 关于水产品的营养与生理功能的探讨［J］. 渔业信息与战略，1994（6）：16-19.
② 赵蕾，刘红梅，扬子江. 基于渔文化视角的休闲渔业发展初探［J］. 中国海洋大学学报（社会科学版），2014（1）：45-49.

第十章
休闲渔业产业与中国渔文化

///

在长期渔业生产实践中创造的璀璨中华渔文化,以其雄厚的物质基础作为舞台,导演出了灿烂的历史篇章。在新的历史时期,渔文化又以文化形态为渔业发展注入了生机与活力。我国各地在休闲渔业实践与发展过程中,探索出一条渔文化与休闲渔业有机融合,推动现代渔业转型发展的可行路径,对于美丽渔村建设和渔村振兴起到了至关重要的作用。

第一节　渔文化是休闲渔业的灵魂

文化上的归属感能给人以精神上的慰藉,只有具有文化内涵的景观和休闲活动才拥有真正的生命力。与传统渔业不同,休闲渔业的主体是游客而不是渔民,对于游客而言,最为重要的就是旅游与休闲体验。但休闲渔业不仅仅是吃鱼、捕鱼活动,更需要住渔村、访渔家、祭水神、赏渔俗、品民风的渔文化体验。而随着物质生活水平的提高,人们会产生对精神层面、文化层面的更高追求,要求休闲渔业发展过程中突出文化灵魂,挖掘传承渔文化。

一、渔村渔港是重要的休闲渔业旅游目的地

渔村是渔文化的集中体现。"清江一曲抱村流、长夏江村事事幽。自去自来梁上燕,相亲相近水中鸥。老妻划纸作棋局,稚子敲针作钓钩。"杜甫的一首《江村》生动地再现了唐代小渔村的生活图景。"水村山郭,沃壤平原,洲渚相间,阡陌相连,柴门流水,茅店青帘,樵歌牧唱,农舍钓船,云帆浪楫,蟹簖鱼筌……"明代诗人莫旦生动展现了苏州渔村的繁荣景象。[①] 一些历史悠久的古渔村由于处于较为封闭的地区和环境中,区位较为偏僻,因此能够在漫长的历史发展过程中不同程度地保存下来。这些渔村的传统景观保留较为完好,很多民俗文化也在传承和发扬中展现着旺盛的生命力。古渔村往往有着悠久的历史和深厚的文化底蕴,而这种历史文化具有一定的地域性,是特定的环境下的产物。景观具有可复制性,但景观所特有的文化内涵却不能移植。古渔村原生性的景观和不可复制的渔文化使得其成为许多昔日不起眼的小渔村,在岁月长河中,成就了嬗变传奇,脱胎换

---

① 居晴磊.苏州砖雕[M].北京:中国建筑工业出版社,2008:1.

骨成为闻名的旅游目的地。新加坡圣淘沙、威尼斯小渔村、荷兰华伦丹、台湾淡水等小渔村就是典型。我国许多地区的古渔村也因其悠久的历史景观、优美的自然景观、传统的民俗文化成为重要的休闲渔业旅游资源，如浙江象山的石浦古镇、浙江东舟山的东沙古镇、山东威海荣成市河口的"胶东渔村"。

以下为我国部分知名古渔村旅游目的地。

（1）浙江象山石浦渔港古城　石浦是中国海洋渔业的发祥地之一，秦汉时即有先民在此渔猎生息，唐宋时已成为远近闻名的渔商埠、海防要塞和浙洋中路重镇。石浦古城沿山而筑，依山临海，人称"城在港上，山在城中"。集江南古镇的古朴灵秀和山城渔港的蜿蜒多变于一体，它一头连着渔港，一头深藏在山间谷地，城墙随山势起伏而筑，城门就形而构，居高控港是"海防重镇"石浦古城雄姿的主要特征。老屋梯级而建，街巷拾级而上，蜿蜒曲折。石浦古城保留完整的有 4 条总长 1 670 米的古朴石浦老街——碗行街、福建街、中街和后街。

石浦人世世代代以海为生，孕育出众多神奇的渔文化和渔风情，丰富而广博。尽管时代变迁，但徜徉在石浦老街中，依然可以玩味到明清建筑的丝丝风貌、渔文化的连绵气息。这里有 600 余年的古城墙；这里有抗倭明官兵留下的"摩崖石刻"；这里更有热情、嘹亮又趣味无穷的渔家民俗文化……深邃的渔文化底蕴、可歌可泣的海防文化遗存、红极一时的渔商文化根茎，是先民留给石浦的宝贵财富，三种文化在这里被赋予崭新的旅游文化价值。在新的时代背景下，这里已经成为知名的旅游目的地。

（2）威海河口渔村　坐落在胶东半岛的最东端，这里至今仍保存着纯真古朴的渔家民俗，这里不仅有引人入醉的碧海蓝天，还有独具特色的海草房，厚而蓬松的海草搭在斜角的屋顶上，就像是童话世界里的小屋，让人流连忘返。用天然石块筑墙，墙体低矮；以浅海生长的海苔草铺设屋顶，屋顶高耸，海草茂密厚实，屋面坡度陡，形如木船的极具地域特色的生态民居，那就是东方一绝——海草房。

海草房自秦、汉时代便已有之，至宋、金在胶东半岛广为流行，到元、明、清进入繁盛时期。用于建造海草房的"海草"是生长在 5～10 米浅海的大叶海苔等野生藻类，遇到大风大浪就会被成团地卷到岸边，晒干后会变得非常柔韧。海草含有大量的卤盐和胶质，用它苫盖屋顶除可以防虫蛀、防霉烂，不易燃烧的特点外，还具有冬暖夏凉、居住舒适、百年不毁等优点。荣成市存有相对集中的海草房。至今海草房保留最完整最具规模的是荣成的宁津所和东楮岛，最早的海草房距今已有 300 年。

（3）广西桂林市阳朔县兴坪古镇　古渔村坐落于距阳朔兴坪古镇约 1.5 千米的漓江边，是典型的华夏岭南文化古村，已有近 500 年历史。古渔村前漓江环绕，如悠悠玉带青罗；村后奇峰雄起，似龙腾虎跃。它至今保存完好的传统民居有 48 座，青砖黑瓦，坡屋面、马头墙，飞檐画栋雕花窗，具有典型的中国明清时期桂北民居特色。

渔村历代名人雅士常来造访。清光绪年间康有为到桂林开展改良运动，亲临渔村传播维新变法思想；民国初年，孙中山北伐时曾与胡汉民等文臣武将造访，与当地贤达畅谈交流北伐大计，并登上渔村建于清咸丰年间的古寨——天水寨；1998 年 7 月 2 日，美国总统克林顿率访华代表团一行考察了渔村的古老文化和生态环境保护情况。

二、渔文化是休闲渔业的文化内核

我国各地渔区渔村、渔岛渔港、渔户渔船，保留大量丰富多彩的活态渔文化遗产，如船俗文化、婚俗文化、节俗文化、食俗文化，以及渔具渔法、渔服渔饰、渔谚渔歌、渔事渔会等。民俗具有朴实生动的本色，充满野性与活力，是社会文化进步的源头活水。休闲渔业发展过程中挖掘渔文化资源就不能忽视这种"俗民的文化"。[①] 事实上，休闲垂钓、渔文化展示展览、渔业节庆、渔村渔家民俗体验等，不同的休闲渔业形式都具有浓郁的渔文化特色。这些各具特色的渔文化是休闲渔业的文化"内核"，贯穿于休闲旅游活动的始终，也赋予了休闲渔业发展的"灵魂"。

休闲垂钓是国内外休闲渔业的重要形式，垂钓文化则是渔文化的重要组成部分。从古代先民的渔猎生产斗争到现代休闲垂钓的休闲娱乐，从原始低级的捕鱼生产工具到现代高科技休闲娱乐钓具用品，从古代渔获生存技能到现代文化社会中各种海钓和淡水钓鱼文化，垂钓渔文化包含着钓鱼技术的进步和钓具演化两个方面紧密结合、互相推动进步的发展历史。历代文人雅士对垂钓也情有独钟，以垂钓为题材内容的绘画、雕塑、瓷器、编织等艺术形式，表现了大自然的秀美和垂钓的高雅情操，构成了一种独具风格的渔文化。

渔文化展示展览借助集表演、科普教育、观赏鱼类为一体的各类渔文化展示展览场所，如与渔业有关的各类展览展示馆，如渔业博览会、渔文化博物馆、渔村博物馆、渔俗馆、渔船馆及其他相关的台风博物馆、灯塔博物馆等，向人们展示了与渔业生产活动有关的渔文化以及渔家风情、渔家风俗等。渔业节庆本身是具备很强民族特色、地域特色的渔业庆典活动，是区域渔业文化的集中展现，其本身也可视为渔文化的重要内容。

渔业节庆的最初萌芽就在于渔民从事渔业生产活动前要祈求神灵保佑其顺利平安。汉字中的"海"，说文解字将其解释为从"水"从"晦"，晦就是昏暗、不清的意思。[②] 也就是说人们对于大海的印象是从神秘莫测，既敬又畏开始的，因而只能寄希望于各种想象出来的神祇保佑平安，并修建庙宇供奉与祭祀。随着时间的推移，这种祭祀活动作为习俗流传下来。作为一种独特的文化形态，传统渔业节庆具有很强的地域特色和民族特色，并且由于历史悠久、文化传承性较强，因此对游客形成强大的旅游吸引力。比如云南丽江纳西族居住区的"龙王庙会"、香港各区天后庙的"天后诞"、澳门渔民的"妈祖祭"。浙江象山、山东青岛等地区渔民历来有"祭海"的习俗，其中迄今已有500余年悠久历史的青岛即墨田横镇周戈庄的祭海活动最具代表性。[③] 目前，我国各地的渔业节庆大体可分为民俗风情类、地方特产类、运动休闲类、综合类渔业节庆等不同的类型。不管是何种形式的渔业节庆活动，均将渔文化挖掘与展示作为重要内容。

三、渔文化是休闲渔业发展的重要推动力

渔文化在休闲渔业发展过程中的基本功能与作用主要体现在以下四个方面。

① 赵蕾，刘红梅．基于渔文化视角的休闲渔业发展初探[C]．//2013中国（厦门）第三届国际休闲渔业高层论坛论文集．2013．

② 谭晓峰．齐鲁文化的传承与超越[N]．大众日报，2014-05-14．

③ 柴寿升，常会丽．中国渔业节庆开发研究[J]．济南大学学报（社会科学版），2010（3）：52-56．

首先，渔文化本身是重要的文化旅游资源。渔文化几乎涉及渔区渔村人们生活的所有领域，大量形式各异、充满生机活力的渔文化资源，如民俗节庆、食俗文化、渔具渔法、特色水产品以及渔业景观或遗址资源都为休闲渔业开发提供了丰富的文化资源。在休闲渔业的开发建设中深入挖掘渔文化资源的深厚历史文化内涵，发展原汁原味的渔业生产方式和渔区渔村文化习俗，开发富有独特魅力的渔业景观，通过产品创新、项目创新和服务创新，进行特色主题活动。

其次，休闲渔业发展需借助渔文化的"衍生力"。创新创意犹如星星之火，可以燎原。文化领域的创新创意成为当前中国经济发展中最活跃的细胞，而传统渔文化可以说是休闲渔业发展渔业的创意之源和设计之魂。休闲渔业发展过程中要注重植入文化的标记，让文化植根于生产、生活之中，根植于渔业休闲游的全过程。对于综合型和渔文化体验型休闲渔业基地而言，还应将传统渔文化与现代技术、现代设计融合，借助渔文化强大的衍生力，开发出优质的休闲渔业文化产品，培育和塑造特色鲜明的文化品牌。

再次，渔文化赋予休闲渔业蓬勃的生机与活力。旅游与休闲体验，归根结底是文化特色的感知与体验，休闲渔业也是如此。在休闲渔业发展过程中，将当地的渔业民俗文化与风土人情等文化元素融入休闲渔业开发，用"渔文化"这块招牌吸引游客，给游客特殊的人文体验，是休闲渔业发展的重要层面，也是休闲渔业发展的生命力，给休闲渔业注入了蓬勃的生机与活力。

最后，渔文化的介入有助于休闲渔业转型升级。渔文化是休闲渔业的重要内涵，休闲渔业也是渔文化的一种重要传播载体。渔文化的介入，有助于休闲渔业产业内涵式、创新型、特色化、体验式发展，在旅游休闲市场需求日益多样化、差异化的背景下，也是休闲渔业自身转型升级、高质量发展的需要。利用渔文化创意激活休闲渔业资源，赋予休闲渔业发展新的活力，为休闲渔业发展提供新动能。

四、休闲渔业中的常见渔文化元素

渔文化元素是指与渔村、渔业、渔民相关的渔业休闲文化资源。休闲渔业发展过程中，渔业生产习俗元素、渔业信仰、渔文化艺术、渔业物质文化遗产等融入其中，为休闲渔业发展提供了文化素材和发展活力。

渔业生产习俗元素：休闲渔业发展过程中，许多景区（渔业示范区、渔家乐、滨海或海岛渔村等）融入了体验式捕捞、水产养殖、放流活动等活动。游客能够通过撒网收网、拖鱼拣鱼、捉蟹采贝、渔绳结和渔网编织等方式体验渔民生产方式。内陆地区还通过开辟特色荷塘与鱼池，恢复几近绝迹的斗笠蓑衣，再现传统渔业作业方式。在此过程中，游客能够深刻体验不同地域各具特色的渔业生产习俗。如在钓鱼作业方式上，东北赫哲族无倒刺铁钩钓鱼钓法、台湾日月潭边邵人的延绳钓和浮钓法、福建惠安采用"一条线，五沉五浮"钓具的特殊海钓法等；在捕捞方法上，我国东海渔民采用拖网类、围网类、刺网类、张网类等八类几十种作业方式；一些与渔业生产有关的渔谚、渔歌也能给游客带来别样的感受。

渔民生活与禁忌等渔文化元素：游客在休闲旅游活动过程中，需要尽可能避免触碰渔家禁忌习俗。渔业的禁忌习俗较多，涉及语言和行动两个方面，无论海洋渔民，还是江湖渔民，都忌讳说"fān""dǒu""gài"等词，若不得不说则要使用隐语。在行动上，他们忌讳打翻东西、掉落筷子，他们忌讳晒在沙滩上的渔网被人跨过等。比如东海渔民渔家食鱼，无论是黄鱼、鲳、石斑鱼、虎头鱼等，一般仅去其不能食用的内脏而保留全鱼。吃鱼时不仅筷子不能拨翻全身，嘴也不能说"翻鱼身"。吃鱼时，热情好客的主人以筷指鱼示请，待客人尝第一筷后，宾主才一道食用。吃鱼时不能挖鱼眼，吃了上爿、剔掉鱼骨再吃下爿。太湖渔民还有不能挪动鱼碗的规矩。此外，各地还有一些别具特色的渔业禁忌，比如松花江浴场不许有人拿鞭子，认为鞭子会把鱼群赶走；图们江渔场禁止戴孝的人去渔场，认为打鱼是喜事；鸭绿江渔场不许背着手走，怕渔网挂在江中拉不上来等。

　　渔文学艺术元素：休闲渔业的兴起带动了渔民俗艺术的复兴，也推动了渔文化的传承与保护。如打鱼人所唱的歌谣，船工（渔民）号子、小调、鱼市、码头、打鱼船上表演的渔歌戏曲。渔民号子、渔民画等渔文化艺术具有典型的代表性。山东荣成的"渔民号子"是荣成渔民在长期生产实践中创造出的极富地域特色的民间艺术，包括抬船号子、打橛号子、拉网号子、生死号子、收山号子等，成为荣成市最具代表性的民俗文化名片之一；汕尾渔歌是汕尾地区劳动人民的一部史诗，作为渔民生活真实写照的渔歌，经过艺术家的搜集、提炼，成为一幅幅美丽动人的渔家风情画和一份传统文化艺术的宝贵遗产；"洞庭渔歌"是被渔民称为丫口腔的渔歌，其曲调主要源于洞庭渔民中广泛流传的地方小调，这是在渔歌、湖歌、灯调的相互影响、掺杂的基础上发展起来的小调，具有浓厚的地方特色。如《手撒渔网口唱歌》《洞庭四季歌》《洞庭湖上搭歌台》等，形象地表现了渔民欢快的劳动生活情绪；舟山渔民号子可以称之为活化石，是舟山各岛渔民、船工世代相传的海洋民间口头音乐，入选国家级非物质文化遗产名录，《中国民间歌曲集成》和《中国渔歌选》均有录入。此外，东海之滨的舟山休养生息着一群纯朴的渔民画家，他们用大海的天真纯朴和无限的想象，把美好的愿望以及真挚的情感，通过一幅幅奇趣构思的斑斓图画表现出来。这些渔文学艺术元素已深入地融入休闲渔业发展之中，或通过大型节庆活动，或通过旅游目的地体验性活动的开展，得以向游客生动展示。

　　水（海）神信仰与渔业祭祀等文化元素：水神崇拜是世界上部分民族信仰的重要内容之一，但对于渔区和渔民而言，水（海）神信仰更是十分普遍。随着休闲渔业的发展，许多的水（海）神信仰及其衍生的习俗通过祭祀（海）仪式、渔业节庆活动等方式得以向游客充分展示。比较典型的如元宵节舞龙灯习俗、端午节龙舟竞渡习俗、妈祖庙会、沿海各地的开渔祭海活动等均和水（海）神联系在一起。从目前来看，我国各地兴起了一大批知名的渔业节庆活动，这些活动大都融入了水（海）神信仰元素，但又随着时代的发展不断注入新的元素，已经成为渔区发展节庆旅游的重要资源依托和旅游吸引物。

　　渔村、渔具、渔饰等物质文化遗产元素：前面已经提到，渔村本身就是非常重要的旅游目的地，是渔区建筑文化、渔业生产文化、渔民生活习俗等的集中展示。在休闲渔业发展过程中，许多休闲渔业基地，美丽渔村、渔港，渔人码头等都十分注重渔文化景观设计，将渔船、渔具等作为重要的环境小品融入景区开发建设当中。其中渔船文化就是典型代表，就浙江一省而言，有舟山独具特色的"绿眉毛"渔船，浙江宁波石浦、东门一带的小对船，宁海一带的"宁海花头"渔船，玉环、乐清一带的胡爿船等。此外，为营造良好的休闲渔业旅游环境，许多旅游目的地渔服渔饰等渔业物质文化元素也融入景区日常生活，在渔业节庆、渔文化展示等活动中更是得到了充分体现。

第二节　休闲渔业是推进渔业三产融合重要路径

党的十九大提出了乡村振兴战略，大力推进乡村振兴，并将其提升到战略高度、写入党章，这是党中央着眼于全面建成小康社会、全面建设社会主义现代化国家做出的重大战略决策。乡村振兴战略本身是一个复合的政策体系，在这个体系中农村一、二、三产业融合发展是振兴战略的主要抓手。渔村振兴是乡村振兴的重要组成部分，大力发展休闲渔业，推进渔业三次产业融合，符合现代渔业发展的新趋势，也是渔村振兴的重要路径。

一、三产融合已上升为农业国家战略

20 世纪 90 年代，日本学者今村奈良臣提出的一种农业发展理念——六次产业，认为农业发展要走农村一、二、三次产业融合之路。日本提出的第六产业是指通过鼓励多种经营，即不仅种植农作物（第一产业），而且从事农产品加工（第二产业）与销售农产品及其加工产品（第三产业），以获得更多的增值价值。由于"1＋2＋3"等于6，"1×2×3"也等于6，因此称其为"第六产业"。

2015 年，我国中央 1 号文件提出推进农村一、二、三产业融合发展；之后经过近一年的讨论与实践，2015 年年底，国务院办公厅印发《关于推进农村一二三产业融合发展的指导意见》，明确了具有中国特色的三产融合发展之路。指导意见明确指出，主动适应经济发展新常态，用工业理念发展农业，以市场需求为导向，以完善利益联结机制为核心，以制度、技术和商业模式创新为动力，以新型城镇化为依托，推进农业供给侧结构性改革，着力构建农业与二三产业交叉融合的现代产业体系，形成城乡一体化的农村发展新格局，促进农业增效、农民增收和农村繁荣，为国民经济持续健康发展和全面建成小康社会提供重要支撑。

尽管中国的三产融合战略在农业产业化经营、多样化经营和规模化经营方面与日本的"第六产业"有相通之处，但绝非简单的"拿来主义"。[①] 可以说三产融合是六次产业的拓展版，是农业产业化的升级版。日本的农业六次产业化更强调内生性发展理念，即注重将农业的工和商部分在农业内部发展，依靠的是农业地域社会以及农业生产者这些内生性力量。尽管我国也将促进农产品产地产销以及农业的内生性力量，但更注重外部植入型经营主体通过发挥引领与示范作用，带动本土化经营主体参与三产融合发展。也就是说，我国的一、二、三产业融合的内涵更为宽泛，既可借助当地农民、农业合作组织，推动农业向产业链下游的延伸，也可以通过引入外部龙头企业向上游的生产环节挺进。其精髓在于不管以何种方式实现各主体和各产业的联结，其根本目的都在于实现农业的稳定发展和农民收入的提高。

---

① 朱富云，柯福艳. 农业六次产业发展现状与逆社会分工视角下的主要特征——日本案例及对我国农业发展的启示[J]. 浙江农业学报，2015（12）：2234-2239.

二、三产融合是渔业产业化的重要推动力

三产融合有效化解了现代渔业新问题。我国是水产品生产、贸易和消费大国，渔业是农业和国民经济的重要产业。但当前渔业发展还面临一些困难和问题，主要表现在：目前我国的渔业生产经营方式大多以生产导向型为主，消费导向型发展不足。渔业产业之间互联互通性不足，没有充分考虑渔业的功能拓展，产加销、贸工渔出现脱节，大宗水产品的产业链、价值链实现不充分。此外，新型渔业经营组织发展缓慢，产业化经营方面普遍存在利益联结"松而软"、市场培育"难而低"、经营人才"少而弱"等现象。"互联网＋现代渔业"发展模式虽已起步，但大多停留在网络营销、水产品配送等环节，在其他环节的扩散渗透力不强。推进渔业三产融合能有效化解渔业发展困境。要注重与休闲渔业、水产品加工业相结合，培育渔业特色产业，促进渔民增收。在扶贫攻坚方面，要推进三产融合发展，积极开展试点示范，大力发展休闲垂钓、水族观赏、渔事体验、渔文化旅游等新型业态，创建休闲渔业品牌；加强渔业重要文化遗产开发保护，鼓励有条件的地区以传统渔文化为根基，以捕捞及生态养殖水域为景观，建设美丽渔村。加强休闲渔业规范管理和标准建设，深入开展休闲渔业品牌示范创建活动。大力发展休闲渔船及装备，加强和规范休闲渔船及装备的检验和监督管理。积极培育垂钓、水族观赏、渔事体验、科普教育等多种休闲业态，引导带动钓具、水族器材等相关配套产业发展。推进发展功能齐全的休闲渔业基地，促进休闲渔业产业与其他产业融合发展。

2016年5月，农业部印发《关于加快推进渔业转方式调结构的指导意见》，明确提出要"正确处理渔业发展'量的增长'与'质的提高'的关系，将发展重心由注重数量增长转到提高质量和效益上来"。新时期渔业结构调整的一个重要方向就是依托"三产融合"提高渔业的产业化程度。吸引资源要素特别是资金进入现代渔业生产，同时通过新型渔业经营主体的培育以及生产方式的集约化、专业化、组织化，提高渔业综合生产能力。一是要努力培育各新型渔业。尊重基层渔民群众的意愿和首创精神，培育扶持新型市场主体和社会化组织，完善产业化利益联结机制，积极创建一批国家级、省级示范性渔业专业合作社和家庭渔场，推动多种形式的适度规模经营，引导新型渔业经营主体在推进一、二、三产中发挥主力军作用，促进渔业一、二、三产业的自然延伸，使其带动更多的渔民群众增强参与渔业一、二、三产业融合发展的能力，分享渔业一、二、三产业融合发展带来的红利。二是延伸产业链、价值链、增收链，加快渔业由生产环境向产前、产后延伸，推动养殖、捕捞、加工、物流业相互融合，延伸产业链，提高价值链。三是积极拓展渔业多种功能，按照六次产业发展要求，推进渔业与旅游、教育、文化等产业的深度融合，积极发展休闲垂钓、观赏鱼、渔家乐、渔事体验、会展科普等休闲业态及钓具、水族器材等相关配套产业，建设休闲综合型、垂钓娱乐型、渔业生产观光型、海鲜品尝型等一批特色鲜明、示范性作用带动明显的休闲渔业基地，打造渔业与文化生态休闲旅游融合发展的新业态，实现渔业生产向生态、生活、教育功能拓展，在渔业一、二、三产业融合发展中转变渔业发展方式，带动渔民就业增收、推动未来渔村建设和拉动国内消费升级。四是大力发展渔业新型业态，实施"互联网＋现代渔业"行动计划，推进现代信息技术应用于渔业生产、经营、管理和服务，提升渔业信息化水平。探索水产品个性化定制服务等新型业态，推动

科技、人文等元素融入渔业，发展创意渔业。

三、休闲渔业是渔业三产融合的重要载体

产业融合必须发挥模块化的整合功能，从而形成具有新产业属性或新业态的复杂性产业网络。从这一角度讲，休闲渔业一方面需要以渔业体验为核心，有效融合交通、餐饮、住宿、休闲娱乐、垂钓等休闲运动、购物、营销等功能模块于一体的大业态，另一方面又需要形成跨产业的融合型新业态，如渔业会展旅游、渔业赛事游等渔文化产业等。也正因为此，发展休闲渔业不仅能够加快传统渔业的改造升级，更能够有效拓展渔业非物质性功能，延伸渔业产业链条，构建完善的现代休闲渔业产业体系。

1. 休闲渔业是渔文化与旅游相结合的产物

事实上，休闲渔业这一新的渔业业态的产生，就是渔业与休闲相结合的结果，是渔文化的具体运用。正是渔村旅游、渔风渔俗等渔文化走进人们休闲旅游的视野，为其提供渔文化养分，提升其文化价值，才促进了休闲渔业的蓬勃发展。我国各地积极建设的渔人码头，开展的各式各样的渔文化节庆活动，对于渔文化的挖掘与传承是决定其成功的关键因素。正是从这个层面来说，渔文化是休闲渔业的灵魂。离开渔文化，休闲渔业的发展就失去了支柱和动力。渔文化与休闲渔业的融合体现在渔文化在吃住行游购娱各个方面的渗透。以吃、住、行为例，鱼饮食文化、渔风民俗、渔家民宿等地方特色与休闲渔业的结合愈加紧密。近几年"住渔村、访渔家、祭水神、赏渔俗、品民风"成为休闲渔业旅游的一股风潮。尤其是各地特殊渔家民宿作为一种旧乡愁与新乡土相结合的产物，除了解决基本住宿外，更重要的是对"渔家人生活方式"的体验，是渔业文化与旅游住宿的结合。在购和娱方面，游客能够购买各种鱼类产品和渔文化工艺品，并通过体验捕鱼、渔绳结编织等渔业生产活动，获得独特的生活体验。正是由于休闲渔业本身是一种综合性产业业态，能够有效融合渔业生产，鱼产品加工、销售，渔文化工艺品创意等各种产业，从而成为渔业一、二、三产融合的重要载体。

2. 现代渔业实质上是三产融合发展的产业业态

传统渔业通常指捕捞和养殖鱼类和其他水生动物及海藻等水生植物以取得水产品的社会生产部门，专指捕捞业和养殖业等渔业一产。现代渔业则突出的是"大渔业"，将原有的渔业一产延伸至渔用生产资料生产，水产品加工、仓储，海洋生物制药等渔业二产，水产品流通贸易、技术信息服务、休闲渔业、观赏渔业等渔业三产，成为发展渔业相关、为渔业发展服务的产业群体。从产业发展功能来说，现代渔业不仅具有保障粮食安全，提供工业原料、改善居民膳食结构，增加农（渔）民经济收入的作用，同时还有休闲体验、旅游观光、增加碳汇、文化传承、文化教育等多方面功能，不仅满足人们的生活需要，还能满足人们精神的需求。推进渔业一、二、三产业融合是新常态下渔业转型发展的现实选择，是当前现代渔业提速发展的根本出路，也是顺应水产业发展新趋势的必然要求。现代渔业是一个动态概念，随着我国经济、科技和社会的不断发展，将有不同的内涵与要求。现阶段应以"调结构、转方式"为主线，着力推进供给侧结构性改革，加快推动现代渔业转型升级。推进现代渔业的发展，需要积极延伸渔业产业链，拓展渔业多种功能，培育渔区新型业态，形成渔业一、二、三产业交叉融合的现代产业体系、惠渔富渔的利益联结机

制、城乡一体化的渔区发展新格局，有力地推动渔业经济持续健康发展。

3. 休闲渔业具有强大的产业"耦合"效应

休闲渔业是一个覆盖面广、复合性强的产业体系，具有强大的产业"耦合"效应。通过鼓励跨行业、多元化的发展渔业，把渔业从单一的生产格局中解放出来，旅游观光、文化创意、会议会展等行业相结合，不断拓展和延伸休闲渔业的产业内涵。对于休闲渔业自身发展而言，也有必要充分发挥其产业"耦合"功能，引导产业向"微笑曲线"的两端发展，不断提升产业附加值。根据"微笑曲线"理论，某一产业的产业链，其中包含研发、生产、营销。每个环节在曲线上的位置呈现两端高中间低的形态。[①] 高位代表较高的附加值，而低位代表较低的附加值，因此微笑曲线实际可理解为附加值曲线。在这个曲线上，研发处于微笑曲线左端高位，营销处于微笑曲线右端高位，显然这两个环节附加值相应很高；而加工环节则处在 U 形曲线的底端，附加值较低。根据"微笑曲线"理论（图 6），休闲渔业产业发展向 U 形曲线两端移动，才容易获得更高的价值和竞争的优先权。这就给休闲渔业新型业态的规划与打造一个很好的启示，重点发展微笑曲线两端附加值高的产业部分。在曲线左端，也就是产业链上游部分，加强休闲渔业规划、文化创意等环节发展，休闲渔业产业这类环节较大程度依赖于与休闲渔业相关服务产业的发展程度，如广告业、文化传播业等，这类行业的发展有利于休闲渔业所呈现的业态的整体品质提升。另外，休闲渔业需要重视渔业品牌、渔业节庆等相关的营销与服务，引领休闲渔业向品质化、高附加值化发展。

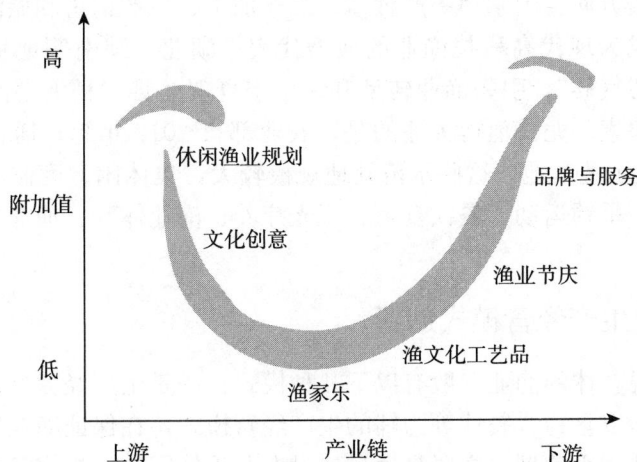

图 6　休闲渔业发展"微笑曲线"

第三节　我国休闲渔业发展实践

近年来，我国各地休闲渔业蓬勃发展，已成为我国发展中的一个新亮点。在产业业态

---

① 　朱琳雯，等．微笑曲线视角下的产业链分析[J].经济师，2016（3）54-55.

上，各区域休闲渔业发展各具特色，形成了鲜明的区域优势；在发展路径上，各地结合自身优势，探索出了许多鲜明的休闲渔业发展模式；在品牌建设上，一大批国家级、省级渔业示范基地、最美渔村、示范性渔业节庆正在形成。

一、我国各地新型休闲渔业业态发展

乡村振兴战略的实施给渔业发展带来了重大战略机遇。按照生态宜居的新要求，渔业不仅要为人民群众提供丰富的水产品，还要提供优美的水生态环境，促进乡风文明，要求注重传承渔文化，不断满足城乡居民日益增加的休闲、度假和健康需求，提供更好的休闲文化生活。

近年来，随着休闲渔业的快速发展，我国各地各种休闲渔业业态也日益丰富起来。如渔猎运动（如海钓）、海洋休闲旅游、渔事体验、海鲜美食、渔村度假、渔家文化、水族观赏、教育科普、主题公园、渔业购物等，在沿海滩涂、湖库江边建立起来，在延伸渔业产业链的同时，也丰富了渔业产业功能，并且在此过程中，各地依托其资源禀赋、发展条件形成了不同产业优势。当前，广东、浙江、福建、上海、北京、四川、河南郑州、辽宁鞍山等省市的观赏鱼、水族器材、专用饲料等，显示出良好的发展势头；江苏、湖南、广东、威海、慈溪、宁波等地的钓具生产兴旺发达；湖南、安徽、四川、福建等省的水产休闲食品不断朝着规模化发展；广西、广东、山东、浙江等沿海各地所发展的漂流、皮划艇、潜水、冲浪等水上运动，深受户外运动爱好者们的喜爱。

在发展路径探索方面，山东"一产种植、二产加工、三产销售和旅游观光"三产融合的形式，使示范园成为现代高科技渔业的典型代表；湖北、湖南等地稻鱼共作、休闲渔业、健康养殖渐成"气候"，引领渔业转型升级；宁夏贺兰县"稻渔空间模式"是三产融合试点工作的有益探索。尤其值得关注的是，农业部自 2012 年起，通过评审陆续公布了396 家全国休闲渔业示范基地，这些示范基地规模较大，集休闲、度假、观光、娱乐于一体；经营内容丰富，垂钓运动、餐饮食鱼、观光疗养、渔业体验、渔业文化等各类经营项目颇具特色。

二、休闲渔业生产经营模式创新

从发展内容来说，休闲渔业一般有以下几种模式：一是生产经营型，主要是指一些渔场以渔业生产为主，以垂钓、餐饮等为辅的生产经营模式，在保证渔业生产的同时增加休闲渔业收入；二是休闲垂钓型，主要是通过建设专业垂钓园和设施完备的垂钓场，以开展垂钓为主，集游乐、健身、餐饮为一体的休闲渔业；三是观光疗养型，主要是一些公园、库区、海岛，结合周边旅游景点，实施渔业综合开发，既有垂钓、餐饮，又能观景、避暑，实现渔业休闲与旅游的结合；四是展示教育型，是指水族馆、渔文化馆、渔文化博览园等以海洋生物、渔文化展示展览等为主的生产经营方式。

无论是发展内容还是组织形式，休闲渔业并无固有的发展模式，而是要根据自身资源特色、文化特点、发展条件等，选择合理的休闲渔业发展方式和途径。比如厦门浯屿现代休闲渔业基地，采取"龙头企业＋合作社＋渔民"的产业模式，由旅游投资有限公司投资建设，对浯屿岛、浯屿海上牧场以及生态无居民海岛浯垵岛的开发建设，通过挖掘海岛渔村自然与文化旅游资源，推动一、二、三产业融合，发展海上旅游观光、渔家乐、渔家休闲民宿等休闲渔业；山东荣成采取"园区＋合作社"的发展模式，推动渔民专业合作社和现代渔业园区的融合发展，打造集"育、养、加工、休闲垂钓全产业链"现代渔业园区。

需要指出的是，考虑到当前我国买方旅游市场环境，以及部分旅游产品可替代性强的特点，休闲渔业发展需要根据大众消费和客户消费的要求，注重具有鲜明地域特色、民族特色、文化特色的休闲渔业旅游产品开发，特别要注重品牌创建的宣传推广，以细分的产品应对细分的市场需要，促进休闲渔业产业化、品牌化发展。

三、全国休闲渔业品牌建设

从 2017 年开始，农业部组织实施渔业品牌培育"四个一"工程，即创建认定一批最美渔村、创建认定一批全国精品休闲渔业示范基地（休闲渔业主题公园）、创建认定一批有影响力的赛事节庆活动、培育一批休闲渔业带头人和管理人才；[①] 全面叫响休闲渔业品牌，建立休闲渔业发展"可测、可看、可控"的产业经营体系，形成"统筹规划、系统开发、上下联动、点面结合"的休闲渔业品牌发展格局；组织认定了 27 个国家级最美渔村、25 个全国示范性渔文化节庆活动、477 个全国休闲渔业示范基地。

1. 最美渔村评定

中国国家级最美渔村创建以弘扬、保护、传承渔文化和推进渔业一、二、三产业融合发展为目标，集中打造"生态环境优美、休闲特色鲜明、渔业文化浓郁、渔村风情独特"的国家级最美渔村，推动渔业新业态健康发展（表 8）。

表 8　中国国家级最美渔村

省份	最美渔村名称
江苏	扬州市方巷镇沿湖村；宿迁市穆墩岛村；南通市吕四港镇；淮安市新滩村；泰州市沙沟镇
浙江	宁波奉化桐照村；宁波象山县东门渔村；台州市石塘镇五岙村；衢州市何田乡
福建	泉州市围头村；泉州市惠屿村；漳州市澳角村；宁德市溪邳村
山东	威海市烟墩角村；威海市东楮岛村；日照市官草汪村
海南	三亚市西岛；琼海市潭门镇
辽宁	辽宁东港市獐岛村
吉林	松原市查干湖屯
黑龙江	佳木斯市赫哲族乡渔业村
云南	大理市金梭岛村
四川	德阳市友谊村
重庆	九龙坡区寨山坪村
广西	钦州市三娘湾渔村
广东	阳江市大澳渔村
湖北	十堰市关门岩村

---

① 中新网 . 2017 年起中国将创建认定一批最美渔村 . 2017.08.07. http：// www.chinanews.com/sh/2017/08-07/ 8298161. shtml.

2. 国家级示范性渔文化节庆（会展）评选

根据农业部休闲渔业品牌培育活动的开展要求，将以弘扬传承休闲渔业文化、传播社会正能量为主题，集中打造、创建、认定一批渔业产业特色鲜明、地域文化浓厚、引导示范效益显著的国家级示范性渔业文化节庆（会展）活动；以发展城乡居民健康生活方式为主题，突出渔业休闲、娱乐、怡情、健身等多元功能，集中打造、创建、认定一批专业性强、活动内容丰富、影响力大的休闲渔业赛事活动，持续提高活动影响力，助推地方经济发展。经过筛选和评定，共 25 个渔业节庆（会展）被评为国家级示范性渔业文化节庆（会展）（表 9）。

表 9　国家级示范性渔业文化节庆（会展）

省份	节庆（会展）名称
江苏	中国盱眙国际龙虾节；中国·高淳固城湖螃蟹节；太湖放鱼节；3.18 中国·洪泽湖放鱼节
浙江	千岛湖有机鱼文化节；湖州·南浔鱼文化节；温州苍南龙港肥艚开渔节
广东	广州金花地渔具博览会；中国（江门）锦鲤博览会；连南瑶族自治县"稻田鱼文化节"
山东	周戈庄祭海节；东夷海祖郎君庙会
云南	中国·孟连娜允神鱼节；中国云南江川开渔节
福建	海峡（福州）渔业周·中国（福州）国际渔业博览会；厦门休闲渔业博览会
北京	碧海（中国）钓具产业博览会
上海	上海国际休闲水族展览会
江西	中国·南昌"军山湖杯"鄱阳湖螃蟹节
黑龙江	镜泊湖冬捕节
吉林	中国·松原查干湖冰雪渔猎文化旅游节
辽宁	大连海尚嘉年华
安徽	中国合肥龙虾节
新疆	福海县乌伦古湖冬捕文化旅游活动
广西	中国·钦州蚝情节

3. 全国精品休闲渔业示范基地建设

农业部自 2012 年起，以扩增旅游消费、推广健康生活方式为目标，重点在省级以上休闲渔业示范场所基础上，进一步将传统渔业与现代休闲、旅游、教育、科普等元素相融合，集中打造、创建、认定一批全国精品休闲渔业示范基地（休闲渔业主题公园）。目前农业部通过评审陆续公布了 500 多家全国休闲渔业示范基地，这些示范基地规模较大，集休闲、度假、观光、娱乐于一体。我国许多省（自治区、直辖市）也十分注重示范性休闲渔业基地建设，开展了省级渔业休闲示范基地创建工作。

第四节　渔文化融入休闲渔业发展的基本途径

传统文化要想在现代社会焕发活力，就必须敢于创新，找到一个符合现代社会发展、符合现代人思维方式和行为方式的承载形式，找到一个符合当代国情的"新瓶"来装中国传统渔文化醇香的"旧酒"。在休闲渔业实践与发展过程中，我国各地探索出了各具特色的道路，其中浙江省休闲渔业就是典型的代表。习近平总书记曾指出，"浙江的今天"就是"中国的明天"。在案例部分主要介绍浙江省在探索渔文化融入休闲渔业发展道路上的实践、素材和经验，分析其对我国其他地域的示范和借鉴作用。

一、渔文化与特色产业相结合

在社会经济进入新常态的背景下，"文化＋产业"，将搭建起产业攀缘上升的云梯，为老产业注入新的活力，也催生出了一系列新产业、新创意、新业态，铸造了"文化＋"这个崭新的发展形态。文化要素与经济更广范围、更深程度、更高层次的融合创新，推动产业业态裂变，实现产业结构优化，提升产业可持续发展水平。浙江省率先开展的特色小镇建设，就是"文化＋产业"发展模式的生动实践。渔文化与特色产业的结合，进而带动旅游业的发展，实现产业功能＋文化功能＋旅游功能的复合，是新时期渔业现代化的基本发展路径。这里的特色产业内涵十分丰富，可以是制造业，比如水产加工、渔具制造等产业的结合；可以是运动健康产业，比如渔文化与路亚赛事、龙舟赛事、户外运动等的结合；也可以是文化创意产业，如渔文化与渔民画、贝雕、鱼拓、鱼骨画等的结合；还可以是与观赏鱼、渔业观光等休闲产业的结合等。

典型案例：浙江舟山远洋渔业小镇

浙江舟山远洋渔业小镇建设是"渔文化＋"发展模式的典型代表，这里的特色产业是"海洋健康制造业"，也就是集科研、生产、综合物流于一体的海洋健康食品、新型海洋保健品、远洋生物医药等海洋健康产业。

（1）项目依托　2015年4月，农业部批准设立全国唯一的国家级远洋渔业基地——舟山国家远洋渔业基地。该基地位于定海北部干览镇，距离市中心约16千米。基地远洋水产品捕捞量占全国的22%，其中鱿鱼占全国的70%，已有水产品精深加工企业40余家，形成了远洋捕捞—海上运输—水产精深加工—冷链物流—水产交易、销售、服务等全产业链的远洋渔业发展体系。定海远洋渔业小镇位于该基地内，可实现大力发展海洋健康制造业，积极培育远洋渔业的总部服务经济和文化休闲经济功能。

（2）发展理念　定海远洋渔业小镇立足"远洋渔业"和"渔文化"的地域特色，抓住舟山国家远洋渔业基地建设的契机，遵循浙江省特色小镇倡导的"产、城、人、文"四位一体的发展理念。采用"海洋健康产业＋"的创新发展模式，促进健康产业与新经济模式的充分"嫁接、契合、互融"，积极推动创意、文化、旅游、电子商务等新兴业态发展，构建形成多链条、高融合的新型产业生态圈，积极打造成为浙江富有浓郁海岛渔文化气息的远洋渔业特色小镇。

（3）渔文化挖掘与融合　舟山渔场是我国最大的渔场，素有"东海鱼仓"和"海鲜之都"之称，悠久的渔业历史孕育了浓郁的渔文化。远洋渔业小镇所在地西码头是我国远洋渔业起步最早、最为发达的地区之一，这里有百年渔港的历史传承，渔港人文底蕴深厚。渔业小镇的打造十分注重突出海洋文化及渔文化的挖掘：海洋健康食品休闲美食街、海洋主题酒店、渔人俱乐部、海洋风情商业街，所有的一切，都与"海"相关；舟山锣鼓、渔民号子、灯会，这些舟山渔文化精髓在小镇设置的节庆活动上充分展现；渔村传统历史风貌、百年渔港传统面貌、近岸渔船景观，这些原汁原味的渔业风情会将游客带入"渔"的世界；集观光、休闲、娱乐、餐饮、旅游等综合性文化休闲功能为一体的渔人广场健康休闲中心，能满足游客对渔都健康休闲游的所有畅想。

（4）愿景目标 远洋渔业小镇着力打造"一核五区"，其中一核指远洋渔都风情湾区，"小镇客厅"五区指远洋健康产品加工区、健康产品物流区、生活配套区、健康休闲体验区和综合保障区五类功能区。"产、城、人"三位一体打造浙江省内唯一的远洋渔业健康产业小镇，正成为长三角地区乃至全国海洋健康产业的新样板、新典范。

二、渔文化与渔业节庆相结合

由于对于资源的依赖性，渔业节庆多分布在沿海、沿江、沿河等地，总体分布沿海多于内陆、南方多于北方；就全国来看，集中分布在辽宁、山东、江苏、浙江、福建、广东、广西等沿海省份，广大内陆地区渔业节庆相对较少。随着节庆旅游的发展，一些传统的渔业节庆在形式甚至内容上均进行了不同程度改变，并且许多渔业节庆也淡化了当初的迷信色彩，在传统民俗的基础上加入民俗展示、体育竞技、文艺演出、商贸交流、渔文化论坛等参与性、体验性项目与活动。传统渔业节庆活动发展成为内涵丰富、娱乐性参与性强的现代节庆旅游活动。主要包括各地多种多样的节庆活动，如开渔节、钓鱼节、海洋节、渔人（民）节、海鲜节、龙虾节等。比较有名的有浙江千岛湖有机鱼文化节、中国（象山）开渔节、中国海洋文化节、中国（盱眙）国际龙虾节、辽宁盘锦绕阳湾冬捕渔猎文化节、黑龙江省镜泊湖冬捕节、南京高淳固城湖螃蟹节、太湖（苏州）放鱼节、云南省（中国）孟连娜允神鱼节等。

典型案例：中国（象山）开渔节

（1）基本情况 中国开渔节创办于 1998 年，一年一届，以感恩海洋、保护海洋为主题，渔文化为主线的海洋民俗文化类节庆。它以浓厚的渔文化为底蕴，在承袭传统习俗的基础上，通过节庆活动推进当地社会经济的发展，引导广大渔民热爱海洋、感恩海洋、合理开发利用海洋。

（2）渔文化挖掘 中国（象山）开渔节以"文"促节，因"渔"至厚，经过多年的实践，开渔节确立了其核心文化——渔文化。东海渔民自古以来就有开捕祭海的民俗，象山渔民开洋、谢洋节活动，被认为是中国沿海比较有代表性的祭祀现存，被列入国家级非物质文化遗产。象山开渔节注重充分挖掘、整理传统的渔文化和富有民俗特色的文化精品，历届节庆活动中开展的特色渔灯展、渔家服装秀、渔歌（渔民号子）大赛、全国渔拓书法邀请展等活动，具有浓厚的渔文化底蕴。象山开渔节十分注重群众文化活动开展，龙灯、马灯、鱼灯、船灯、海鲜灯、百兽灯、十二生肖灯、抬阁、渔区民乐、渔家曲艺……各式各样渔区民间文艺团队通过民俗文化巡展、广场文艺汇演、海洋文化夜市等平台进行了全方位展示。

（3）跻身国家旅游局十大民俗节庆活动行列 经过多年的精雕细琢，中国（象山）开渔节已发展成为我国著名民间节日之一，多次获得中国十大品牌节庆、中国十大最具魅力节庆等节庆大奖，通过仪式、论坛、文体、经贸和旅游五大板块，以不同的形式予以生动地演绎和展示丰富的文化内涵和鲜明的渔乡特色。

同时举办的中国—石浦渔业博览会和中国海洋论坛分别成为全国最大规模的渔业博览会和面向全世界的国际性海洋学术盛会。

三、渔文化与非遗传承保护相结合

非物质文化遗产是渔文化十分重要的组成部分，包括各种以非物质形态存在的与渔民生活密切相关、世代相承的传统文化表现形式，包括口头传说，传统表演艺术，民俗活动和节庆礼仪，有关海洋、江河、湖泊的民间传统知识和实践，传统手工技艺等，以及与上述传统文化表现形式相关的文化空间。非物质文化遗产大多是来自民间的传统文化，对其传承和保护最有效的手段是以民间为母体，对"非遗"实施活态传承、生态保护。

典型案例：舟山东沙海洋文化非遗小镇

（1）东沙古渔镇——中国唯一海岛古渔镇　东沙古镇建制于唐，兴盛于清，是一座历史悠久的渔都古镇，更是清朝和民国时期东部沿海的繁华商埠，有中国唯一的海岛古渔镇之美誉。悠久的历史、繁荣的商贸，让这里积淀了独特的、海洋文化底蕴的、丰富海洋非物质文化遗产。其中，徐福东渡传说、舟山船模制作技艺、桥头锡器制作技艺、岱山海洋鱼类传统加工技艺、东沙香干制作技艺、舟山船拳、岱山海盐晒制工艺等均具有典型代表。近年来，通过开展浙江省非遗精品展演、中国海洋文化节、中国非物质文化遗产保护（舟山）论坛等活动，着力打造东沙古渔镇海洋文化"非遗小镇"。

（2）海洋非遗传承与保护　东沙立足古镇渔文化，注重海洋文化的挖掘整理，集中精力打造"横街鱼市"非遗特色街项目。引入进驻海洋鱼类传统加工技艺、舟山船模、渔民画等非遗项目，相继建成中国海洋渔业博物馆、陶吧艺术馆、舟山方言馆等静态保护基地；推出集海洋非物质文化遗产展示、传承、体验、教育、休闲旅游等功能于一体的非遗特色展演，引入海洋非遗特色项目30余项，开展静态展示与活态传承；每周组织非遗项目开展定时定点演出，引入非遗传承人及民间团队开展舟山渔民号子、民间小唱班、渔姑渔嫂表演、变戏法等非遗活态展示，着力打造古渔镇海洋非遗综合传承基地；成功开发弄堂游戏节、千人渔家宴、传统节庆等特色民俗活动，展出了舟山渔民号子、石马岙米点制作技艺、鱼骨塑画、渔民画、岱山民间音乐等具有海岛特色的非遗项目，促进非物质文化与经济发展的良性循环和互动。目前，古镇中保存的非遗名录有40项（其中与渔相关的23项）、拥有国家级非物质文化遗产舟山渔民号子等市级以上非遗名录10余项，传承人4名。

（3）发展态势　百年古镇东沙角，虽然已淡去了昔日的繁华，但浓郁古朴的渔家风土人情依然吸引着外来游客，让人们驻足留恋。近年来东沙在注重非遗传承保护的同时，越来越重视古镇文化价值保护和有序开发，相继建成修复了中国海洋渔业博物馆、中国书雕城、聚泰祥布庄、香干老作坊、陶吧艺术馆、渔都古镇"老字号"一条街等项目，成为海洋非遗体验、海岛休闲驻足的理想之地；同时，这里还是众多影视剧的外摄基地，被影视界行家称为"原汁原味的海上影视城"。

四、渔文化与美丽渔村建设相结合

从社会主义新农村建设到乡村振兴战略，实际上是美丽乡村建设的升级版，体现了我国"农村农业优先发展"的思路。渔业渔村同样是我国乡村振兴战略的重要组成部分，在推进渔业现代化、建设美丽渔村方面需要大作为、大创新，探索出渔村振兴的新路子。实践证明，浙江省推动休闲渔业发展与美丽渔村建设互为助力、相辅相成的发展模式就是一条好的路子。

经过多年的努力，目前浙江已经形成了三大休闲渔业产业带：以杭嘉湖绍地区及甬、温等大中城市城郊为核心，以休闲、垂钓、品鲜、观赏鱼养殖等为主要内容的都市型休闲渔业带；以宁舟温台等沿海地区为核心，开展的海上垂钓、休闲旅游、住渔村民宿、品海鲜美食等黄金海岸休闲渔业带；以金衢丽及杭等浙北中西部山区为核心，凭借山区青山绿水、渔耕文化、秀丽美景、乡村旅游景区等生态休闲渔业带。浙江打造形成了一批特色鲜明的"美丽渔村"，如以吃渔家饭、干渔家活、涂鸦渔民画等为主题的舟山普陀东极岛；绿色静美的山水风光与朴实的渔人生活相交融的青田方山田鱼村；入选了中国重要农业文化遗产——"河塘养鱼，桑基育蚕"所在地的湖州荻港等。浙江计划到2022年，打造100个特色（美丽）渔村、100个示范基地、200～300户示范户，休闲渔业产值将达300亿元。各地在休闲渔业发展和美丽渔村建设中都将渔文化挖掘置于十分重要的地位，也推动了传统渔文化的传承与保护。

典型案例：浙江象山东门渔村

（1）东门渔村概况　"海浪海风铸渔民海洋性格，渔船渔网谱海岛渔业史诗"。象山石浦东门渔村村口"浙江渔业第一村"的牌坊上，一副对联道出了这个海岛渔村的亘古风情。东门渔村祖祖辈辈牧海耕鱼，从事渔业生产已有上千年历史，这里渔家风情浓厚，海洋文化遗存十分丰富。其中"石浦—富岗如意信俗"、渔民开洋谢洋节、象山渔民号子，均被列入国家级非物质文化遗产名录。

东门渔村有"活炭"渔文化博物馆之称。在美丽渔村建设背景下，东门凭借滨海地理自然环境、传统古村落、民俗风情、特色海产品等优质资源，将"渔元素"发挥到极致，推动了休闲渔业的繁荣。

（2）东门渔村渔文化挖掘　乡村振兴，既要有产业的发展，又要激活文化密码。东门村以渔文化打造为魂，为美丽渔村建设提供强大的内生动力。首先是注重渔文化的挖掘、整理和提炼工作。中国渔文化研究基地落户于此，注重对信仰文化、渔文化传说习俗、海洋非物质文化遗产等的挖掘与整理，村内200余米长的渔文化墙就是渔文化的集中展示。其次是注重渔文化衍生品的开发，让更多非遗元素进入当代人的日常生活，从而激活传统渔文化的生命力。鱼灯、鱼编、船模等非物质文化遗产与创意设计跨界融合后，变得更加时尚美观，焕发出新的光彩。不起眼的鱼鳞和鱼骨，被制作成一幅幅精美的鱼骨画；布艺缝制的鱼香包，古典中散发着浓郁渔家风情。再次是注重与文化的传承。落户东门渔村的"中国渔文化艺术村"，将渔文化和非物质文化遗产相结合，开设了鱼灯制作、麦秸画等一系列课程，并请来相关代表性传承人任教，致力于在青少年心中播下渔文化保护、传承的种子。最后，注重渔文化挖掘与美丽渔村建设相结合。修建了占地面积13 000米² 的渔民休闲公园、渔文化长廊以及生态渔业冷库、生态渔业码头、生态渔业网场、生态渔业垂钓池等基础设施。

（3）东门渔村经验 东门渔村围绕美丽渔村建设，注重渔文化挖掘与传承，"硬件""软件"一起上，处处呈现出现代渔村的新风貌。这里是将渔文化与美丽渔村建设完美融合的典范，是中国渔文化艺术村，是中国渔文化研究基地、中国多民族作家象山创作基地和浙江省美术家协会东门中国渔文化艺术村写生基地，2017 年农业部评选出的中国最美渔村之一。

历时一年多，《中国渔文化与休闲渔业》一书终于付梓。

在学术界，虽然有关中国渔文化的论文与著述林林总总，但系统而全面的梳理和归纳相对空缺。同时，休闲渔业是国内相对新兴的产业，相关理论和经验也显贫乏。在一本著作中需要涵盖两部分的内容，尤其要论述渔文化和休闲渔业产业发展的关系，对编者是一种挑战，也是一种创新。

本书的策划由全国水产技术推广总站提出，并得到了农业农村部渔业渔政管理局的大力支持。为编写好本书，全国水产技术推广总站多次召开专题会议，充分听取各方意见和建议，郭云峰、朱泽闻对编写大纲提出了建设性意见。王颖、赵文武、李苗负责全书内容的组织编写工作。全书由十章组成。第一章由宁波、赵文武执笔；第二章、第七章由倪浓水执笔；第三章由王颖、李苗执笔；第四章、第八章由吴青执笔；第五章由聂国兴、张玉茹执笔；第九章由陈晔执笔；第十章由阳立军执笔。王颖和赵文武完成全书的核审和统稿工作。

一年多来，编者们面对新问题，严肃认真、反复研讨，不断学习、不断修正，坚持学术、不断创新，终于完成了书稿，尽最大的努力实现了既定的撰写思路和目标。

本书的出版得到了农业农村部渔业渔政管理局、中国水产学会、浙江海洋大学、西南大学、上海海洋大学、河南师范大学、安徽农业大学等单位和中国水产学会渔文化分会专家团队的大力支持，在此一并表示诚挚的感谢。

由于撰写时间紧张，以及编者们水平和能力的局限，本书一定有许多不尽如人意之处，敬请各位专家批评指正。

编 者

2019 年 11 月

图书在版编目（CIP）数据

中国渔文化与休闲渔业 / 全国水产技术推广总站编 .
—北京：中国农业出版社，2019.12（2024.9 重印）
ISBN 978-7-109-25306-3

Ⅰ . ①中… Ⅱ . ①全… Ⅲ . ①观光农业－渔业－研究
－中国 Ⅳ . ①F326.4

中国版本图书馆 CIP 数据核字（2019）第 044629 号

中国农业出版社出版
地址：北京市朝阳区麦子店街 18 号楼
邮编：100125
责任编辑：郑 珂 周锦玉
版式设计：杜 然 责任校对：赵 硕
印刷：中农印务有限公司
版次：2019 年 12 月第 1 版
印次：2024 年 9 月北京第 3 次印刷
发行：新华书店北京发行所
开本：787mm×1092mm 1/16
印张：11
字数：240 千字
定价：60.00 元